U0128139

New Wun Ching Developmental Publishing Co., Ltd.

New Age · New Choice · The Best Selected Educational Publications—NEW WCDP

實務專題製作
一企業研究方法的實踐

第**6**版

楊政學 編著

THE PRACTICE OF
BUSINESS RESEARCH METHOD

PRACTICAL
MONOGRAPH

6th
Edition

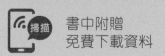
書中附贈
免費下載資料

心之所以會硬、會無感，

就是因為不再相信，

對自己沒有信心，

對別人沒有相信，

更別說對生命完全信任。

唯有當我們對自己有信心，

對別人有相信，

對生命有信任時，

才能慢慢找回原本柔軟細緻的心，

尋回原本容易感動的心。

共勉之～楊政學～

　　本書著墨編寫的念頭，緣起於想提供從事「實務專題製作」的學生，能有較為系統性與整合性的概念，尤其是能對實務專題製作有份正確且積極的認知與態度。本書為筆者指導學生多年來經驗的累積與分享，個人始終對實務專題製作懷有一份憧憬，總認為實務專題製作雖在各校執行的方式有所差異，唯仍期望經由實務專題的製作，來連結課堂學理基礎與實作實習經驗，以建構學生個人系統性知識，進而形成知識創新的潛能。長期目標則是希望強化學生學習抽象知識的意願，且提升學生應用所學知識，解決企業經營管理問題的能力，同時培養其獨立思考的觀察力，以及主動關懷所處環境與終身學習的習慣。

　　本書撰寫的立意在於，提出整合定性與定量方法於實務專題的製作，此雖無法完全替代安排學生親赴業界實習的經驗，仍能輔助達成商管教育的功能，使學生能有更寬廣的學習途徑，進而養成「能自學」、「能關懷」的素質與能力。本書章節架構的背後，即是依此理念作支撐，而後續內文的安排，則將實務專題製作的流程步驟，以個別章節的內容來詳述，希望能提供讀者一個清晰且有系統的思維模式。本書以實務專題製作流程貫穿主題，整體理念在於：整合量化與質化研究方法的實踐行動；連結課堂學理與實作經驗的系統操作；兼具分析技術與價值行為的倫理哲思。

　　本版書在章節架構上，將原先的九章內容，細分擴大為十五章架構，唯仍然以本書揭示的實務專題製作流程來安排。首先是概念建立的準備階段，以第一章淺談實務專題製作為基底。其次，在主題確認與研習規劃上，安排有第二章主題確認、第三章擬訂計畫書；在研究設計上，安排有第四章規劃研究設計、第五章選擇研究方法。在資料蒐集上，安排有第六章如何蒐集資料、第七章如何正確抽樣。

　　再者，在個案編輯與分析上，安排有第八章進行個案研討、第九章個案分析工具；在實務模式建構上，安排有第十章模式設計與應用、第十一章操作架構與信效度。在實務分析與回饋上，安排有第十二章旅館業個案、第十三章量販業個案、第十四章觀光業個案。最後，則是第十五章報告撰寫與發表。此次改版將第十二、十三章的個案內容，考量教材使用的適切份量與參考文獻、索引與兩篇附錄，一併收錄於雲端，以 QR code 方式供讀者自行下載參考改版的內容。

　　建議讀者在使用本書進行教學與閱讀時，宜由第一章循序往下展開，如此將可對實務專題製作有系統性的瞭解。每一章節在內文頁空白處，編排有重要名詞與重點摘錄的提示方框，以增加教學引導與閱讀學習的效果。各章節末尾，更是列有本章重點摘錄，用以整理該章的學習重點。此外，各章末也列有測驗題庫、問題與討論，以期加深學生課堂的學習成效，教師教學提問的課堂討論，以及讀者自行閱讀的思維整合。本書此次改版新增是非題及選擇題，並附上解答，可供授課教師參考。

　　本書除可供「實務專題製作」、「企業研究方法」或「研究方法」等課程的講授外，同時可供學生執行實務專題製作時的流程手冊，並作為輔助教師指導專題學生的參考手冊，因此本書對授課教師與專題學生來說，無異是一本實用的工具書。書中部分章節內容，也可供「行銷研究」、「市場調查」與「企業綜合個案研究」課程之輔助教材。全書架構所呈現的教材份量，適合單一學期課程，乃至整個學年教學之選用，个全於讓授課教師與修課學生，感到有教材過多的壓力。

　　本書感謝各章節引用作者與譯者的成全，以及新文京開發出版股份有限公司的支持，終使本書能順利改版付梓。個人學有不逮，才疏學淺，尚有掛漏之處，敬請各界賢達不吝指正，有以教之！行筆至此，誠心感謝一切成全的因緣。

楊政學　謹識

楔子

　　「實務專題製作」在各校的執行方式雖有所差異，惟一致期望經由實務專題的製作，連結課堂學理基礎（知性知識）與實作實習經驗（經驗知識），以建構學生個人系統性知識，進而形成知識創新的潛能。長期目標希望經由實務專題製作，強化學生學習抽象知識的意願，且提升學生應用所學知識解決企業經營管理問題的能力，同時培養其獨立思考的觀察力，以及主動關懷所處環境與終身學習的習慣。

　　筆者感到有興趣與意義的則是持續思索與探討，如何經由實務專題製作的指導與設計，來強化學生學習商管技能的成效；過程中除量化操作技術的熟稔外，特別重視質化研究中「觀察力」的養成，同時亦能形塑其管理行為面的倫理價值觀，平衡商管技術與行為兩層面的養成。整合定性與定量方法於實務專題製作的作法，雖無法完全替代安排學生親赴業界實習的經驗，但可輔助達成商管教育的功能，使學生能有更寬廣的學習途徑，希冀其養成「能自學」、「能關懷」的氣度。

　　實務專題採整合性研究方法，可提供商管教育在現今知識經濟潮流下的另類省思；也同時提醒從事商管教育的教師同仁，應正視本身所扮演的教練輔導角色，重新反思如何讓投注教育的心力，真正能夠發揮出更大的效益，進而將其作為教學績效的評量指標，具體評估及調整商管教育的教學資源，讓受教的學生能有更好的照顧及學習環境。

目 錄　CONTENTS

表 | FIGURE

生命的成長，不是一天做很多，而是每天多做一點；
世界的改變，不是一個人做很多，而是很多人多做一點。

──楊政學

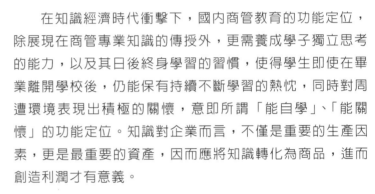

01

淺談實務專題製作

FOREWORD

在知識經濟時代衝擊下，國內商管教育的功能定位，除展現在商管專業知識的傳授外，更需養成學子獨立思考的能力，以及其日後終身學習的習慣，使得學生即使在畢業離開學校後，仍能保有持續不斷學習的熱忱，同時對周遭環境表現出積極的關懷，意即所謂「能自學」、「能關懷」的功能定位。知識對企業而言，不僅是重要的生產因素，更是最重要的資產，因而應將知識轉化為商品，進而創造利潤才有意義。

商管科系畢業生若無法應用所學知識於工作職場，則代表學校教師需要重新檢討本身投入商管教育的心力是否適切。加以一般企業界之經營者及部門主管，對於技職院校商管科系畢業之學生，或商管研究所碩士到企業實務界工作，初期之評論經常是：「空談理論架構，不懂實務應用」，或是：「自信滿滿，眼高手低」。此現象反映出商管教育在理論與實務間的剝離，而學校教育與業界需求也存有相當程度的認知差距。

本章擬由實務專題製作的緣起、意涵、目的、流程與省思等五個構面，來整體描述實務專題製作的真正意涵。最後，再概略介紹本書撰寫的內容架構，以提供讀者一個清楚且有系統的概念。

SUMMARY

1.1　實務專題製作緣起

對於以從事商管教育為職志之教師，學校教育與業界期許間的鴻溝，確實是個值得注意的警訊，且同時說明商管科系所培養出來之學生，其應具備之知識及技能不符合企業界之所需。正如企業體所生產之「產品」，不切合市場之「需求」；此現象也似乎反映了學校教育現況，以及業界實際期望間的落差與宿命。筆者記得有段小故事，其描述曾有某位高科技主管在蒞校作完專題演講後，在回程車上向該校長抱怨，該校畢業生在進入其公司前所學職能不符合其公司需求，頓時氣氛凝結異常，然不久該校長則打趣且機靈的回答說：「若我們學校的學生畢業後進入您們公司，立刻就能符合您們公司的需求，您們公司能成為國際級的高科技公司嗎？」。或許從另一角度思考，是否能使學生畢業進入公司後，擁有更快速的自我學習能力，知道**學習如何學習**(learning how to learn)可能會是商管教育更長遠要達成的目標。

從技職教育之目標與宗旨來看，目前商管教育確實具有「不符實務界需求」的問題存在。若同時將人力市場需求者（企業界）對受過商管教育學生之期望，以及市場供給者（商管教育單位）所培養商管科系所畢業生之實際管理技能相互比較，兩者間認知差距所代表的意涵，顯然說明目前商管教育之培養及訓練過程是有問題存在。在國內技職教育體系中，尤其特別強調「實務性」研究，以及與產業界的「產學交流」，唯安排學生親赴業界實習的管道，時常未必可以如願地被充分安排，且過程中未必能有系統地融入課堂所學知識，故在國內技職院校中，大抵設計有**「實務專題製作」**(practical monograph)的課程，來彌補無法親赴業界實習的不足，但卻企圖希望能藉由實務專題製作，來整合學校教師課堂講授與學生業界實習的專題性研究。

問題之產生有多方面的原因，筆者認為商管教育的教學方法扮演很重要之角色。由於商管技能具有實務及應用導向之特性，而以技職為宗旨之商管教育理應往此方向導引，方能培養與教育出企業界所需要之主管幹部。目前教育體制內最常被使用的**課堂講授**(teaching in classroom)方式，顯然無法培養及訓練出實務導向之管理人員，而目前逐漸普遍應用之**個案教學**(teaching on cases)法，也因個案適切性不足

學習如何學習
learning how to learn
是否能使學生畢業進入公司後，擁有更快速的自我學習能力，知道學習如何學習可能會是商管教育更長遠要達成的目標。

實務專題製作
practical monograph
可用來彌補無法親赴業界實習的不足，但卻企圖希望能藉由實務專題製作，來整合學校教師課堂講授與學生業界實習的專題性研究。

個案教學
teaching on cases
實務專題製作的設計與執行，除能整合理論與實務概念外，更可彙集不同個案教學的討論實例。

而效果打折扣。因此，實務專題製作的設計與執行，除能整合理論與實務概念外，更可彙集不同個案教學的討論實例，其中較多是本土性企業體個案的經營管理實務經驗，讓個案教學的討論與分析更為真實與深刻，同時也較契合國內政經環境與經營現況。

實務專題製作在各校的執行方式雖有所差異，惟一致期望經由實務專題的製作，連結課堂學理基礎（**知性知識**，know what）與實作實習經驗（**經驗知識**，know how），以建構學生個人**系統性知識**(know why)，進而形成**知識創新**(know more)的潛能（劉常勇，2002）。長期目標希望經由實務專題製作，來強化學生學習抽象知識的意願，且提升學生應用所學知識解決企業經營管理問題的能力，同時培養其獨立思考的觀察力，以及主動關懷所處環境與終身學習的習慣（楊政學，2002a）。

實務專題製作的撰寫過程，舉凡確認學習主題範圍、研究流程擬訂設計、企業資料描述與經營現況、理論與實務模式構建、個案比較分析、報告撰述與口頭發表等，均提供了師生彼此共同成長的機會。實務專題製作之目的，除強化學生學習抽象知識的意願外，更能增加學生應用所學知識解決企業問題的能力。實務專題製作的價值，對學生而言可完成一份研究成果報告，有助於日後升學與進修研究，以及增強畢業後職場就業的實力。整體實務專題製作的過程中，彰顯出老師與學生的互動學習，建構出師生共同成長的環境空間，進而將專題研究中的企業個案，視為校園內教室**學習空間**(learning space)的延伸，真正塑造出結合地理區域產業學習空間的環境，同時也是校園內課堂講授學理概念的最佳演練與印證之機會。

1.2 實務專題製作意涵

技職體系學校的教育理念，乃在於培育專業技術人才為其教育目標，該目標正好符合目前 e 世代工商業發達，社會對技職教育的殷切期盼；意即產業界期盼技職體系學校的教育，能夠以專業知識為基

礎，但能著重實際應用且與產業結合之教育。因此，技職體系學校的課程安排，相對較一般綜合大學著重實務與理論的結合。例如，在課程安排上，比一般綜合大學多了一門「**專題製作**」(monograph)或「**實務專題製作**」(practical monograph)，且各校大抵列為必修課程。前述兩門課程內涵是一樣的，並無特殊不同的意義，惟有些院校科系係以課程教授原則的方式定位，並不真正要求學生分組完成一本畢業專題報告。有些學校則以實務議題的實作方式，完成整體的畢業專題研究，但在呈現的型式要求上，另有不同的考量與取捨。

「實務專題製作」課程的基本用意，乃在於希望學生能應用所學的專業知識與理論，進而發展出初步探索與研究潛能，且有別於純粹單向的課堂講授。換言之，實務專題製作強調實用性，且希望能夠與產業脈動結合，最好研究的主題係為企業界所迫切想探討之議題，並藉此奠定爾後進入研究所從事進階研究的基礎。「實務專題製作」十分類似研究生的碩士論文，其可視為大學（專）生的畢業論文，惟碩士論文是研究生個人的研究著作，而實務專題製作則是以分組（非個人）方式來進行研究與製作，是專題小組成員團隊合作的成果報告。

國內商管教育之教學資源，大抵由教師、學生與企業（環境）等三個環節所組成，彼此分別擔任著理論整合與知識傳授、知識應用與技能拓展、以及實務研究與學理驗證的功能（胡哲生，2000）。筆者在實際指導學生進行實務專題製作的過程中，時常感到學生在研究方法的使用上，或偏向**量化**(quantitative)研究，抑或偏向**質化**(qualitative)研究，總無法結合兩種研究方法的研究特點，而對所研究的個案也無法取得全面的觀點，呈現管理知識在研究、應用與教學間，彼此關聯鬆散欠缺統整互動的現象（楊政學，2002a）。因此，筆者常思索在指導學生從事實務專題製作上，嘗試如何結合定性與定量研究方法之特質，以文獻分析及深度訪談為基礎，輔以問卷調查分析，來建構研究個案之實務模式架構；再配合實務性命題的建立與驗證，以及統計分析與檢定的結果，來分析與比較研究個案實務運作之經營管理模式。這部分較為具體的說明與推演，在本書後續的章節中，會以實際個案的操作流程來具體描述。

〔圖 1-1〕說明實務專題製作養成系統知識之架構，其中教師課堂講授或學生自行閱讀，是知性知識累積的方式；而課堂實作實習或

〔邊欄〕
「實務專題製作」十分類似研究生的碩士論文，其可視為大學（專）生的畢業論文，惟碩士論文是研究生個人的研究著作，而實務專題製作則是以分組（非個人）方式來進行研究與製作，是專題小組成員團隊合作的成果報告。

筆者在實際指導學生進行實務專題製作的過程中，時常感到學生在研究方法的使用上，或偏向量化研究，抑或偏向質化研究，總無法結合兩種研究方法的研究特點，而對所研究的個案亦無法取得全面的觀點，呈現管理知識在研究、應用與教學間，彼此關聯鬆散欠缺統整互動的現象。

校外參觀訪問，則是形塑經驗知識的方法。兩種知識藉由實務專題製作或親赴業界實習的方式，來建構本身系統知識的豐富性，蔚成日後知識創新的潛力，以達成創意開發及強化倫理價值，俾使在知識經濟環境下，更能有效地應用所學之商管專業知識，去提升解決組織經營管理問題的能力。

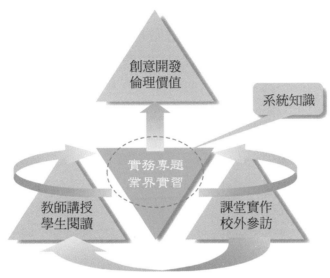

▲ 圖 1-1　實務專題製作養成系統知識之架構
資料來源：楊政學(2002b)。

實務專題製作的教學目標，在於結合理論基礎、實驗、測試、實地訪談、問卷調查、統計分析及報告撰寫等過程，擬培養學生獨立思考、實作的經驗與能力，俾達到培育專業技術人才的教育目標，以符合產業界所期待並能為其所用。因此，實務專題製作的真正意涵，在於將所學的理論與實務做結合，同時使學生藉由實務專題製作，讓學生提早與產業接觸，進而瞭解產業或個案實際運作之作業流程實務，以節省產業界的人才培訓成本，同時學生也可藉此接觸的機會，來檢視本身是否有興趣投入該產業發展。

1.3 實務專題製作目的

教育部針對國內技職體系學校設計有「實務專題製作」這門課程的用意，乃期盼學生以**團隊分組(team)**方式於畢業前完成一篇論文或一本畢業專題報告。依要求學生進行論文寫作的用意而言，其教學目的在於希望學生可以培養參與觀察某事實，蒐集相關資料與資訊，有系統整理發現的問題，並提出可行的改善方案，最後培養出能夠依論文寫作格式撰寫畢業專題報告的能力。筆者在學校裡從事專題製作的過程中，亦不斷思索如何經由實務專題製作的指導與設計，來強化學生學習商管技能的成效。在指導學生製作專題的過程中，除量化操作技術的熟稔外，特別重視質化研究中「觀察力」的養成，同時也能形塑其管理行為面的倫理價值觀，平衡商管技術與行為兩層面的養成。因此，筆者樂觀地期望透過實務專題的製作流程，可以讓學生得以提升以下幾項能力。

在指導學生製作專題的過程中，除量化操作技術的熟稔外，特別重視質化研究中「觀察力」的養成，同時也能形塑其管理行為面的倫理價值觀，平衡商管技術與行為兩層面的養成。

一、擬訂實務專題製作計畫書的能力

由於事先擬訂計畫書可以降低實務專題製作過程的不確定性，或失敗的可能性，因此學生若能事先擬好計畫書，然後與指導老師充分討論，可消弭不少實務專題製作時的盲點，同時可提早發現不盡理想，或思考不夠周詳的地方，並可作為日後進行實務專題製作時，有系統地管理與掌握專題製作執行進度之準據。簡言之，計畫書的擬訂，是爾後撰寫報告或研究心得，甚至是日後學術生涯的起點；若能提早具備此項能力，對學生而言可說十分重要，且對其日後進修研究很有幫助。

計畫書的擬訂，是爾後撰寫報告或研究心得，甚至是日後學術生涯的起點；若能提早具備此項能力，對學生而言可說十分重要，且對其日後進修研究很有幫助。

二、養成蒐集資料及研析文獻的能力

由於實務專題製作有別於傳統課堂講授的教學方式，成績考核也不是以傳統的考試方式來評量學生，而是要求學生著重於應用與整合的能力。因此，學生必須依其專題確定的題目，蒐集相關資料並研讀，透過研讀加以整理與分析資料，進而研判如何設計與進行，期能整合出欲研究領域之專業能力，並提出不同於過往相關文獻議題的研

究角度。由此可知，養成蒐集資料及研讀相關文獻檔案的習慣，實為執行實務專題製作過程中，另一項得以形塑的研析與整理之能力。

三、形塑個人化系統思考的能力

　　從實務專題製作前的擬訂計畫書開始，乃至於整個專題製作過程，無時不刻在激發學生處理專門性問題、邏輯思考、問卷設計或實驗設計等能力。換言之，學生於實務專題製作過程中，是著重將不同的、片斷性的專業知識，予以有系統地組織與融合，實有助於增加學生的系統思維能力，達到增進學習抽象性知識的興趣。由於實務專題製作係以專業知識為基礎，以實際個案為探討與操作的對象，故透過實務專題製作的過程，學生可以檢驗自己對於專業知識的瞭解與應用能力，同時日漸形塑出個人化系統思考的能力，有助於學生日後對事情的判斷與決策。

四、凝聚團隊合作解決問題的能力

　　由於實務專題製作係以三人至五人為一組的方式進行，而透過該課程一年的訓練，必能凝聚且提升組內專題小組成員，**團隊合作**(team work)解決問題的默契與能力。這項能力正是學生爾後步入社會、投入職場後，重要的人際關係與解決問題的能力。在現今強調團隊合作完成任務的時代，個人性的主觀色彩，勢必在團隊合作過程中，有所取捨與調整，期能共同完成團體的任務，而非滿足個人的需求。

五、奠定日後進階研究基礎的能力

　　實務專題製作為技職體系學生的畢業論文，透過這段理論與實務結合的訓練，確實可培養學生爾後從事進階研究的能力，或日後就讀研究所，撰寫碩、博士論文的基礎，這樣的訓練是一般綜合大學學生所沒有的。再者，日常師生互動討論過程中，以及組內成員或不同組間同儕的經驗分享與觀摩學習，更是良好的參與及觀察的學習環境，所形成的綜效(synergy)也是綜合大學課程教育較為缺乏的。

六、培養學生參與觀察實務的能力

　　實務專題製作的本質，係以解決現實問題與學習提出實務問題的能力為出發點，或對實際發現的問題做實證探討。不少實務專題研究

經由實務專題製作的訓練，將可培養學生學習提出及參與觀察實務問題的能力，這項觀察能力的養成，遠比解決問題的專業技能來得重要。

的題目，確實是符合產業所需的題目，或可幫企業解決一些實務困境的問題，或協助企業執行某項管理方針、行銷某種產品，甚至是企劃界定某項生產線的市場與銷售等。因此，經由實務專題製作的訓練，將可培養學生學習提出及參與觀察實務問題的能力，這項觀察能力的養成，遠比解決問題的專業技能來得重要。

七、提升報告撰寫及口頭發表的能力

實務專題製作的成果報告，無論是完成某公司的行銷企劃、內部控管、產品銷售量的統計分析、營運預測等，最後大抵均需要以文字或圖表方式呈現，彙集撰寫成書面的畢業專題報告，並向老師及同學做專題成果的口頭發表。因此，透過實務專題製作的訓練，必能培養學生報告撰寫及口頭發表的技能，且提升學生書面與口頭表達的組織能力。

透過實務專題製作的訓練，必能培養學生報告撰寫及口頭發表的技能，且提升學生書面與口頭表達的組織能力。

1.4 實務專題製作流程

實務專題製作之目的，在於透過融合理論基礎、深度訪談、問卷調查、實驗設計等內涵，以培養學生擬訂計畫書、蒐集資料、研讀相關文獻、思考與創造、團體合作解決問題、撰寫報告及口頭發表等能力。實務專題製作的起始階段，學生可在很大的範圍內選擇專題的題目，但是為了降低執行時的不確定性，必須逐漸縮減考慮的範圍；再選擇幾個領域做進一步的評估，然後決定一個特定的領域，進行更深入的定義與探討。

實務專題製作的過程，常不如外人想像中的順利，專題小組成員通常找到一些似乎值得探討的題目，經過階段性淘汰後，終於選擇了其中一個題目；但在進行較為深入的分析與研究後，又經常發覺這個題目未必可行，而遭遇更換題目的窘境。此時，必須重新思考並選擇另一個新的題目，重新擬訂新的研究方向與計畫。專題小組成員有可能經歷幾次這樣的來回思索，反覆地與指導老師討論，並釐清題目的

範圍、特性與背景，然後最後的專題題目，才會真正明朗而確定下來。

　　為了減少專題小組成員反覆更換題目，以及降低製作過程中的摸索成本，確實有必要提醒專題小組成員如何經歷與面對整個專題製作過程中的各種可能問題，以及如何借用一些方法或圖表，來克服製作過程中所面臨的各種問題。

　　為使學生能臻於這些能力，而提出一套嚴謹的專題製作流程是必須的。本書將實務專題製作的流程，劃分為以下八個步驟，如〔圖 1-2〕所示，其包括有：

(1) 主題確定。
(2) 研習規劃。
(3) 研究設計。
(4) 資料蒐集。
(5) 個案編輯與分析。
(6) 實務模式建構。
(7) 實證分析與回饋。
(8) 報告撰寫與發表。

實務專題製作的流程，劃分為以下八個步驟
(1) 主題確定；
(2) 研習規劃；
(3) 研究設計；
(4) 資料蒐集；
(5) 個案編輯與分析；
(6) 實務模式建構；
(7) 實證分析與回饋；
(8) 報告撰寫與發表。

　　選定實務專題研究題目，蒐集與主題相關的研究文獻且加以研讀之後，便可著手進行實務專題製作。然而，由於不同研究學門領域太過廣泛，可作為實務專題製作的類型也多，彼此之間進行方式的差異也很大，實在不容易定義出一項共同的製作標準。此時，專題小組成員應該擬訂一份製作清單，以用來控制時間及方向，而該清單應包括時間進度表、所需使用的設備與資材、製作方法及執行步驟等項目。

　　茲將實務專題製作之流程架構，依上述八大步驟簡述如下，而各步驟流程之詳細內容，則分別以本書後續各章節的篇幅來加以闡述說明。因此，本書整體寫作的架構，除首章緒論外，爾後章節的安排與撰述，則以實務專題製作的步驟流程為架構，期能呈現清晰且緊密的撰寫結構，俾利讀者得以有系統的閱讀與討論。

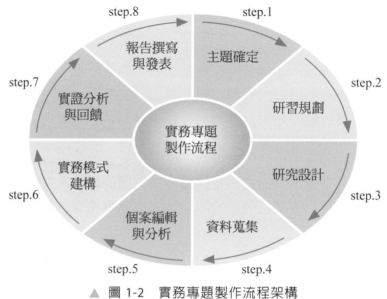

▲ 圖 1-2　實務專題製作流程架構
資料來源：楊政學(2004)。

一、主題確定

　　在確認實務專題製作之研究主題時，首先，確定實務學習主題範圍，在學生組成小組進行內部溝通後，尋求彼此的相互瞭解，並由指導老師協助凝聚小組成員尋求學習主題的共識，再經由相互的充分討論取得共同的結論。最後，尋找所欲探討與進行研究企業的合作意願，此時小組成員可先列出學習企業對象，而後與指導老師討論可配合之企業對象與合作方式，逐一進行接觸拜訪，並尋求對方的瞭解與支持，以期能建立雙方合作上的互賴與互信。

二、研習規劃

　　擬訂實務研習過程與計畫，規劃實務專題程序與必要步驟，經指導老師輔導專題成員尋找學習主題，與小組成員相互討論凝聚研習主題共識。這過程對許多學生而言，撰寫專題製作計畫書，以及實際執行專題製作是同等的困難；然撰寫計畫書在整個實務專題製作的過程中，則是相當關鍵且重要的階段，因為其具有將研究問題與方向，以較全貌且有架構的方式，來預覽一遍的指引功能。計畫書就像是整個實務專題製作的導覽地圖，可以正確地指出想要到達目標之所在？而且指出正確有效的行進路線為何？不至於迷失方向，或走錯路平白浪

費時間與人力。因此，專題小組成員是否能擬訂出完整且可行的計畫書，是該團隊執行實務專題製作的成功關鍵要素。

專題小組成員是否能擬訂出完整且可行的計畫書，是該團隊執行實務專題製作的成功關鍵要素。

三、研究設計

實務專題製作強調的往往是實作經驗的獲得，所以允許採用別人已經做過的同樣主題；但要求利用不同的研究方法、不同的限制條件，或以不同地區、不同時期重新製作。藉此讓學生可以從實際演練或實驗中，建立對事情的看法及陳述解決問題的經驗，進而從製作過程中習得處理與解決類似問題的能力。在整體實務專題製作的研究設計上，宜先行確實掌握不同類型研究設計或研究方法的特性，再加以考量本身的研究目的與能力，來建構出符合自己條件的研究設計架構。

四、資料蒐集

不同類型資料的蒐集與使用，對實務專題製作成果的呈現，有很密切且重要的關聯；而針對所需不同類型資料的需求，則有不同特性的資料蒐集方法可供選擇。原則上，以相關文獻回顧與整理為基礎，配合企業內部與外部檔案資料為材料，進行系統整埋及解析。再者，搭配質化研究方法（深度訪談）的觀察記錄，或搭配量化研究方法（問卷調查）的統計檢定，或整合質化與量化研究方法特點，來作初級與次級資料的蒐集。過程中需要特別注意資料的引用來源，或蒐集程序的客觀性，宜避免錯誤資料的沿用，而影響到整體結果的分析與研判。

五、個案編輯與分析

針對於個案研究的專題製作規劃，其步驟為：

(1) 蒐集企業資料描述經營現況：蒐集與研讀企業內、外部出版的資料，撰寫成企業（或部門）的概況介紹；而指導老師在聽取學生的報告後，參與討論並給予理論或觀念邏輯上的意見。在確定現況介紹不足之處，要求學生進行企業訪談觀察予以補足。

(2) 依企業概況分析並確定實務主題範圍：指導老師先閱讀及傾聽學生之企業描述，實務作業主題範圍系統或流程；導引學生引

用既有理論知識，解釋並評判企業實作系統的合作性、充分性
與一致性。再者，確定企業經營管理中，較佳（值得學習）或
較劣（應予改善）的作為，列為實務專題研究之研習主題的選
擇參考。

專題小組成員在確定自己欲研習之實務主題後，且在進行該主題
之深度訪談、參與觀察、實作實習或資料蒐集等活動前，專題小組成
員應事先回溯溫習本主題可應用之理論、觀念或系統模式。理論學習
目標是以在校修習課程，以及同等級之教科書內容為主，如仍有不足
再向指導老師徵詢可增加研讀之期刊文章、研討會論文集、畢業專題
報告或專業書籍。同時，研究對象的抽樣程序與類型，也應搭配不同
資料蒐集方法來規劃，期能蒐集到較為精確無誤的資料。

六、實務模式建構

實務模式能否成功的建構，往往可視為專題小組成員，結合所學
理論基礎與實務驗證間的學習成效。在模式建構過程中，專題小組成
員先利用**文獻分析法**(analyzing documentary realities)研讀適切之研究
文獻後，應彼此研討該主題之實務運作流程。依所學相關理論基礎，
先行建立概念性模式架構，進而再以研究個案實務運作流程，修訂且
建構出可操作的實務性模式架構。專題小組成員宜在建構實務模式
前，事先建立在進行瞭解實務現況時，所採行觀察與記錄之架構。

總之，實務專題的製作，在主題確定之後，依照研習主題的深入
觀察或訪談，可嘗試建構出實務操作模式，以做為實務專題製作的實
際推演架構，甚或提出具實務管理意涵的模式架構。同時，專題小組
成員需深入觀察、訪談，研習企業之經營作業、資料蒐集，以建立實
作模式架構；進而結合企業概況描述，完成深入記錄與陳述企業經營
個案的運作模式。在實務模式建構過程中，專題小組成員得以將不同
的研究方法整合應用於模式架構，同時結合不同資料蒐集來源與類
型，來做所謂研究方法與資料蒐集之**三角測定**(triangulation)程序的實
務應用。

七、實證分析與回饋

實務專題製作的過程中，經常會發現企業體經營現況與理論模式
的差異。專題小組成員應就理論與實作間之差異，作現象分析並探討

文獻分析法
analyzing documentary
realities
在模式建構過程中，專題小組成員先利用文獻分析法研讀適切之研究文獻後，應彼此研討該主題之實務運作流程。

三角測定
triangulation
在實務模式建構過程中，專題小組成員得以將不同的研究方法整合應用於模式架構，同時結合不同資料蒐集來源與類型，來做所謂研究方法與資料蒐集之三角測定程序的實務應用。

其可能原因。再進一步深入觀察或訪談,尤其針對可能原因或相關作業部分的資料蒐集。建立深入完整的經營系統描述,將理論作有效的套用,確定前述差距是否有改進的必要性。專題小組成員需就差異分析進行問題原因診斷,針對問題原因提出討論,設定應可改善之最終狀態,進而研擬改善方案。在結論歸納與管理意涵上,大抵可分為:

(1) 探討企業應有的管理行為模式。專題小組成員與指導老師討論建立適切的實務運作模式,提出企業應採行的管理行動;企業變革管理行為的可行性與適切性評估(包括成本、時間、人力),進行企業變革方式的討論與擬訂。

(2) 診斷結論與管理建議回饋。在實務專題研究中,尋求理想運作模式或實作技巧,適時回饋企業主,並且會同企業或實作工作者,討論可行性與效益性,擬訂企業變革之執行方案或計畫。

八、報告撰寫與發表

實務專題之報告撰寫與口頭發表過程中,包含有:

(1) 描述企業實務性之個案報告。

(2) 進行公開發表,接受學者與業界專家的評審意見,自我反省實務專題製作過程中,可取之處與應行改進的相關事宜。

(3) 視必要情形,重新檢討與診斷問題。

書面報告的撰寫,依進度可分為期中及期末報告兩種,期中報告的實質意義,較著重於:

(1) 是否依預計進度,在進行專題製作、內容與方向的調整。

(2) 是否遭遇何種困難。

(3) 未來將繼續的方向與重點。

期末書面報告屬於一種查核性意味較濃的報告,其內容大致包含:

(1) 進度掌握及現況內容的陳述。

(2) 方向或內容的修正與調整。

(3) 描述如何解決其中所遭遇的困難。

(4) 未來的工作計畫與內容。

學生的實務專題製作，鮮有指導老師會要求學生作正式的期中書面報告，充其量是簡要地將上述幾點內容條列說明而已。至於，期末報告則要求為完整的書面報告，期末報告的寫作格式、內容架構及範例，則依不同校院各科系的規定，作不同的製作與規範。

口頭發表在不同校院科系間也有不同的評量方式，筆者服務的系所單位，則以較為正式的期末畢業專題成果發表會方式評量，且以競賽方式獎勵優異組別，獲獎組別再推薦並要求參加校外舉辦之全國性競賽，如國立雲林科技大學企業管理系主辦之「全國經營實務專題成果發表競賽」等，已舉辦完十餘屆的競賽活動，目前刻正進行規劃第十二屆（2009 年）的競賽活動，對國內實務專題製作水準的提升助益很大。教育部、各區域學校近年來也有不同規模的學生專題製作競賽活動，其中不乏產業界的資金與人力的贊助與投入，足見實務專題製作有日益受到產官學界重視的發展趨勢。此外，實務專題製作的報告撰寫與發表之倫理議題，也是老師在指導學生從事專題製作時，必須同時強化的道德教育，以使得專題小組成員得以有正確且誠實的研究態度。

> 實務專題製作的報告撰寫與發表之倫理議題，亦是老師在指導學生從事專題製作時，必須同時強化的道德教育，以使得專題小組成員得以有正確且誠實的研究態度。

1.5　實務專題製作省思

知識經濟(knowledge-based economy)時代的到來，實有加速學生系統知識與知識創新養成的需求，如何培養學生解決問題的能力，是為商管教育技能訓練的重點，而研究方法的應用，漸趨質化與量化研究方法的整合，且朝資料蒐集來源的多元化發展。本書嘗試融入實務專題製作的設計理念，結合原有管理知識的分類意涵，且將研究方法與資料蒐集的三角測定概念，整併設計到模式操作架構中，以印證及獲取研究個案在實務運作上的經驗與智慧。

> 本書在探討實務專題製作之實務架構設計上，換以國內技職體系大學生的角度，意即是站在學生而非教師本身研究發表論文的立場，來思考如何增加學生個人系統知識的豐富性，俾利其畢業後能有更強的職場競爭實力。

本書在探討實務專題製作之實務架構設計上，換以國內技職體系大學生的角度，意即是站在學生而非教師本身研究發表論文的立場，來思考如何增加學生個人系統知識的豐富性，俾利其畢業後能有更強

的職場競爭實力。本書所提觀點的切入角度，可供技職體系教育從業人員，作更為深層的反省與調整，進而重新定位本身教育角色的扮演。

　　本節以下就專題指導心得及商管教育省思的觀點，來陳述筆者對實務專題製作的個人淺見。

一、專題指導心得

　　在實際指導學生實務專題製作的過程中，常可看到甫成立的研究團隊出現成員意見不合、欠缺溝通諒解的分分合合情景；但最終學生往往可在其中深刻體認到，何謂團隊研究合作的真諦，也漸能淡化個人主義的主觀色彩，以及調整本身在團隊合作中的角色扮演。筆者在指導實務專題製作之初，即向學生說明最後研究成果評分標準上，將以團隊整體分數來作為個人學期的總成績，意即研究團隊中每位同學的學期成績是相同的。筆者的用意在於強調團隊成員間的相互合作，以及共同參與學習的重要性，儼然模擬日後學生畢業進入社會的職場環境。因此，筆者認為實務專題製作的成果評量，宜兼顧**成果報告**(final report)與**團隊過程**(team process)中的學習。

　　在研究個案的選擇上，積極結合參與學生的目前工讀環境，或未來想投入就業的企業體來研究，達成實務專題製作與實習工讀結合的概念與目標，從過程中累積**做中學**(learn by doing)的學習經驗，有助於學生個人系統知識庫的豐富性，提升其解決實務管理問題的能力，以及投入工作職場的就業實力。在筆者指導學生實務專題製作前，均會先行詢問專題學生目前有無工讀？或未來就業想從事的行業為何？師生往結合專題製作與就業興趣的方向，來選擇所要探討的個案對象或研究題目。

　　本書後續內容所舉參考實例的專題學生中，有數位同學因過程中與研究個案的接觸及瞭解，因而在學校畢業後，隨即進入實務專題中所研究的個案公司內任職。此現象意謂可經由實務專題製作的實施，將學生未來投身就業職場生涯的時間點，往前提到其畢業之前的在學期間。

筆者認為實務專題製作的成果評量，宜兼顧成果報告與團隊過程中的學習。

在研究個案的選擇上，積極結合參與學生的目前工讀環境，或未來想投入就業的企業體來研究，達成實務專題製作與實習工讀結合的概念與目標，從過程中累積做中學的學習經驗，有助於學生個人系統知識庫的豐富性，提升其解決實務管理問題的能力，以及投入工作職場的就業實力。

在實務專題製作過程中，邀請業界人士（業師）共同指導，同時在期末成果發表會中擔任評審，也參與最後學期成績的評分工作。

實務專題製作不應僅是份內容加多的複雜化期末報告而已，而應秉持兼顧成果報告與團隊過程的學習，且結合實習工讀做中學的經驗等理念，將實務專題製作予以操作化定義，並藉由實務模式架構的設計，來付諸實地推演課堂學理的實踐行動。

筆者認為應試圖在熟稔定量方法的分析技術外，也同時強化定性方法的參與觀察，期使學生在問題分析解決與現象參與觀察能力間取得平衡性發展。

國內商管教育的主要功能，宜著眼於讓校園內受教之學生，除吸取管理專業知識外，也能同時擁有獨立思考的能力與終身學習的習慣。

在追求管理技能提升的同時，也能兼顧管理行為的涵養，而對研究個案的經營管理實務問題，能有多角度觀察與多元化思考的全面均衡觀點。

在實務專題製作過程中，邀請業界人士（業師）共同指導，同時在期末成果發表會中擔任評審，也參與最後學期成績的評分工作。整體而言，實務專題製作不應僅是份內容加多的複雜化期末報告而已，而應秉持兼顧成果報告與團隊過程的學習，且結合實習工讀做中學的經驗等理念，將實務專題製作予以操作化定義，並藉由實務模式架構的設計，來付諸實地推演課堂學理的實踐行動。

二、商管教育省思

反思筆者昔日求學歷程的訓練，或是目前從事商管教育，指導學生參與實務專題製作的經驗中，均深感定性與定量兩種類型的研究方法，仍存有彼此缺乏互補整合的缺口，過程中總在一味追求抽象複雜的量化技巧後，始發覺忘卻真實現象背後的深層意涵，而反向思考且尋求質化研究的互補與平衡。筆者認為應試圖在熟稔定量方法的**分析技術**(analytical skills)外，也同時強化定性方法的**參與觀察**(participate observation)，期使學生在問題分析解決與現象參與觀察能力間取得平衡性發展。

在**企業研究方法**(business research methods)應用上，宜以定性與定量方法整合的理論概念，實際運用於所欲探討的個案研究分析上，並進而將其操作化定義，讓參與的學生能按步就班，在質化與量化、理論與實務的研究過程中，多條彼此整合與互補的學習管道。

回應筆者在本章撰述之初，所提及國內商管教育的主要功能，宜著眼於讓校園內受教之學生，除吸取管理**專業知識**(specific knowledge)外，也能同時擁有**獨立思考**(independent thinking)的能力與**終身學習**(lifetime learning)的習慣。在追求**管理技能**(managerial skills)提升的同時，亦能兼顧**管理行為**(managerial behavior)的涵養，而對研究個案的經營管理實務問題，能有多角度觀察與多元化思考的全面均衡觀點。整合定性與定量方法於實務專題製作的作法，雖無法完全替代安排學生親赴業界實習的經驗，但可輔助達成商管教育的功能，使學生能有更寬廣的學習途徑，希冀其養成「**能自學**」(be self-learning)、「**能關懷**」(be concerned)的氣度。

實務專題採整合性研究方法，可提供商管教育在現今知識經濟潮流下的另類省思；也同時提醒從事商管教育的教師同仁，應正視本身所扮演的教練輔導角色，重新反思如何讓投注教育的心力，真正能夠發揮出更大的效益，進而將其作為**教學績效**(teaching performance)的**評量指標**(evaluation index)，具體評估及調整商管教育的**教學資源**(teaching resources)，讓受教的學生能有更好的照顧及**學習環境**(learning environments)。

整合定性與定量方法於實務專題製作的作法，雖無法完全替代安排學生親赴業界實習的經驗，但可輔助達成商管教育的功能，使學生能有更寬廣的學習途徑，希冀其養成「能自學」、「能關懷」的氣度。

1.6 本書撰寫內容架構

本節說明本書撰寫的內容架構，期許能提供讀者一個清楚且有系統的概念，而貫穿本書主題的部分，即是實務專題製作的流程，因而可以〔圖 1-3〕來呈現此觀點，其實質意涵為〔圖 1-2〕架構的轉換。

本書內文架構安排上，第一章為淺談實務專題製作，探討實務專題製作的緣起、意涵、目的、流程及省思，是為筆者對實務專題製作精神的觀點，同時也說明本書撰寫的內容架構。第二章為主題確定，討論的議題包括有：適當題目特性、選擇題目原則、研究題目來源、搜尋題目方式、搜尋題目資訊、主題確定程序，是為實務專題製作的首要步驟。

第三章為擬訂計畫書，探討的子題包括有：尋求企業合作意願、擬訂專題研習計畫、專題製作時程安排、專題製作評量考核，再次強調實務專題製作重視團隊合作學習的精神。第四章為規劃研究設計，討論的議題包括有：研究設計意涵、研究設計類型、研究方法類型；第五章為選擇研究方法，討論的議題包括有：研究方法特性，期使專題學生對實務專題製作之研究方法、類型與特性能有所瞭解，俾利其研究設計類型的採用參考。

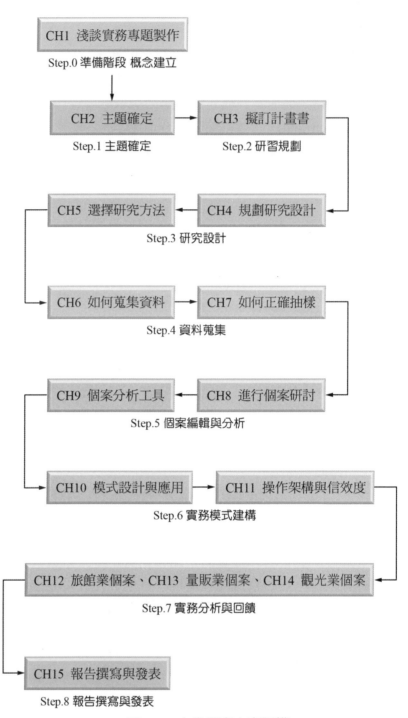

▲ 圖 1-3　本書撰寫內容架構

第六章為如何蒐集資料，探討的子題包括有：資料類型與蒐集、資料蒐集的方法；第七章為如何正確抽樣，論的子題包括有：抽樣性質與程序、抽樣類型與選擇，將資料特性、蒐集工具、研究對象與專題學生本身條件，一併納入考量以決定出合適的資料蒐集方法。第八章為進行個案研討，討論的議題包括有：個案編輯架構、個案分析架構、個案研討架構；第九章為個案分析工具，討論的工具包括有SWOT、SATTY、成長策略等，期能協助實務專題製作中個案研究的完整描述。

第十章為模式設計與應用，首先說明實務模式設計的理念，接著分別以文獻分析、深度訪談及問卷調查等研究方法，進行應用實例的說明，最後再綜整成實務模式之建構實例。第十一章為操作架構與信效度，係先行提出實務模式設計理念，再以一個實際案例的推演，來分別具體說明文獻分析、深度訪談與問卷調查的應用；進而是提出整合量化與質化研究方法，初級與次級資料蒐集下，三角測定概念應用的實務模式架構。最後，則是討論研究信度與效度的意涵，以及如何提升研究的信度與效度。

第十二章為旅館業個案，第十三章為量販業個案，第十四章為觀光業個案，分別探討筆者實際指導專題學生製作的過程。其中，以旅館業知識管理實例，說明以質化研究為主軸的實際推演結果；以量販店消費者購物行為實例，說明以量化研究為主軸的實證分析結果；最後，再以台鐵觀光行銷研究實例，說明整合量化與質化研究的實際推演分析結果，期提供專題學生進行實務專題製作的參考實例。第十五章為報告撰寫與發表，討論的子題包括有：書面報告內容、書面報告撰述、口頭發表內容、簡報資料製作，以及應該被重視與強調的報告撰寫倫理，期能完成實務專題報告的撰寫與發表。

1. 國內商管教育的功能定位，除展現在商管專業知識的傳授外，更需養成學子獨立思考的能力，以及其日後終身學習的習慣；同時對週遭環境表現出積極的關懷，亦即所謂「能自學」、「能關懷」的功能定位。

2. 在國內技職院校中，大抵設計有「實務專題製作」的課程，來彌補無法親赴業界實習的不足，但卻企圖希望能藉由實務專題製作，來整合學校教師課堂講授與學生業界實習的專題性研究。

3. 實務專題製作在各校的執行方式雖有所差異，惟一致期望經由實務專題的製作，連結課堂學理基礎與實作實習經驗，以建構學生個人系統性知識，進而形成知識創新的潛能。

4. 長期目標希望經由實務專題製作，來強化學生學習抽象知識的意願，且提升學生應用所學知識解決企業經營管理問題的能力，同時培養其獨立思考的觀察力，以及主動關懷所處環境與終身學習的習慣。

5. 實務專題製作十分類似碩士論文，其可視為大專生的畢業論文，惟碩士論文是研究生個人的研究著作，而實務專題製作則是以分組（非個人）方式來進行研究與製作，是專題小組成員團隊合作的成果報告。

6. 實務專題製作的教學目標，在於結合理論基礎、實驗、測試、實地訪談、問卷調查、統計分析及報告撰寫等過程，擬培養學生獨立思考、實作的經驗與能力，俾達到培育專業技術人才的教育目標，以符合業界所期待並能為其所用。

7. 實務專題製作過程中，除量化操作技術的熟稔外，特別重視質化研究中「觀察力」的養成，同時也能形塑其管理行為面的倫理價值觀，平衡商管技術與行為兩層面的養成。

8. 實務專題製作之目的：(1)擬訂實務專題製作計畫書的能力；(2)養成蒐集資料及研析文獻的能力；(3)形塑個人化系統思考的能力；(4)凝聚團隊合作解決問題的能力；(5)奠定日後進階研究基礎的能力；(6)培養學生參與觀察實務的能力；(7)提升報告撰寫及口頭發表的能力。

9. 實務專題製作的流程步驟：(1)主題確定；(2)研習規劃；(3)研究設計；(4)資料蒐集；(5)個案編輯與分析；(6)實務模式建構；(7)實證分析與回饋；(8)報告撰寫與發表。

10. 實務專題製作不應僅是份內容加多的複雜化期末報告而已，而應秉持兼顧成果報告與團隊過程的學習，結合實習工讀做中學的經驗等理念，將實務專題予以操作化定義，並藉由模式架構的設計來付諸實踐行動。

問題與討論
PRACTICAL MONOGRAPH:
The Practice of Business Research Method

1. 國內技職院校大抵設計有「實務專題製作」或謂「專題製作」的課程，其理由為何？試研析之。

2. 「實務專題製作」課程的施行，為何在技職體系格外受到重視？試研析之。

3. 實務專題製作對國內教育教學資源配置，以及學生系統知識養成，有何關鍵性影響的作用？試研析之。

4. 實務專題製作強調團隊過程的學習，對專題學生可提升哪些能力？以達成實務專題製作施行之目的。

5. 實務專題製作的流程步驟為何？流程中何項步驟對您個人較為困難？試研析之。

6. 本書提及經由實務專題製作的執行，可整合不同研究方法的應用，且得兼顧管理技術與行為的平衡，你個人的看法為何？試研析之。

章末題庫
PRACTICAL MONOGRAPH:
THE PRACTICE OF BUSINESS RESEARCH METHOD

是非題

1. (　) 實務專題製作類似碩士論文，是一份內容加多的期末報告，也可視為大專生的畢業論文。

2. (　) 實務專題製作是以個人來獨立進行研究與製作，是其在校學習的成果報告。

3. (　) 實務專題製作的教學目標，在於培養學生獨立思考、實作的經驗與能力，以符合業界所期待並能為其所用。

4. (　) 實務專題製作能形塑管理行為面的倫理價值觀，有平衡商管教育中技術與行為兩層面的養成。

5. (　) 實務專題製作的第一個步驟，是為整個專題製作訂定研習規劃。

選擇題

1. (　) 國內商管教育的功能定位，除展現在商管專業知識的傳授外，更需養成學子什麼項目？　(1)獨立思考的能力　(2)終身學習的習慣　(3)對環境的關懷　(4)以上皆是。

2. (　) 在國內技職院校中設計有以下何種課程，來彌補無法親赴業界實習的不足？　(1)實務專題製作　(2)行銷研究　(3)策略管理　(4)生產作業實務。

3. (　) 實務專題製作在各校的執行方式雖有所差異，惟一致期望經由實務專題的製作，連結課堂學理基礎與實作實習經驗，以建構學生個人系統性知識，進而形成何種潛能？　(1)知識取得　(2)知識儲存　(3)知識創新　(4)知識擴散。

4. (　) 以下何者不是實務專題製作的長期目標？　(1)強化學生學習抽象知識的意願　(2)培養獨立思考的觀察力　(3)主動關懷環境與終身學習的習慣　(4)以上皆非。

5. (　) 實務專題製作過程中，除量化操作技術的熟稔外，特別重視質化研究中何項能力的養成？　(1)分析力　(2)觀察力　(3)倫理力　(4)以上皆是。

6. (　) 以下何項不是實務專題製作之目的？　(1)擬訂實務專題製作計畫書的能力　(2)養成蒐集資料及研析文獻的能力　(3)形塑個人獨立作業及思考的能力　(4)以上皆非。

7. (　) 以下何項為實務專題製作之目的？　(1)凝聚團隊合作解決問題的能力　(2)培養學生參與觀察實務的能力　(3)提升報告撰寫及口頭發表的能力　(4)以上皆是。

8. (　) 實務專題製作的第一個步驟為何？　(1)主題確定　(2)研習規劃　(3)研究設計　(4)資料蒐集。

9. (　) 實務專題製作的流程，不包括以下何項步驟？　(1)個案編輯與分析　(2)實務模式建構　(3)實習工讀中完成報告　(4)實證分析與回饋。

10. (　) 以下陳述何者不正確？　(1)實務專題製作是一份內容加多的複雜化期末報告　(2)應兼顧成果報告與團隊過程的學習　(3)可結合實習工讀做中學的經驗　(4)將實務專題操作化定義，並付諸實踐行動。

解答

1.(X)	2.(X)	3.(O)	4.(O)	5.(X)					
1.(4)	2.(1)	3.(3)	4.(4)	5.(2)	6.(3)	7.(4)	8.(1)	9.(3)	10.(1)

只有深刻經歷過的人，才會真的明白；
只有真正做到過的人，才會真的感謝。

—楊政學

02

主題確定

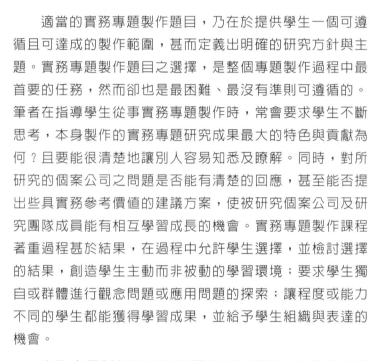

適當的實務專題製作題目,乃在於提供學生一個可遵循且可達成的製作範圍,甚而定義出明確的研究方針與主題。實務專題製作題目之選擇,是整個專題製作過程中最首要的任務,然而卻也是最困難、最沒有準則可遵循的。筆者在指導學生從事實務專題製作時,常會要求學生不斷思考,本身製作的實務專題研究成果最大的特色與貢獻為何?且要能很清楚地讓別人容易知悉及瞭解。同時,對所研究的個案公司之問題是否能有清楚的回應,甚至能否提出些具實務參考價值的建議方案,使被研究個案公司及研究團隊成員能有相互學習成長的機會。實務專題製作課程著重過程甚於結果,在過程中允許學生選擇,並檢討選擇的結果,創造學生主動而非被動的學習環境;要求學生獨自或群體進行觀念問題或應用問題的探索;讓程度或能力不同的學生都能獲得學習成果,並給予學生組織與表達的機會。

實務專題製作的首要課題為如何選擇一個適當的題目,所謂「適當的題目」係指難易適中、資料取得容易、題目也符合時代潮流,且該小組成員已具備該題目之大部分相關理論知識。由於主題影響未來專題製作的成敗,所以必須十分審慎考量擬進行的題目,否則選擇了一個不合適的題目之後,才發覺自己能力不逮、時間不足、背景知識不夠、資料不易取得,或需藉助昂貴的設備與資材,而造成沒有能力進行專題,必須重新另尋題目,除延誤進度、費時費力外,更嚴重影響學習的興趣與信心。因此,是否能選擇出一個適當的題目,是進行實務專題製作首要的成功要素之一。然如何選擇一個適當的題目,在開始著手實務專題製作時,卻是不易、模糊且抽象的。本章擬由適當題目特性、選擇題目原則、研究題目來源、搜尋題目方式、搜尋題目資訊及主題確定程序等六個部分,來陳述實務專題製作時主題確定的步驟流程。

SUMMARY

2.1 適當題目特性

適當的實務專題製作題目，乃在於提供學生一個可遵循且可達成的製作範圍，甚而定義出明確的研究方針與主題。實務專題製作題目之選擇，是整個專題製作過程中最首要的任務，然而卻也是最困難、最沒有準則可遵循的。實務專題製作的題目無所謂好與壞，只有難易程度的差異而已。題目特性的考量，常問：是否可為學生所負荷？是否可達到教學目標？是否為學生所感興趣？是否可如期完成？是否合乎時代潮流？因此，無所謂「完美」的題目，而只有「適當」的題目，然適當的題目應具有的特性為何？本節嘗試條列幾點適當題目的特性，作為訂定實務專題製作題目時的參考原則。

實務專題製作題目之選擇，是整個專題製作過程中最首要的任務，然而卻也是最困難、最沒有準則可遵循的。

一、符合製作時間內完成

整個實務專題製作過程，包括有領域的考量、議題的評估、研究設計、選擇題目、蒐集資料、研讀文獻、模式建構、實證分析至撰寫書面報告，其過程不亞於碩士論文的撰寫。然而，實務專題製作的時間長度為兩個學期，專題小組成員選擇題目時最先考量的因素，應為是否可於預期時間內完成，所以實有必要透過實務專題製作全程所需時間預估表，來預估專題進行時全程所需的時間，並透過實務專題製作時程規劃**甘特圖**(Gantt chart)，來做時程進度的掌控與安排，俾使實務專題製作可於兩個學期內完成。

二、符合學生能力及興趣

興趣為學習的驅動力，能力則是做事的基本要求。若專題題目過於深奧難懂，而非專題小組成員能力之所及，只會打擊學生的信心。同理，若題目並非專題小組成員的興趣，那麼學生於製作過程中必定倍感痛苦。因此，適當的題目應是學生能力所及，並配合學生的興趣。筆者認為對國內技職院校學生而言，以**個案研究**(case study)方式進行實務專題製作，將理論與實務進而整合分析，似乎是個不錯且適當的執行方式。同時，實務專題製作所呈現的個案研討成果，也可提供個案教學討論的案例，同時可解決目前個案教學不切實際案例的適切性問題。

適當的題目應是學生能力所及，並配合學生的興趣。筆者認為對國內技職院校學生而言，以個案研究方式進行實務專題製作，將理論與實務進而整合分析，似乎是個不錯且適當的執行方式。

三、符合業界與潮流需要

若實務專題題目能符合需要，則可增加製作專題的動力，例如主題正好是某個案公司或機關組織欲解決的問題，或這樣的專題題目可以探討某些個人想瞭解的現象，或可以開發成為便利日常生活所需的產品等。此時，更可能獲得相關機構研究經費的補助，或符合時代潮流的需要；而資料不會因時間太老舊而蒐集不到，專題小組成員也不會因興趣缺缺而無心進行，最終索然敷衍。符合相關機構需求的題目，也往往可申請該單位的補助，藉由外界資金的贊助，以提升實務專題製作的內容與品質。

四、符合可行性及程序化

選擇題目必須考慮資料的取得，分析工具、資材與設備的可取得性，避免具敏感性、機密性、不公開討論之主題。可公開化之實務主題，較易於取得研究企業個案之支持。另外，也應該注意實務專題製作時，所需的技術、成本、時間要求，是否超出專題小組成員的能力範圍。專題題目即使是較抽象化的主題，也應加以程序化，例如，公司經營策略規劃等主題，也需在可邏輯程序化或模式化思考下，有秩序的討論分析與研判進行。

實務主題不需要走在管理理論之前，只需使用既有的學理概念即可；意即以管理理論的基礎架構，來指導實務議題的系統化及程序化。實務主題應為企業目前經營管理的探討重點，且以專題小組成員確實有能力被允許參與者為限。儘量避免尋求無法公開化，且不易程序化的研究主題。

五、符合學生就業或升學

若題目可以成為某（幾）位專題小組成員爾後繼續研究發展的基石，或是可以成為日後就業所需專業知識的發展，也是一個適當的題目。就學生有興趣從事之職務專業及認識其工作特質上，例如，行銷業務、資訊管理、財務會計、國際貿易、駐外管理或營運企劃等工作職務，也應及早提醒學生掌握自己的個性與興趣，選擇適合自己發揮之專職方向，此為企業職能活動及管理實務工作之認識。

實務主題應為企業目前經營管理的探討重點，且以專題小組成員確實有能力被允許參與者為限。儘量避免尋求無法公開化，且不易程序化的研究主題。由於實務專題製作採分組方式進行，所以當小組成員探討是否對某題目產生興趣時，絕非要求組內每位成員都需對這個主題有興趣。

實務專題製作題目，也可與日後進入研究所的研究領域作結合，並奠定良好的升學根基，且為進階研究作好研究基礎。因此，若能找到結合興趣及能力的適當題目，實可奠定未來不論就業或升學的根基。

2.2　選擇題目原則

為使實務專題製作成為一系列愉快的學習過程，學生選擇題目時最好遵循前一節所陳述適當題目之特性為準則。由此可知，選擇實務專題題目的原則，首在題目必須適合自我的興趣與能力，若是興趣所在，縱使碰上瓶頸也會有動力去想辦法解決問題。另外，題目應切合實際，不宜過於深奧或廣泛不實際，而導致興趣缺缺或力不從心。本節在此歸納一些選擇實務專題題目的基本原則，供製作專題的小組成員參考。

一、組內小組成員可達成興趣分工

興趣是學習的原動力，是克服瓶頸繼續前進的驅動力量，若專題小組成員對某個主題缺乏興趣，將無法產生解決問題的動機，無法激發其做更深層的思考，有時更可能產生厭惡而敷衍了事。因此，選擇專題題目的首要基本原則是興趣。由於實務專題製作採分組方式進行，所以當小組成員探討是否對某題目產生興趣時，絕非要求組內每位成員都需對這個主題有興趣。

所謂**共同興趣**(common interest)是泛指當某個題目經過組內所有成員，分別依其所學專長及興趣，適當分工後可涵蓋該主題，那就是一個適合該組成員選擇的題目。換言之，不是所有小組成員均需要對所選定主題的全部要項都有興趣，只要透過工作分配，能夠分別符合個人興趣、符合個人專長即可。如此的分工方式有一個好處，就是藉著討論製作的過程，每個人都可透過學習而獲得彼此較薄弱與欠缺的知識，並培養出另一項興趣或專長。

由於實務專題製作採分組方式進行，所以當小組成員探討是否對某題目產生興趣時，絕非要求組內每位成員都需對這個主題有興趣。

共同興趣

common interest

指當某個題目經過組內所有成員，分別依其所學專長及興趣，適當分工後可涵蓋該主題，那就是一個適合該組成員選擇的題目。

例如：某位專題成員擅長企業研究方法，另一位同學擅長利用電腦進行模擬，最後一位成員則擅長溝通與協調。經由興趣的分工，不僅每個人都能夠順利完成所分配的工作，同時也可經由實務專題製作過程，來相互切磋習得彼此欠缺的知識，培養出另一個興趣或專長。

二、考量團隊之能力、專長及背景知識

選擇題目主題時，除了需要配合本身的興趣外，更要考量到符合組內成員們的專長與背景知識，切莫僅以興趣為考量，而忽略了能力及專長。選擇一個實務專題題目，不應該只圍繞著興趣打轉，唯有發揮每個成員的專長、背景與知識；再加上於製作過程中，逐漸發揮自我能力、累積實力，才能獲致學習效果，提升實務專題製作品質之教學目的。

選擇題目主題時，除了需要配合本身的興趣外，更要考量到符合組內成員們的專長與背景知識，切莫僅以興趣為考量，而忽略了能力及專長。

三、題目主題範圍宜適中

實務專題的題目範圍，應該限定在小組成員所能夠處理的範圍之內，如此蒐集資料比較容易集中整理，製作過程也比較能夠專注，所完成的成果與報告也會比較有深度與質感。主題範圍開始時通常是較大、較廣泛，也較模糊的，有必要適切的加以確定，始能找出較適中的研究主題範圍。

主題範圍開始時通常是較大、較廣泛，也較模糊的，有必要適切的加以確定，始能找出較適中的研究主題範圍。

四、題目著重實際可操作化

實務專題製作是應用所學的知識去解決實際問題，且實務專題重視的是製作過程中實際動手的經驗，而非理論的突破或是理論模式的建置。因此，題目最好是利用同學們已瞭解的專業理論知識，然後針對某一問題、現象或事務，進行資料蒐集、整理與分析，最後求得一個具體且明確的結論或成果。由於實務專題製作的精神，在於蒐集有關問題的相關資料，再利用組內同學瞭解的知識進行分析，進而獲得結論，是故選擇題目時宜著重實際，且可將學理概念予以操作化定義。

五、迎合潮流為產業所需

實務專題製作若能迎合潮流，進行一些較為新穎的題目，對於專題小組成員才不致太枯燥而過時，也比較容易找到產業或社會相關的

實際現象或問題做為題材。如此，不僅對解決這些較新且實務的問題有所助益，也比較能提升小組成員的興趣與信心，對學生未來的就業競爭力較有幫助。

六、題目具實務參考價值

筆者在指導學生從事實務專題製作時，常會要求學生不斷思考，本身製作的實務專題研究成果，最大的特色與貢獻為何？且要很清楚地讓別人容易知悉與瞭解。同時，對所研究的個案公司之問題，是否能有清楚的回應，甚至能否提出些具實務參考價值的建議方案，使被研究個案公司及研究團隊成員，能有相互學習成長的機會。

綜整上述論點，可知雖然大專生的實務專題製作，並不被要求要有理論之突破，或新理論模式之建構，甚至對學術領域有何重大之貢獻。然而一份專題製作應探討有意義的、與研究問題有關聯的、能解釋、能解決、或牽引出其他後續問題，且具一般性的題目。因此，以下將簡列一些所謂「具價值主題」之特性（盧昆宏，2003），供較有潛力或程度較佳的專題小組成員，在尋求研究主題時的參考。茲列示如下 12 點要項，以作為主題擇取的原則，其要點如后所述：

(1) 不同的資料蒐集方式。

(2) 不同的資料分析方式。

(3) 不同的訪談進行方式。

(4) 不同的實驗設計模式。

(5) 不同的假設條件。

(6) 不同的參數、變數。

(7) 不同的分析程序。

(8) 不同的研究方法。

(9) 比其他方法更具效率的研究。

(10) 做更廣泛的研究範圍、母體、區域等。

(11) 擴大、延伸現存的觀念、模式、理論。

(12) 提出新的觀念、模式、理論。

2.3 研究題目來源

　　要找到一個適合、有趣且有貢獻的專題題目並不容易,可能會花費可觀的時間,並且需要持續不懈的考量。本節擬提出一些潛在題目的來源,以作為專題小組成員搜尋題目的參考方向。

一、當前發生或待解決的問題

　　當前熱門話題或正值期刊、雜誌常描述的**議題**(issue),如社會福利、知識經濟、兩岸政治、技職教育、稅賦法規等問題;知識管理與創新、全球產業電子化、專利權法律等,皆是當前的熱門議題。由於當前問題存有較多的議題待開發,所以會存在較多的潛在問題待研究;其研究成果也能立即回應當今議題,因而較能引發讀者的興趣與討論。

二、文獻中的未來研究方向

　　當專題小組成員對某個領域或議題有興趣時,應儘快取得該論文的相關參考文獻,通常論文作者會描述一些未來需要進一步研究,或該論文尚未能有效解決的問題。此為已在該領域從事過研究的人員所提出的建議,絕對具有某種程度的參考價值,此也是潛在專題題目的重要來源之一,不失為快速且有效的題目來源。

> 通常論文作者會描述一些未來需要進一步研究,或該論文尚未能有效解決的問題。此為已在該領域從事過研究的人員所提出的建議,絕對具有某種程度的參考價值。

三、產業界人士表達的研究需要

　　某領域中的一些經理人員,可能會在某些場合陳述某些問題,該問題常是實務界沒有足夠證據,來作為制訂決策的依據,或沒有專人可專責解決的問題,這樣的題目來源就會較明確。此類型的題目往往會透過委託成專案的方式來進行,因此,也十分適合成為實務專題製作的題目,惟一般可能是依附在指導老師所執行專案的某部分議題。

四、重新驗證某些研究成果

就實務專題製作的角度而言，允許專題小組成員利用不同的研究方法，或不同研究母體，重新驗證某些已發表且有趣的研究結果。例如：有人已探討過台中縣市的旅館業服務品質，同理，北部的學生則可針對桃竹苗縣市的旅館業，進行相似的服務品質之研究。專題研究目的在於，使學生得以經由實務模式的操作，習得理論與實務相互印證的經驗，加強其對抽象知識的理解。

五、研討會或學會的討論議題

近年來國內外研討會舉辦情況踴躍，針對某項特定議題常會邀請相關領域的產官學界專家與會討論，或以論文發表的方式進行研討。因此，研討會或學會所探討的議題，或在研討會中發表的論文，均是很不錯的潛在題目來源，且可切合時代性發展的趨勢。

2.4　搜尋題目方式

實務專題製作題目的決定，是一個不斷重複思考的過程，很少有專題小組成員一開始就找到一個可以明確定義、適合且可操作的專題題目，往往剛開始所找到的題目不是太一般性，就是範圍太大，很難清楚定義出一個議題；通常需要不斷反覆地思索、檢討、修正到較明確的範圍後，才能逐漸定義出確切的題目。為了減少專題小組成員反覆思考的過程，本節提出六項搜尋題目的方式供參考。

一、由專題指導老師提供

這樣的題目獲得方式，對專題小組成員而言，是沒有經過反覆思索檢討的，較輕鬆獲得，但可能不是學生有興趣的題目，可能是指導老師正好想探討的某個議題，或是老師手中正在進行研究計畫的某個部分。筆者認為此種方式不是很理想，應多由學生的能力與興趣來衡量，讓學生自行評估且決定想要進行專題製作的題目較佳，而非將專題小組成員視為計畫的研究人員來規劃人力。

二、企業界所提實務計畫

　　這樣的題目往往是企業界正面臨的問題，企業透過合約委託學校老師進行研究，老師正好利用這樣的問題作為學生實務專題製作的題目。這類題目往往採個案研究方式進行，至少具有以下三項優點：

(1) 往往有相關的經費支援供研究之用，可提升專題製作的品質。
(2) 探索的問題十分實際，是難得的學習機會。
(3) 學生得以提早與產業界接觸，對畢業後之就業可能有顯著的助益。

三、研讀學術性期刊與報告

　　在學術性期刊論文、研討會論文集、專業書籍或研究報告中，往往會指出一些研究限制及後續研究，只要專題小組成員可以改變研究限制（如改變某些變數、少一些假設條件等），或針對研究者在其研究報告中，所指出尚未研究的領域，或尚未完成的部分，都是值得加以深入研究的議題，此乃實務專題題目的來源之一。其次，我們也可以從他人的論文或研究報告中，發現某些不夠正確的理論，或有欠缺待解決的問題，此也是形成實務專題製作題目之來源。

四、來自於報章雜誌的披露

　　實務專題題目著重實際且可操作，因而專題小組成員宜多關心報章雜誌中，有關社會問題或現象、商管科技新知等報導，或審閱一些官方出版刊物，將這些報導與所學的專業知識結合，如此，也可能構成實務專題製作的題目來源。

五、專題小組成員自行提出

　　專題小組成員透過觀察，擬對課本中某項理論的實務驗證，透過研讀文獻與日常生活中的體驗，而產生研究某議題的興趣，於提出議題後再與專題指導老師討論，而形成想進行探討的研究題目。筆者曾有位專題小組成員因對壽險業有興趣，故實務專題製作與此興趣相結合，最終研究的成效良好，且畢業後立即進入該個案公司任職。

六、研討會中討論的議題

參加學術性演講、研討會,或參與師長、同儕間的相互討論,逐漸凝聚成一問題之雛形,然後再與專題指導老師討論,形成一個可執行之實務專題製作題目。目前國內研討會所發表的論文,時常往往就是近一、二年研究生碩士論文的成果,或大學生畢業專題之成果,相對也直接提供在校學生執行實務專題製作的題目搜尋之來源,同時專題小組成員藉此也可輕易掌握各項議題的最新研究發展趨勢。

2.5　搜尋題目資訊

搜尋與題目相關的研究文獻,應該不是無脈絡可尋,或任意隨機尋求即可得到。若專題小組成員想瞭解資訊來源之處,那麼於進行專題探索階段、找到題目階段,乃至最後書面報告撰寫的階段,都能有效找到適當且符合本身需求的相關文獻。**資料庫**(database)包含磁片或光碟片的原始資料,電腦資料庫處理統計資料、財務資料等,透過電腦網路的連結,就可以得到這些資料庫,而且通常都隨時在更新的,大部分的大學圖書館都有電腦資料庫,提供企業有關的資訊來服務閱讀者。線上服務如:America Online、CompuServe、BigPond、Ozemail 與 Microsoft Network provide,其它還包括:e-mail、討論論壇、線上聊天、企業廣告商機、報價、線上即時報紙、以及其它許多的資料庫。本節將針對題目的資訊來源,列述說明如后且供參考。

一、檢視有興趣主題之參考文獻

如何定義出與主題有關且有用的關鍵詞或描述,對於相關文獻的搜尋是很重要的。學生剛開始可以在圖書館的書目索引中,查詢這些關鍵詞是否存在於某些書的主題中,在此建議可從網上連結專題小組成員常使用的檢索網站,有全國圖書資訊網路(NBINet),其網址為http://nbinet. ncl.edu/tw,該資料庫包含台灣地區多所大學及公共圖書館之館藏目錄。俟找到相關圖書之後,再透過館際合作,或直接到該

校參閱，或直接藉由各校圖書館的電子資料庫，不同類別資訊網路中
來加以檢視。

二、搜尋碩、博士論文

實務專題製作並不亞於碩士論文之撰寫，唯實務專題製作是整組
作業，碩士論文則為個人作品，且實務專題製作相對著重實務性與可
操作性。由於目前碩士論文已有很高的比率，像大專生實務專題製作
的方式一樣，僅處理或解決一些實務問題，故碩士論文就成為大專實
務專題製作時，重要的主要參考來源。在資訊來源方面，又可分為國
內、國外兩方面，以下將提供一些相關的網址或資料庫供參考。

實務專題製作並不亞於碩士論文之撰寫，唯實務專題製作是整組作業，碩士論文則為個人作品，且實務專題製作相對著重實務性與可操作性。

(一) 國內方面

1. 設置於台北木柵國立政治大學內的社會科學資料中心，收藏有全國
   的碩、博士論文，唯這些論文是全文紙本方式，需親臨自行擇要影
   印（不允許影印整本）。

2. 國家圖書館資訊網路系統，網址：http://www.ncl.edu.tw/c_ncl.html，
   其中有全國碩、博士論文摘要檢索系統。

3. 中華碩博士論文索引光碟資料庫，收錄有台灣、中國大陸、香港以
   及美加地區各大學研究所的中國人博、碩士論文索引及摘要，且資
   料每年更新（可到有購買該光碟資料庫的圖書館查詢）。

4. 中華博碩士論文線上資料庫，網址：http://www.lib.ccu.edu.tw/cg-
   ibin/flyweb/flyweb.cgi? o=1。

(二) 國外方面

1. UMI 光碟檢索系統中之 DAO 資料庫，為歐美博、碩士論文索引摘
   要光碟資料庫（可到有購買該光碟資料庫的圖書館查詢）。

2. UMI ProQuest Direct 全文檢索資料庫，其中包含博、碩士論文索
   引，可透過 Navigator、Explore 等 www 瀏覽器，連線至網址
   http://www.umi. com/Proquest 後輸入帳號及密碼，即可進入檢索畫
   面（該系統為計費之線上查詢系統，需申請帳號與密碼）。

3. 國外尚有些一般性質的博、碩士書目來源，列舉如下：
- American Doctoral Dissertations
- Canadian Theses
- Comprehensive Dissertation Index
- Masters' Abstracts
- Masters' Theses in Arts and Social Sciences
- Masters' Theses in the Pure and Applied Sciences Accepted by Colleges and Universities of the United States and Canada

還可至網址：http://www.uregina.ca/ibrary/guides/thesis.html 參考相關出版品書目。

三、搜尋關鍵詞及摘要之索引服務

在實務專題題目關鍵詞及摘要的索引服務上，可分為光碟資料庫與線上資料簡索系統（Cavana, Delahaye & Sekaran，2001；莊立民、王鼎銘合譯，2003）兩部分來說明。

(一) 各式光碟資料庫

- 中華民國期刊論文索引光碟資料庫
- 卓越商情資料庫
- MARS 中華民國企業管理文獻摘要資料庫
- Boston SPA Serials 大英期刊資料庫
- Science Citation Index(SCI)科學引用文獻索引資料庫
- Ulrich's Plus 期刊目錄資料庫
- ABI/INFORM 商業與企管資料庫
- BPO/GLOBAL 商業與企管文獻全文資料庫
- Social Science Source 社會科學期刊文獻摘要暨全文資料庫
- Computer Select 電腦資訊期刊文獻摘要暨全文資料庫
- Information Science Abstract Plus 資訊科學摘要資料庫

- INSPE 物理、電機、電子計算機及控制學資料庫

- IEE/IEEE Electronic Library(IEL)/IPO 電子電機摘要暨全文資料庫

(二) 線上資訊檢索系統

- IABI/INFORM Global ABI/INFORM 提供 1971 年迄今有關商業、管理、貿易與產業與學術期刊之搜尋。只要輸入作者名字、期刊標題、文章或公司名稱,將可以透過光碟或網路得到期刊全文或企業定期的刊物。

- IAIM Management and Training Database(AIMMAT)包含自 1991 年開始許多有關管理與訓練的文章。

- IAnbar Management Intelligence Library 包含有關管理的 450 餘種的期刊。

- IAsian Business 提供亞洲有關企業的期刊全文共 75 種。

- IBibliographical Index 根據主題所列的目錄索引。

- IBusiness Books in Print 有關財務、商業與經濟的書籍,藉由作者、標題與企業主題加以編排索引。

- IBusiness Investment service 分析基本產業之生產與股價的索引,以及某些產業股票的盈餘。

- I Business Periodicals Index(BPI)提供 3,000 筆以上企業或管理的期刊。

- IDun and Bradstreet Credit Service 蒐集、分析與散布製造者、批發商、零售商的信用資料,其中包括企業比較詳細的營運描述資料、財務報表分析、管理的演變與收支紀錄。

- IECONLit 提供自 1961 年起經濟學的摘要與文獻之資料檢索。

- IEducation Resources Information(ERIC)提供有關教育摘要與文獻索引的資料庫,包括成人學習、人力資源發展與訓練。

- IINFOTRAC 包括社會科學領域超過 1,000 筆以上的學術、商業與投資期刊索引,而且每月更新。

- IHuman Resources Abstract 包括提供人力、社會、人力資源規劃與組織行為等領域，每季摘要的服務。

- IPsychological Abstracts 有關心理學的數百本期刊、報告、專題論文與其它科學性檔案的摘要文獻。

- IPublic Affairs Information Service(PAIS)有關企業的索引書、期刊、企業文章與政府文件。

- ITopicator 有關廣告、通訊與行銷期刊文章的分類指南。

- Work Related Abstracts 包含有關勞工、人事及組織行為文章的摘要、論文以及書籍。

- 前面提過的 UMI ProQuest Direct 全文檢索資料庫中，除了包含博、碩士論文的索引之外，亦包含各式 UMI 的光碟資料庫，例如：ABI/ INFORM、期刊摘要、報紙類(New York Times, Newspaper Abstracts)，以及社會科學人文、理工類等，其網址為 http://www.umi. com/proquest，是計費之線上查詢系統。

- ISTICNET 的網址為 http://www.stic.gov.tw，是計費之線上查詢系統。

- IOCLC FirstSearch 的網址為 http://www.ref.oclc.org:2000/html/fs_pswd.htm，是計費之線上查詢系統。

四、搜尋政府單位之出版品

在政府單位之出版品裡，有時可以搜尋到一些值得且適當的專題題目，也是專題題目的來源之一。建議專題小組成員在執行前，可以先上國家圖書館資訊網路系統查詢，其網址為 http://www.ncl.edu.tw/c_ncl.html，因為該系統有中華民國政府出版品目錄系統可供瀏覽查閱。另外，數位化圖書館也有政府公報及出版品可供查詢，其網址為 http://www.edu.tw/library/digitl.html。

五、搜尋相關機構委託之研究報告

搜尋相關機構，如科技部、經濟部、交通部各相關單位、台電公司、能委會、台灣經濟研究院、中華經濟研究院、工業研究院等，委

託外界相關專家、學者所做的研究報告，都值得閱讀及思考，也是實務專題製作題目的可能來源。

六、搜尋各研討會目錄及學術期刊之年度索引

各校院系所等學術單位所舉辦的研討會，或各學會年會所出版的論文集，某些學術期刊會將當年度所採用的論文整理成年度索引，這些目錄索引有時也會激發專題小組成員一些看法或意見，進而形成日後實務專題的題目來源。

2.6 主題確定程序

實務專題製作課程著重過程甚於結果，在過程中允許學生選擇，並檢討選擇的結果，創造學生主動而非被動的學習環境；要求學生獨自或群體進行觀念問題或應用問題的探索；讓程度或能力不同的學生都能獲得學習成果，給予學生組織與表達的機會（黃政傑，1992）。因此，實務專題的領域與議題的選擇，乃至題目的決定，宜遵循這樣的設計理念，來指導專題小組成員選擇題目的方向。在實務專題製作之主題確定上，大抵依循如下三個步驟來完成。

(1) 確定研究範圍與領域。
(2) 選擇特定議題並進行評估。
(3) 選擇並訂定出特定題目。

一、確定研究範圍與領域

選擇實務專題題目的領域，係為實務專題製作發展的基礎，也是起始。題目的方向往往是較寬廣且一般性的，通常的過程是由大而小、由廣而窄、由模糊而特定。舉例而言，專題小組成員可能在「行銷管理」中，選擇「行銷研究」作為一般性的領域，然而以此作為實務專題製作的領域還太廣泛，故學生需再深入探討，再決定出是以「消費者行為」、「顧客滿意度」或「關係行銷」等議題，作為該領域之主題。

就實際執行面而言，期望大學生在無任何輔助意見下，自行決定出研究題目，是件很難令人滿意的事。每年筆者在與專題學生討論時，均會先詢問他們是否目前有在工讀？或是未來有興趣想發展的行業為何？若回答是肯定句，則以當下學生工讀的個案公司，或未來想從事投入產業的個案為研究對象與議題，實際將實務專題製作與實習工讀做更緊密的結合，提前讓專題學生有進入職場的經驗，學生並可檢視其興趣認知的落差。再者，筆者也同時認為可以由以下幾項管道，來提供實務專題製作研究題目的來源。

(一) 介紹各研究領域所含括組別

可針對所指導的專題小組成員，以介紹各研究領域包含哪些組別為首先步驟，例如：「企業管理」可再分為「生產管理」、「行銷管理」、「人力資源管理」、「財務管理」、「資訊管理」等方向。其次，讓專題小組成員由研討會論文集中，找出自己有興趣的專題研究領域與方向。

(二) 介紹各研究領域所含蓋主題

介紹各研究領域所涵蓋的主題之後，拿近五年國內各系所或學會所舉辦的學術研討會論文集，供學生帶回家翻閱。例如：「台灣企業個案研討會論文集」、「永續發展管理研討會論文集」、「全國技術及職業教育研討會論文集」、「觀光休閒暨餐旅產業永續經營學術研討會論文集」、「科技管理研討會論文集」等。給學生一段充裕的時間思考，讓學生從各論文集中，個別不同領域的分組概況中，確定出自己實務專題製作方向的雛型。

(三) 要求專題成員有系統進行文獻探討

在確定出學生實務專題製作方向的雛型後，再要求專題小組成員有系統地進行某特定領域的文獻探討。其目的在於訓練學生開始學習整理類似的主題，並且歸納一些共通性的結果，或從論文中所提及的未來研究方向與建議，重新找到更明確或可行的題目方向。倘若專題小組成員在正式專題製作之前，能多具備上述實地演練及思考的暖身經驗，相信對於爾後題目的選定及執行，將會增強其自信與能力。

二、選擇特定議題並進行評估

由於研究過程常不如想像中的順利，專題小組成員通常找了一些似乎值得進行的題目，經過考慮與淘汰選擇了其中之一。然而進入較為深入的分析與研究後，卻發覺這個題目未必可行而需要更換題目，所以又必須重新思考並選擇一個新的議題，重新擬訂一個專題計畫來進行。因此，實務專題製作常存有很高的不確定性，專題小組成員往往有可能需經歷幾次這樣更換議題或題目的情形。再者，為減少學生更換研究主題的次數，擬提出一些尋求議題時的意見供參考。

(一) 專題指導老師方面

在給專題指導老師的建議上，有如下幾點要項：

1. 因材施「題」

不同組別專題成員的程度與能力皆不盡相同，所以老師應考量各組成員的知識、理解能力、背景程度等，再選擇其可負荷的題目。程度好的專題小組成員可選擇較理論性、有挑戰性的題目；反之，能力或反應較差的小組成員，則給其較容易且符合其能力的題目。

2. 適時給予協助與討論

尋找題目之前的議題探索階段，專題小組成員最殷切期望老師給予意見，這個階段老師與小組成員的互動需要較頻繁，老師可藉由討論來瞭解組內同學的專長與能力，然後針對其能力與專長協助其尋找議題。

3. 主題宜順應潮流

協助專題小組成員思考專題議題時，應符合時代潮流之所需，不要進行一些過時或已被炒過頭的題目，如此，才不至於影響專題小組成員的興趣與製作動機。另一方面，老師也可藉此對社會有所貢獻，例如：針對某些公司或機構設計網頁，在前幾年非常熱門，因而老師可帶領小組成員去做這一方面的題目，使學生有實務學習的機會與經驗，也對該公司或產業有所助益；反之，現在若要求專題小組成員做這種題目，似乎就有些過時且層級過低。

4. 應考慮現有資源

打仗最怕沒有子彈,做研究最怕沒有資源。指導老師與專題小組成員討論議題的過程,需要考慮是否有相關資源可予支援,否則該議題勢必於進行後,又要重新再來而浪費時間。做研究可用的資源,包含:研究設備、研究經費、訪問企業管道、研究經驗等。若是研究資源不足,使得研究半途中斷,就失去原先一開始的研究意義。

5. 讓組內成員發揮綜效

實務專題製作係以一組同學為研究團隊(非個人),故指導老師需深入瞭解組內每一位同學的個別專長,然後讓每個人發揮所長,達到最大的成果綜效。

6. 讓不同組間成員相互交流

在學校內時常有老師會同時指導兩組以上的學生做實務專題製作,此時可進行不同組別間成員的相互交流,包括不同問題的解決、研究心得分享等,以使專題小組成員在同儕的相互學習與成長環境下,得到更多的學習機會。

(二) 專題小組成員方面

在給專題小組成員的建議上,有如下幾點要項:

1. 瞭解自我能力與興趣

專題題目方向的選擇,需要考慮自我知識背景、理解能力、專業程度、自我興趣,並且讓指導老師清楚專題小組成員的能力、興趣與專長。唯有自己有興趣且合乎自我能力的題目,才能達到事半功倍的效果,也才不至於在專題進行之後,因與本身能力、專長或興趣不符而更換題目,或進行得很痛苦,徒增學習上的困擾。

2. 隨時與指導老師討論

在尚未找到主題之前,務必與指導老師保持討論與聯絡。初期的討論,大致上是讓老師瞭解同組成員的背景、能力及興趣;接下來的討論,則著重於向指導老師報告自己看過的文獻與感想;後續的討論,則是希望擬訂出較為可行,且符合小組成員專長、興趣的主題,有了主題之後,再與老師討論可行的研究議題或題目。因此,在研究

可進行不同組別間成員的相互交流,包括不同問題的解決、研究心得分享等,以使專題小組成員在同儕的相互學習與成長環境下,得到更多的學習機會。

題目尚未敲定之前，與指導老師隨時保持聯繫與討論，是實務專題製作不可或缺的重要因素之一。

三、選擇並訂定出特定題目

　　題目選擇的適切與否，常會影響日後實務專題製作過程的成敗。若選擇一個不合適的題目，於製作過程中才發覺資料與設備不足，或無適當的訪察管道，或執行專題製作的時間不夠等，或重新更換題目、延誤專題進度，甚至最後草草結束，都將嚴重地打擊專題小組成員的學習信心與成效。然若能於選定某一特定題目前，遵循先考慮專題製作的領域，以及選擇與評估議題的步驟，再決定特定研究目的，就比較可以減少實務專題製作失敗的風險。因此，掌握適當題目的特性，選擇題目的原則，以及考慮該選擇那些因素，便成為專題小組成員決定合適題目所必須瞭解的內容。

若能於選定某一特定題目前，遵循先考慮專題製作的領域，以及選擇與評估議題的步驟，再決定特定研究目的，就比較可以減少實務專題製作失敗的風險。

1. 適當的實務專題製作題目，乃在於提供學生一個可遵循且可達成的製作範圍，甚而定義出明確的研究方針與主題；然適當題目應具有的特性為：(1)符合製作時間內完成；(2)符合學生能力及興趣；(3)符合業界與潮流需要；(4)符合可行性及程序化；(5)符合學生就業或升學。

2. 選擇題目的基本原則：(1)組內小組成員可達成興趣分工；(2)考量團隊之能力、專長及背景知識；(3)題目主題範圍宜適中；(4)題目著重實際可操作化；(5)迎合潮流為產業所需；(6)題目具實務參考價值。

3. 訂定題目的來源：(1)當前發生或待解決的問題；(2)文獻中的未來研究方向；(3)產業界人士表達的研究需要；(4)重新驗證某些研究成果；(5)研討會或學會的討論議題。

4. 搜尋題目的方式：(1)由專題指導老師提供；(2)企業界所提實務計畫；(3)研讀學術性期刊與報告；(4)來自於報章雜誌的披露；(5)專題小組成員自行提出；(6)研討會中討論的議題。

5. 搜尋題目的資訊來源：(1)檢視有興趣主題之參考文獻；(2)搜尋碩、博士論文；(3)搜尋關鍵詞及摘要之索引服務；(4)搜尋政府單位之出版品；(5)搜尋相關機構委託之研究報告；(6)搜尋各研討會目錄及學術期刊之年度索引。

6. 實務專題製作著重過程甚於結果，在過程中允許學生選擇，並檢討選擇的結果，創造學生主動而非被動的學習環境；要求學生獨自或群體進行觀念問題或應用問題的探索；讓程度或能力不同的學生都能獲得學習成果，給予學生組織與表達的機會。

7. 選擇專題題目的領域，係為實務專題製作發展的基礎，也是起始。題目的方向往往是較寬廣且一般性的，通常的過程是由大而小、由廣而窄、由模糊而特定。

8. 主題確定的步驟：(1)確定研究範圍與領域；(2)選擇特定議題並進行評估；(3)選擇並訂定出特定題目。

9. 若能於選定某一特定題目前，遵循先考慮專題製作的領域，以及選擇與評估議題的步驟，再決定特定研究目的，就比較可以減少實務專題製作失敗的風險。

1. 是否能選擇出一個適當的題目,是進行實務專題製作首要的成功要素之一;然而,所謂適當的實務專題題目的特性為何?試研析之。

2. 選擇專題題目的原則,首在題目必須適合自我的興趣與能力;此外,選擇適當實務專題題目的原則為何?試研析之。

3. 要找到一個適合、有趣且有貢獻的專題題目並不容易,可能會花費可觀的時間,而訂定實務專題題目的來源為何?試研析之。

4. 實務專題製作題目的決定,是一個不斷重複思考的過程,而搜尋實務專題題目的方式為何?試研析之。

5. 搜尋與題目相關的文獻,應該不是無脈絡可尋,或任意隨機尋求即可得到,而搜尋題目的資訊來源為何?試研析之。

6. 實務專題題目的方向,往往是較寬廣且一般性的,通常的過程是由大而小、由廣而窄、由模糊而特定,而其主題確定的步驟為何?試研析之。

章末題庫
PRACTICAL MONOGRAPH:
THE PRACTICE OF BUSINESS RESEARCH METHOD

是非題

1. (　) 適當的實務專題製作題目，應符合可行性及程序化，但不必考量學生的就業或升學。

2. (　) 選擇專題製作題目時，應迎合產業所需之潮流，並具有實務參考價值。

3. (　) 專題製作題目的來源，不宜是研討會或學會的討論議題。

4. (　) 尋找專題題目的來源，可以是專題小組成員自行提出。

5. (　) 實務專題製作著重過程甚於結果，在過程中允許學生選擇，並檢討選擇的結果，創造學生主動而非被動的學習環境。

選擇題

1. (　) 適當的實務專題製作題目，應具有何項特性？　(1)符合製作時間內完成(2)符合學生能力及興趣　(3)符合業界與潮流需要　(4)以上皆是。

2. (　) 選擇題目的基本原則，不包括哪一項？　(1)組內成員可達成興趣分工　(2)考量團隊能力、專長及背景知識　(3)題目主題範圍宜盡可能廣泛　(4)題目著重實際可操作化。

3. (　) 專題製作題目的來源，不包括以下何者？　(1)當前發生或待解決的問題(2)文獻中已探討完成的研究方向　(3)產業界人士表達的研究需要　(4)重新驗證某些研究成果。

4. (　) 搜尋專題製作題目的方式，不包括哪一項？　(1)由專題指導老師提供　(2)企業界所提實務計畫　(3)研讀學術性期刊與報告　(4)以上皆非。

5. (　) 搜尋題目的資訊來源，可以是以下何者？　(1)檢視有興趣主題之參考文獻(2)搜尋碩、博士論文　(3)搜尋關鍵詞及摘要之索引服務　(4)以上皆是。

6. (　) 以下陳述何者有誤？　(1)專題題目可搜尋自政府單位之出版品　(2)專題製作要求學生個別進行觀念問題或應用問題的探索　(3)專題製作能讓程度或能力不同的學生都能獲得學習成果　(4)以上皆非。

7. (　) 以下陳述何者正確？　(1)選擇專題題目的領域，係為實務專題製作發展的基礎　(2)專題題目的方向往往是較寬廣且特殊性的　(3)專題的題目通常是由大而小、由窄而寬、由模糊而特定　(4)以上皆是。

8. (　) 專題製作在主題確定上的步驟為何？　(1)確定研究範圍與領域　(2)選擇特定議題並進行評估　(3)選擇並訂定出特定題目　(4)以上皆是。

9. (　) 如何減少實務專題製作失敗的風險？　(1)於選定特定題目前，先考慮專題製作的領域　(2)可以不用選擇與評估議題的步驟　(3)一開始就先決定特定研究目的　(4)以上皆是。

10. (　) 當某個題目經過組內所有成員，依其所學專長與興趣，適當分工後可涵蓋該主題，那就是一個適合該組成員選擇的題目，此謂之為何？　(1)專業考量　(2)分工合作　(3)共同興趣　(4)主動學習。

解答

1.(X)　2.(O)　3.(X)　4.(O)　5.(O)

1.(4)　2.(3)　3.(2)　4.(4)　5.(4)　6.(2)　7.(1)　8.(4)　9.(1)　10.(3)

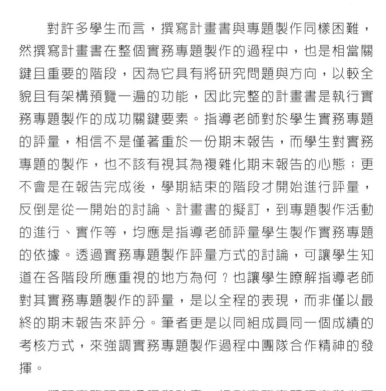

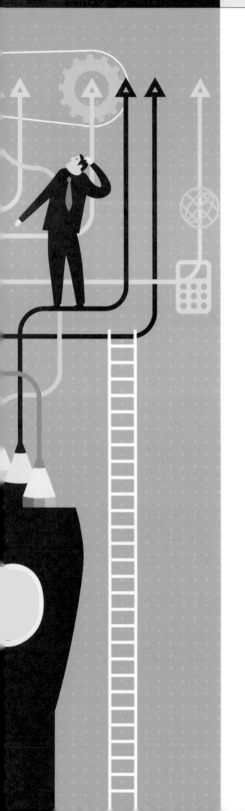

對許多學生而言，撰寫計畫書與專題製作同樣困難，然撰寫計畫書在整個實務專題製作的過程中，也是相當關鍵且重要的階段，因為它具有將研究問題與方向，以較全貌且有架構預覽一遍的功能，因此完整的計畫書是執行實務專題製作的成功關鍵要素。指導老師對於學生實務專題的評量，相信不是僅著重於一份期末報告，而學生對實務專題的製作，也不該有視其為複雜化期末報告的心態；更不會是在報告完成後，學期結束的階段才開始進行評量，反倒是從一開始的討論、計畫書的擬訂，到專題製作活動的進行、實作等，均應是指導老師評量學生製作實務專題的依據。透過實務專題製作評量方式的討論，可讓學生知道在各階段所應重視的地方為何？也讓學生瞭解指導老師對其實務專題製作的評量，是以全程的表現，而非僅以最終的期末報告來評分。筆者更是以同組成員同一個成績的考核方式，來強調實務專題製作過程中團隊合作精神的發揮。

擬訂實務研習過程與計畫，規劃實務專題程序與必要步驟，經指導老師輔導小組成員尋找學習主題，與成員相互討論凝聚研習主題共識。對許多專題小組成員而言，撰寫計畫書與專題製作同樣困難，然撰寫計畫書在整個實務專題製作的過程中，也是相當關鍵且重要的階段，因為它具有將研究問題與方向，以較全貌且有架構預覽一遍的功能，因此完整的計畫書是執行實務專題製作的成功關鍵要素。本章針對實務專題製作之研習規劃作探討，擬由如何尋求企業合作意願、實際擬訂研習計畫、安排專題製作時程，以及實務專題評量考核等層面，來加以整合性考量實務專題製作之研習規劃。

SUMMARY

3.1 尋求企業合作意願

實務專題製作之研習規劃上，首先面臨的問題，即是如何尋求企業合作的意願，本節針對此特定議題，擬由以下四個層面來加以探討，以謀解決尋求企業合作意願的困境。進行的程序上，大抵有：

(1) 企業機構對象的尋找。
(2) 企業機構的接觸。
(3) 合作意願的維繫。
(4) 合作中斷的處理。

一、企業機構對象的尋找

在符合專題小組成員所希望從事的產業範圍內，尋找可茲合作的對象，而尋找的對象以下述者為優先。

(1) 地方性企業、中小型企業適宜。
(2) 與家族、兄長、老師或學校機構有良好關係者為先。
(3) 本身管理制度未臻健全，或已有相關經營理念、社會責任觀念者較有意願。

二、企業機構的接觸

(一) 接觸方式

首先，專題小組成員以電話先行聯絡該個案公司之公關部門、總經理秘書或相關部門主管，在電話中尋求雙方瞭解，並請其代為徵詢決策人員之態度，再安排後續接觸事宜。再者，以親筆信函寄予總經理本人，或其他相關決策主管，信中儘量附上詳細實務專題製作之研習目的，並預約後續聯絡方式。最後，也可經由下列方式接觸：

(1) 師長等人的推薦引介（學生在執行專題製作時最常需要的協助）。
(2) 消費時的接觸。
(3) 老師校外輔導或研究計畫的衍生性專題。

(二) 接觸目標

在專題小組成員與個案公司進行接觸合作上，期望達成下列幾項目標：

(1) 讓企業瞭解實務專題製作之教學性質與雙方之效益貢獻。
(2) 徵求企業提供實務專題合作機會、相關資料及可觀察行為。
(3) 承諾或約定實務專題製作的權利、義務與成果，建立雙方互信互益的觀念。

(三) 輔助工具

在專題小組成員與研究個案公司接觸尋求合作意願時，可利用：

(1) 指導老師或系辦公室公函、信函。
(2) 實務專題製作研習計畫書。
(3) 使用感謝卡作為輔助工具，以使專題小組成員在企業尋訪過程中得以順利圓滿。

三、合作意願的維繫

訪談前或在訪談的過程中，一定要讓對方知曉，儘量表現自己對此訪談所重視的程度，對方所願意提供的一切配合與合作，對自己應視為莫大的恩惠，在訪談進行中，對方一定會表示他獨到的見解；儘量投其所好肯定他所說的，且可針對受訪者偏愛的主題，問一、二個問題，使其感受被重視的感覺，如此一定可令整個訪談過程圓滿融洽。在訪談結束時，也可向受訪者表示，希望爾後還有繼續合作的意願，且可透過郵件或電話適時的問候對方，最好的情況是能與受訪者成為好朋友。

四、合作中斷的處理

找出雙方合作中斷的可能因素，並設法彌補中斷的原因，或藉由特殊的關係、透過親朋好友的人際關係，設法進行交涉瞭解，並表示自己願意配合對方所挪出的任何時間，且再次強調自己對此次訪談所重視的程度，冀望能促成此一合作的機會。

3.2　擬訂專題研習計畫

　　實務專題製作過程中，專題小組成員在擬訂研習計畫上，是件不太容易完成的工作，而計畫書的撰寫在整個實務專題製作過程中，是扮演相當關鍵的角色；小組成員能否完成完整的研習計畫書，更是能否成功執行實務專題製作的關鍵要素。在實務專題研習計畫書的擬訂上，大抵可以：

(1) 研習階段時序。

(2) 師生互動約定。

(3) 成員分享與控管。

(4) 研習計畫書評估等層面，來加以綜整說明專題研習計畫的擬訂。

一、研習階段時序

　　實務專題製作完成之階段時序計畫，可能包括的研習工作項目，有如下幾點要項：

(1) 企業訪談、實習階段。

(2) 企業實務性個案描述階段。

(3) 適用學理研讀討論階段。

(4) 企業實務模式與理論比對階段。

(5) 企業實務診斷分析階段。

(6) 企業實務再觀察紀錄與討論驗證階段。

(7) 實務問題原因分析與改善方案設計階段。

(8) 改善方案回饋與可行性分析討論階段。

(9) 實務專題製作之書面報告撰寫階段。

(10) 實務專題製作之成果口頭發表階段。

二、師生互動約定

　　專題小組成員與指導老師教學與指導互動之約定，大抵可含括有：

(1) 實務專題研習計畫與時程討論共識之約定。

(2) 時程計畫的師生互動討論時間與工作之約定。

(3) 師生研討方式與要求規範之約定。例如：筆者與專題學生共同約定，每週五下午一點共同研討本週研究內容，並規劃下週研究與討論的進若同時指導多組實務專題度。若同時指導多組實務專題製作，筆者傾向於約定共同的時間同時製作，筆者傾向於約定共同的時間同時多組一併進行。

若同時指導多組實務專題製作，筆者傾向於約定共同的時間同時製作，筆者傾向於約定共同的時間同時多組一併進行。

三、成員分享與控管

專題製作團隊的小組成員，依計畫分工、討論、分享彼此所負責的實務研習成果。同時專題小組成員也學習自我控制研習活動工作與時間，在執行專題製作過程中訓練企劃控管的能力，且達成專題小組成員間彼此知識分享的綜效。如前述筆者將多組專題，於同一時段一併進行研討，亦是基於同組內，甚至不同組間成員知識分享效益的擴散，惟在程序上時間與方式的控管是項挑戰。

四、研習計畫書評估

專題小組成員提出實務專題製作的研習計畫書後，指導老師應就計畫書內容的可行性與適切性進行評估。評估作業有時比較簡單而鬆散，可能只由指導老師根據某些評估標準，作主觀評定為可行或不可行。

在評估研習計畫書時，首先應確定評估的項目，而評估項目常依評估目的之不同而有所差異。實務專題製作所用的評估項目，包括有：

(1) 研究問題：在學術或實用上是否重要。

(2) 文獻檢討：對相關文獻的檢討是否周詳。

(3) 研究方法：在理論概念、研究工具、抽樣計畫，以及資料之蒐集、運用、分析等方面，是否適當而可行。

(4) 預期結果：獲得良好研究成果的可能性。

(5) 進度控管：人力配備及進度安排是否合理。

3.3 專題製作時程安排

　　設計階段是研究過程的一個關鍵點，在這個階段所發生的質疑、問題或爭論，都已經被充分的討論，而且規劃研究方法顯然是必要的，研究方法可以藉由設計做好規劃。在這一階段，通常必須做出一連串的決定，包括：研究是否需要繼續？誰必須執行這個研究？這兩個關鍵性的決定，必須依賴精確且可靠的資訊，而這些資訊就可以從研究計畫書中得知。所以，研究計畫書在研究過程中，係扮演一個非常重要的角色。

　　專題小組成員剛開始進行實務專題製作時，往往會因為以下幾項原因，而低估所需投入的時間。例如：

(1) 小組成員本身的自制力不夠。

(2) 題目的艱難程度過深。

(3) 可以投入的時間太少。

(4) 偶發事件的發生。

(5) 與指導老師互動情形不佳。

(6) 進行實務專題製作前的預備專業知識不足。

　　因此，如何有效地安排實務專題製作之進行，且較正確地估計專題完成所需的時間，則需要透過些管理工作來完成，也就是一些控制時程的表格。換言之，學生可透過填寫一些表格，來促使自己正確掌握實務專題製作之時程安排。因此，建議學生宜將整個實務專題製作，分解成一些較小規模的活動。本節將陸續介紹一些控制時程的範例表格，俾使整個實務專題製作的程序可加以分解。

　　利用圖表作為執行實務專題製作的時程控制與預算，是有系統性地完成實務專題製作的方法之一，用以協助專題小組成員估計實務專題製作所需的時間。以下將依實務專題製作所需的表格，將整體專題製作研習規劃內容，劃分為本節所列不同階段流程，並以筆者指導學生從事實務專題製作的經驗為參考範例，來提供大專生進行實務專題製作時掌握進度之用。至於，實務專題製作的時程安排，大抵以：

(1) 確認專題名稱。

(2) 估計工作內容。

利用圖表為執行實務專題製作的時程控制與預算，是有系統性地完成實務專題製作的方法之一，用以協助專題小組成員估計實務專題製作所需的時間。

(3) 估計工作內容所需時間。

(4) 估計各章節書面化內容與時間。

(5) 估計全程所需時間。

(6) 執行時程規劃。

(7) 報告發表與經費編列等七個階段流程，來描述各流程的工作內容與重點。

一、確認專題名稱

計畫書的研究題目，必須透過研究目的來加以確定，並且應該指出研究的範疇與內容。專題小組成員經過了研究領域的思考，選擇議題並進一步評估後，首先需透過主題確認表，如〔表 3-1〕所列示之範例，以作為估算時間的前置作業，該表主要在將實務專題製作的名稱，以及預擬進行的專題內容簡要列出。

▼ 表 3-1　實務專題製作之專題名稱確認表

專題名稱：台鐵觀光行銷之研究－以平溪、內灣、集集三支線為例
學生：_____指導教授：_____填表日期：_____
專題內容：（舉例） 1. 主題大綱的建立 2. 研究共識的達成 3. 研究範圍及研究對象的界定 4. 實際個案之模式建立及驗證 5. ××× 6. ×××

資料來源：楊政學(2004)。

二、估計工作內容

實務專題製作所包含的工作，並不亞於研究生的碩士論文，其內容包括：文獻整理研讀、概念發展與形成、準備相關工具與設備、進行資料蒐集、問卷調查、資料分析、理論與模式的推導與建構、實證分析結果、撰寫書面報告等。過程中必須為研究計畫進行的動機提出一些理由，並列出關於組織內備受關注的質疑、問題與議題，而這些背景資料可以讓讀者瞭解整個專題研究的脈絡。研究目的至少需要達

成，確立研究計畫目的，以及明確地訂定研究對象與範圍。最後，由文獻探討、初步訪談、焦點群體，或是整合以上所有資源，來作實證分析結果的討論。

當然，不是所有的實務專題製作均會包括上述所有活動，所以專題小組成員應該定義出與自己專題研究有關的主要工作內容，格式如〔表 3-2〕左半部所示之參考範例。

▼ 表 3-2　實務專題製作所需之工作內容與時間預估表

專題名稱：台鐵觀光行銷之研究─以平溪、內灣、集集三支線為例	
專題進行時之工作內容	預估所需時間（週）
主題確定	
研習規劃	
個案編輯與分析	
文獻回顧與學理基礎	
研究設計與資料蒐集	
實務模式建構	
實證分析與回饋	
報告撰寫與口頭發表	
	合計＿＿＿＿＿＿週

資料來源：楊政學(2004)。

三、估計工作內容所需時間

專題小組成員訂定出與自己專題內容有關的主要研究工作後，接著就要估算每項工作所需花費的時間，以及彙總所有活動的時間，俾可預估各項工作時間，並作為實際執行實務專題製作的評估。各項工作內容的時間估計，如〔表 3-2〕右半部所示，此項可與前述的工作內容合併於同一表格，如〔表 3-2〕所示參考範例。至於，專題小組成員繳交指導老師之書面報告，則可利用〔表 3-3〕所列範例，來作更為細部工作內容與時間的預估，以精確掌握實務專題製作的流程。

▼ 表 3-3　實務專題製作之各章節內容與時間預估表

章節	標題	頁數預估	每頁工作時數預估	該單元校對、修改時數預估	該單元工作總時數預估
專題名稱：台鐵觀光行銷之研究—以平溪、內灣、集集三支線為例					
目錄		3	1	0.5	3.5
摘要		1	4	0.5	4.5
第一章	緒論				
1.1	研究背景與動機	1	3	0.5	3.5
1.2	研究目的				
1.3	研究方法	1	3	0.5	3.5
1.4	研究步驟	0.5	3	0.5	2
1.5	研究範圍與對象	0.5	2	0.5	1.5
1.6	內文架構	0.5	2	0.5	1.5
第二章	文獻回顧與學理基礎				
第三章	產業概況分析				
3.1	三支線發展歷程	1	3	0.5	3.5
3.2	核心資源分析	1	3	0.5	3.5
3.3	三支線 SWOT 分析	4	6	2	26
…	…	…	…	…	…
第六章	結論與建議	1	4	0.5	4.5
合計					

資料來源：修改自楊政學(2004)。

四、估計各章節書面化內容與時間

　　當實務專題製作進入書面化階段時，大部分的學生常會高估自己書面化的能力，往往認為熬一個晚上就會有不錯的「產出」。惟依 Davis 與 Parker(1979)所提出的數據，標準估計每頁大約需要四個小時。事實上，有些書面報告內容，如摘要、文獻探討、結論、參考文獻等，通常必須重寫好幾遍，或是加以整理、歸納與比較，故平均每頁所需的時間，大概都會超過三個小時以上。

另外，各章節書面化之後，為了避免一些文辭、語意、打字等錯誤的發生，也需要詳細校對與修改。由於專題小組成員往往比較不容易校對出自己缺失的部分，而為了降低錯誤，實有必要由組內成員交互校對其他成員所負責撰寫打字的部分，甚至透過指導老師的協助，來調整書面化的內容、架構及潤筆，如此所需要消耗的時間就更多了。

基本上，專題小組成員繳交指導老師的實務專題製作書面化內容，應盡量要求避免文辭上的語意不順或打字錯誤，藉以培養出認真細心的任事態度與精神。筆者在昔日博士班求學的階段中，指導教授對此要求甚嚴，而本人也以此精神要求專題學生，期勉學生能有認真負責的求學態度，因為學生做事的態度，比他日後的成就還重要。

> 專題小組成員繳交指導老師的實務專題製作書面化內容，應盡量要求避免文辭上的語意不順或打字錯誤，藉以培養出認真細心的任事態度與精神。

五、估計全程所需時間

專題小組成員在預估完上述四個階段所需的時間之後，再將先前的一些前置作業，如實務專題製作領域考量與選擇、議題思考與評估、擬訂計畫書等研究活動，全部納入來估計全程所需的時間，其格式可參考〔表 3-4〕所示之範例。

▼ 表 3-4　實務專題製作全程所需時間預估表

專題名稱：台鐵觀光行銷之研究─以平溪、內灣、集集三支線為例	
工作內容	預估所需時間（小時）
實務專題製作領域考量與選擇	
議題思考與評估	
擬訂計畫書	
研究與專題製作之活動（包含與老師的討論）	（即表 3-2 的彙總時間）
結構之精鍊（經指導老師調整後）	
書面化（包含撰打、校對、修改）	（即表 3-3 的彙總時間）
合計	

資料來源：楊政學(2004)。

六、執行時程規劃

經過前述較為粗略的時間預估後，接著有必要將各項實務專題製作的活動，依照所需時間循序安排。至於，實務專題製作之時程規劃，本書建議可採用**甘特圖**(Gantt chart)來進行。該時程規劃需要標示出其中主要的檢核點，在此建議以「週」作為規劃的時間區間，因為其大小較適合實務專題製作的活動安排。一般而言，時程規劃之目的，乃在於讓整個實務專題製作活動有序可循，並且符合時間進度的估算與掌控。因此，其作法通常可將活動分解為一些較小的作業，最後再將這些個別的作業加以結合彙總。

專題小組成員不宜因為某項活動作業較無法預估時間而加以忽略，因為如此會破壞時程規劃的精神。若面臨較難預測的活動，則可考慮利用三時估計法（悲觀、正常、樂觀的時間）加以估計，來瞭解可能的時間範圍（畢竟不精確的預估總比完全沒有估計來得好）。茲將實務專題製作之時程規劃示意圖，列示如〔圖 3-1〕所示範例。

○○科技大學○○管理系實務專題製作之時程規劃甘特圖											
專題名稱：台鐵觀光行銷之研究─以平溪、內灣、集集三支線為例											
工作內容	時序（週）										
	一	二	三	四	五	六	七	八	九	十	…
領域考量	▓	▓									
擬訂計畫書			▓								
文獻檢查與蒐集				▓							
文獻研讀					▓						
概念發展與形成						▓	▓				
準備工具								▓	▓		
…										…	
報告撰寫											▓

▲ 圖 3-1　實務專題製作之時程規劃甘特圖
資料來源：楊政學(2004)。

實務專題製作課程，大多被國內各校院科系安排於畢業之前的第三學期開始進行，例如：二專生或二技生的實務專題製作，被安排在第一學年的下學期，以及第二學年的上學期；四技生則安排在大三下

學期至大四上學期。因此，專題小組成員透過時程規劃後，若發現無法於大四上學期或二專二年級上學期完成，則需提早於寒假尚未正式上課前，偕同指導老師進行討論，而將研究領域的考量、擬訂研究議題的思考與評估等事前準備活動，先於開學正式修課前確定就緒。如此，在時間安排上較為寬裕，專題小組成員的壓力也較小，也可做出內容較為豐富的書面報告，以作為日後二技或研究所推薦甄試的在學成果作品。

七、報告發表與經費編列

實務專題製作期末報告的型式，以及其研究本身的研究貢獻，必須詳加說明，這是實務專題製作的最後一個重要議題，在這個階段多加探討，可以避免在最後關頭產生許多爭議。有關於著作權方面的問題，也需要在此多做澄清，這樣可以避免日後的爭議，如專題小組成員或是贊助單位，是否可對最後報告的版權擁有保留權；或是有那些資料在最後報告中是可以被使用的，例如：是否可將報告轉換為文章，發表在專業的學術期刊上。

由於大專生不像研究生有獎助學金的支援，因而往往會相對在乎其所花費的打字、複印、電腦耗材、問卷費用、資料檢索及其他花費，實有必要設算可能需要支出的費用有那些，這些花費會因為不同的研究主題或領域而有差異。因此，各組專題學生可以依據自己題目進行時，各項作業所需的花費加以預估，如〔表 3-5〕所列之參考範例，即可略知自己所擬進行的實務專題製作需花費金額的多寡。倘若該實務專題製作需添購設備才能得以完成，則有必要尋求指導老師或所屬科系的協助（但需於議題研擬時就與指導老師討論），或申請科技部、民間機關的相關補助，以使實務專題製作在執行上，無經費預算的配合問題。

▼ 表 3-5　實務專題製作之經費預算編列表

專題名稱：台鐵觀光行銷之研究－以平溪、內灣、集集三支線為例	
費用項目	所需費用（元）
資料檢索費	
電腦耗材費	
人員訪談費	
郵電費	
文具用品費	
複印費	
電腦使用費	
差旅費	
	合計

資料來源：楊政學(2004)。

3.4　專題製作評量考核

　　指導老師對於學生實務專題製作的評量，相信不是僅著重於一份期末報告，而學生對實務專題的製作，也不該有視其為複雜化期末報告的心態；更不會是在報告完成後，學期結束的階段才開始進行評量，反倒是從一開始的討論、計畫書的擬訂，到專題活動的進行、實作等，均應是指導老師評量學生製作實務專題的依據。由此可知，實務專題製作之評量是件不容易的事，不像其他學科可以很清楚地量化期中考、平常考（兩次或三次）、期末考的百分比，然後將學生考試分數分別乘上所占之百分比再加總即可。

　　然而，透過實務專題製作評量方式的討論，可讓學生知道在各階段所應重視的地方為何？也讓學生瞭解指導老師對其實務專題製作的評量，是以全程的表現，而非僅以最終的期末報告來評分。一般而言，指導老師對實務專題製作之評量，大體上可劃分：

(1) 平時評量。
(2) 專題內容。
(3) 書面報告。
(4) 口頭報告等四個部分。

一、平時評量

實務專題製作所重視的不僅僅是最後繳交科系的書面成果報告，實務專題製作的整個進行過程更是評量的核心，平時的學習態度、投入精神、組內成員的合作情形，均是評量時考慮的要點。整體而言，平時評量係著眼於平時學生專題製作時，是否認真投入執行？與指導老師約談或問題諮詢後，是否依改善意見調整？是否依預期進度規劃製作？是否如期繳交工作報告與進度報告？

一般而言，實務專題製作之平時評量，可依下列七項指標來作為考核的參考：
(1) 執行期間投入的精神與學習態度。
(2) 與指導老師討論後的執行程度。
(3) 解決問題的能力。
(4) 進度的掌握程度。
(5) 專題製作過程的貢獻度。
(6) 出勤狀況（建議最好保留有每次討論的學生簽到紀錄）。
(7) 協調、合作與溝通的能力。

二、專題內容

所謂「專題內容」係指實務運作的內容，而非書面化報告。書面報告是用來將內容文字化的格式，而內容則是書面報告的靈魂，是整個實務專題製作的精神。在商管領域裡較難區分兩者，在工學領域裡相對較容易區分。例如：企業管理系學生的實務專題製作，係完成某公司進、銷、存、人事、財務之電腦整合資訊管理系統，那麼這份實務專題的內容就是該資訊管理系統。機械工程系學生的專題，可能是針對製程設計出一些自動控制的機能設計，那麼這份專題的內容就是其所設計出來的這套自動控制機制。因此，在實務專題內容上的評量，往往著重於：

實務專題製作所重視的不僅僅是最後繳交科系的書面成果報告，實務專題製作的整個進行過程更是評量的核心，平時的學習態度、投入精神、組內成員的合作情形，均是評量時考慮的要點。

所謂「專題內容」係指實務運作的內容，而非書面化報告。書面報告是用來將內容文字化的格式，而內容則是書面報告的靈魂，是整個實務專題製作的精神。

(1) 是否有意義。

(2) 實用價值或理論價值為何。

(3) 適切性如何。

(4) 應用性如何。

(5) 嚴謹性如何。

(6) 正確性如何。

三、書面報告

　　書面報告就是將所完成的專題內容書面（文字制式）化，無論實務專題製作的內容多麼有意義或具實用價值，最後仍必須將其像碩士論文般地撰寫成報告。由於實務專題製作最終仍是以書面報告形式來呈現，對於書面報告的評量就顯得十分重要。至於，書面報告的評量，則可分為以下幾個方向來討論。

　　首先，就研究主題而言，包括有：

(1) 題目是否清楚。

(2) 主題是否有意義。

(3) 主題是否與內容相應。

(4) 主題是否嚴謹。

(5) 主題是否正確。

(6) 主題是否有價值。

(7) 主題是否與其所學相結合。

　　其次，就組織結構而言，包括有：

(1) 組織是否嚴謹。

(2) 組織是否有系統。

(3) 研究方法是否正確。

(4) 章節分配是否恰當。

(5) 是否有不合理的假設。

　　最後，就專題內容而言，包括有：

(1) 資料可靠程度如何。

(2) 資料取得、處理與分析是否正確。

(3) 內容是否嚴謹。

(4) 章節與架構的安排是否適當。

(5) 文詞是否順暢。

(6) 內容錯誤的多寡。

四、口頭報告

實務專題製作成果的口頭報告，應力求簡潔扼要、抓住重點，並能吸引聽者的注意與興趣。為了達到溝通之目的，事前應對報告的內容及方式做充分的準備。專題小組成員做口頭報告時，最好能有視覺器材的配合，以擴大口頭報告的效果。

實務專題製作成果的口頭報告，應力求簡潔扼要、抓住重點，並能吸引聽者的注意與興趣。為了達到溝通之目的，事前應對報告的內容及方式做充分的準備。專題小組成員做口頭報告時，最好能有視覺器材的配合，以擴大口頭報告的效果。一般而言，口頭報告可提供以下利益或機會：

(1) 能更有效地傳遞研究發現與建議。

(2) 向評審老師與同儕學弟妹提出報告，並使他們得以全神貫注聽取報告（筆者服務單位要求下一屆學弟妹全程參與）。

(3) 澄清任何可能遭到誤解之處。

(4) 可推銷該專題研究的價值與貢獻，也可推銷專題小組成員本身。

(5) 爭取做進一步研究的可能性。

專題小組成員在作口頭報告時，其口頭報告的大綱，可大致列示如下：

1. 開場白：開場白係一簡短的陳述，以不超過整個簡報時間的十分之一為宜。開場白應該直接引出問題，並能引起聽眾注意，它應該說明專題製作的性質、緣起與目的。

2. 發現與結論：口頭報告可以在開場白之後立即提出結論，然後再說明支持結論的研究發現。

3. 建議：根據研究結論提出有力的建議。口頭報告時，視覺器材的使用是非常重要的。常用的視覺器材，包括黑板或白板、投影片、書面資料、幻燈片、電腦動畫等，重要功能如下：

(1) 可表現其他方式未能有效溝通的題材。

(2) 可幫助報告人把其主要論點說明清楚。

(3) 可增進報告訊息的連續性及記憶性。

一般而言，口頭報告的時間通常很短，有的不超過 10 分鐘，如研討會或論文口試時，會有 20 分鐘左右的時間，所以報告人在報告

前，應瞭解報告的時間有多長？聽眾是誰？目的是什麼？針對以上的特點，進行報告講稿的草擬。在口頭報告時，有以下幾點要項需要注意：

1. 不要用唸稿子的方式進行：實務專題的報告人應在報告前將講稿看熟，且記住重要報告的要點，一旦上台後，避免拿著稿子唸，如果真的忘記要點，瞄一下備忘稿即可。

2. 使用其他的視聽器材或講義來輔助聽者瞭解報告的內容：實務專題的報告人除了可以發簡短的 1 至 2 頁講義給聽眾參考，使聽眾得以瞭解整個報告的始末外，由於有講義，聽眾有時會低頭看稿，而不會注意報告的內容，使報告人緊張的情緒得以舒緩。再者，報告人尚可使用其他的設備，如電腦輔助簡報—Power Point 簡報檔、投影片、幻燈片、錄影帶等，幫助聽眾瞭解報告的內容，且藉由影像的呈現，可以讓許多難以用言語形容清楚的現象，藉由圖片的表現得以一目了然。

3. 在報告內容方面：由於時間有限，報告者應挑研究發現的重點予以陳述，避免提到太多無關緊要的問題，避免想要將整份報告完整陳述，更要避免以極快的語調，以及用木訥的表情完成報告。在投影片或者簡報檔內容的準備，最好列示出主題及幾個重要的要點，並做簡短的敘述。

4. 簡報時的語氣及態度：實務專題的報告人在簡報時，語氣應是積極、充滿信心的，而且在報告時，語氣可加入適當的抑、揚、頓、挫，並面帶微笑，適時使用手勢或適當的肢體語言，讓整個報告更為生動活潑。

5. 避免使聽眾覺得乏味：要和聽眾保持適度的眼神接觸，避免於簡報中盯著投影片講話。

關於實務專題製作評量的考核，也可參考〔表 3-6〕，其中列示的評量內容、因素及配分百分比僅供參考，指導老師可依個人或所屬科系的規定，而作不同程度的考量與調整。誠如〔表 3-6〕所列之範例中，平時評量比重有 40%，高過於書面報告的 20%，意謂指導老師對平時專題小組成員合作進行過程的重視。

▼ 表 3-6　實務專題製作之評量考核表

○○科技大學○○管理系實務專題製作之評量考核表	
專題名稱：台鐵觀光行銷之研究─以平溪、內灣、集集三支線為例	
參與學生姓名、學號	○○○、○○○
平時評量(40%)	投入與學習態度
	貢獻度
	出勤狀況
	合作、協調、溝通能力進度之掌握
專題內容(25 %)	正確性
	實用價值或理論價值
	難易程度
	嚴謹性
	意義性
書面報告(20 %)	有系統
	結構嚴謹
	內容詳實性
	文詞順暢
	內容正確性
口頭報告(15 %)	儀態神情
	表達組織能力
	時間掌控
評審成績	
指導老師簽名	

資料來源：楊政學(2004)。

實務專題製作的評量，也可採組內不同成員不同成績，或同組共用一個學期總成績來評定。

　　此外，實務專題製作的評量，也可採組內不同成員不同成績，或同組共用一個學期總成績來評定；後者考核的重點，則是在於強調團隊合作的精神，也是筆者最常使用的考核方式，惟此評分標準需事先與專題小組成員溝通且取得共識，才不致造成日後雙方認知的差距，而出現學生對其成績多所質疑，致使指導老師說明的困擾。

1. 撰寫計畫書在整個實務專題製作的過程中，也是相當關鍵且重要的階段，因為它具有將研究問題與方向，以較全貌且有架構預覽一遍的功能，因此完整的計畫書是執行實務專題製作的成功關鍵要素。

2. 專題小組成員可經由：(1)尋求企業合作意願；(2)擬訂專題研習計畫；(3)專題製作時程安排；(4)專題製作評量考核等層面，來加以整合性考量實務專題製作之研習規劃。

3. 在實務專題研習計畫書的擬訂上，大抵可以：(1)研習階段時序；(2)師生互動約定；(3)成員分享與控管；(4)研習計畫書評估等層面，來加以綜整說明專題研習計畫的擬訂。

4. 實務專題製作所用的評估項目，包括有：(1)研究問題；(2)文獻檢討；(3)研究方法；(4)預期結果；(5)人力及進度。

5. 實務專題製作的時程安排，大抵劃分有：(1)確認專題名稱；(2)估計工作內容；(3)估計工作內容所需時間；(4)估計各章節書面化內容與時間；(5)估計全程所需時間；(6)執行時程規劃等階段流程。

6. 實務專題製作期末報告的型式，以及其本身的研究貢獻，必須詳加說明，而有關於著作權方面的問題，也需要在此多做澄清，以避免日後爭議的產生。

7. 指導老師對於學生實務專題的評量，相信不是僅著重於一份期末報告，而學生對實務專題的製作，也不該有視其為複雜化期末報告的心態；而是從一開始的討論、計畫書的擬訂，到專題活動的進行、實作等，均應是指導老師評量學生製作實務專題的依據。

8. 指導老師對實務專題製作之評量，大體上可劃分：(1)平時評量；(2)專題內容；(3)書面報告；(4)口頭報告等四部分。

9. 口頭報告應力求簡潔扼要，抓住重點，吸引聽者的注意和興趣。為了達到溝通的目的，事前應對報告的內容及方式做充分的準備；做口頭報告時，最好能有視覺器材的配合，以擴大口頭報告的效果。

10. 實務專題製作的評量，可採組內不同成員不同成績，或同組共用一個成績來評定；後者考核的重點則是在強調團隊合作的精神，惟此評分標準需事先與專題成員溝通取得共識，才不致造成雙方認知的差距。

問題與討論
PRACTICAL MONOGRAPH:
The Practice of Business Research Method

1. 筆者認為若能將計畫書的撰寫具體完成，意謂完成一半實務專題的製作，你個人對此觀點的看法為何？試研析之。

2. 完整的計畫書是執行實務專題製作的成功關鍵要素，而實務專題製作之研習規劃，可由哪些層面來作整合性考量？試研析之。

3. 專題小組成員在符合所希望從事的產業範圍內，尋找可合作對象，且在尋找對象時，宜以何者為優先考量的合作對象？試研析之。

4. 專題小組成員能否完成完整的研習計畫書，是能否成功執行實務專題製作的關鍵要素，而研習計畫書的擬訂可以哪些層面來綜整說明？試研析之。

5. 專題成員與指導老師教學與指導的互動之約定，大抵有哪些議題必須達成共識？請分享你個人的看法為何？

6. 在評估研習計畫書時，評估項目常依評估目的之不同而有所差異，而實務專題製作常用的評估項目為何？試研析之。

7. 實務專題製作的時程安排，大抵可依哪些階段流程，來描述各流程的工作內容與重點？試研析之。

8. 指導老師對實務專題製作之評量，應該建立哪些觀念讓學生有正確的認知與態度？並可具體劃分哪些部分來進行之。

9. 專題學生在作口頭報告時，其口頭報告的大綱有何要項？同時在口頭報告時，應該要注意的地方為何？試研析之。

10. 實務專題製作的評量，可採組內不同成員不同成績，或同組共用一個成績來評定。請問你比較偏好指導老師採何種方式評量？理由為何？試研析之。

章末題庫

PRACTICAL MONOGRAPH:
The Practice of Business Research Method

是非題

1. ( ) 撰寫計畫書在整個實務專題製作的過程中，也是相當關鍵且重要的階段。

2. ( ) 進行實務專題製作的評估時，不用有預期結果這個項目，因為專題都還沒有開始，無法進行評估。

3. ( ) 實務專題製作報告中，有關於著作權方面的問題，需要多做澄清，以避免日後爭議產生。

4. ( ) 實務專題製作的報告，就是一份較為複雜化，頁數需要多的期末報告。

5. ( ) 實務專題製作的評量，可採組內不同成員不同成績，或同組共用一個成績來評定。

選擇題

1. ( ) 執行實務專題製作的成功關鍵要素為何，其可以將研究問題與方向，以較全貌且有架構預覽的功能： (1)完整計畫書 (2)充足的經費 (3)會做研究的指導老師 (4)先進的實驗室。

2. ( ) 專題小組成員如何進行實務專題製作之研習規劃(1)尋求企業合作意願 (2)擬訂專題研習計畫 (3)專題製作時程安排 (4)以上皆是。

3. ( ) 如何綜整說明專題研習計畫的擬訂： (1)研習階段時序 (2)師生互動約定 (3)成員分享與控管 (4)以上皆是。

4. ( ) 以下何者不是實務專題製作所用的評估項目： (1)研究問題 (2)指導老師 (3)文獻檢討 (4)研究方法。

5. ( ) 以下何者為實務專題製作的時程安排： (1)確認專題名稱 (2)估計工作內容 (3)估計工作內容所需時間 (4)以上皆是。

6. ( ) 何者不是實務專題製作時程安排的項目： (1)估計各章節書面化內容與時間 (2)估計專題製作全程所需時間 (3)蒐集資料的交通往返時間 (4)執行時程規劃等階段流程。

7. (　　) 以下何者不是指導老師對學生實務專題評量的依據：　(1)著重期末報告　(2)由開始的討論到計畫書的擬訂　(3)專題活動的進行到實作　(4)以上皆非。

8. (　　) 實務專題製作之評量可劃分：　(1)平時評量　(2)專題內容　(3)口頭報告　(4)以上皆是。

9. (　　) 以下何者非為專題口頭報告的要項：　(1)力求簡潔扼要，抓住重點，吸引聽者注意　(2)事前應對報告的內容及方式做充分的準備　(3)最好能有視覺器材來配合力求詳細解析且抓住重點　(4)以上皆非。

10. (　　) 實務專題製作如何打分數：　(1)採組內不同成員不同成績　(2)同組共用一個成績來評定　(3)評分標準需事先與專題成員溝通取得共識　(4)以上皆是。

解答

1.(O)	2.(X)	3.(O)	4.(X)	5.(O)					
1.(1)	2.(4)	3.(4)	4.(2)	5.(4)	6.(3)	7.(1)	8.(4)	9.(3)	10.(4)

只要你願意付出，你的生命就會好，
告訴自己去做就對了。

—楊政學

04

規劃研究設計

　　實務專題製作強調的往往是實作經驗的獲得,所以允許採用別人已經做過的同樣主題,但要求利用不同的研究方法、不同的限制條件,或以不同地區、不同時期資料來重新製作。藉此讓學生可以從實際操作及實驗中,建立對事情的看法及陳述解決問題的經驗,進而從製作過程中習得處理與解決這類問題的能力。研究設計會因實務專題製作研究目的之不同而有所差異,而常見的研究設計有:探索性研究設計、描述性研究設計、相關性研究設計、發展性研究設計及因果性研究設計等五種類型。

　　本章針對實務專題製作之研究設計規劃作探討,擬由研究設計定義、研究設計功能、名詞意涵釐清、研究設計評選、研究設計類型等五個層面,來綜合探討實務專題製作如何規劃研究設計。

SUMMARY

4.1　研究設計的定義

一、研究設計的意涵

　　研究設計(research design)是一項說明如何針對研究問題或議題，獲致答案的計畫、結構與策略，這項計畫即關於此一研究的完整策劃或方案，包含研究人員將如何針對假設運作的執行綱要，以及針對所得資料最後分析的操作化概念(Kerlinger, 1986)。傳統的研究設計是一項研究計畫如何完成的藍圖或細部規劃，包括有可被測量的操作化變數，選擇研究所關心的樣本，蒐集資料作為研究假設的基礎，以及分析其結果(Thyer, 1993)。

二、研究設計的組成

　　研究設計是一項程序性的計畫，如〔圖 4-1〕所示，為專題小組成員所採納以期能有效、客觀及正確地獲致問題的答案。

▲ 圖 4-1 研究設計的組成架構

圖中說明研究設計的組成提供了幾個關鍵的選擇要點，而一個專題研究計畫是否符合科學的標準取決於：變項是否定義明確，或專題成員是否適當設計等。嚴謹的研究設計會耗時較久，花費的成本與資源也較多，但卻可獲致較精確的結論，因此專題小組成員必須作不同取捨的決策考量。組構研究設計的因素，大抵有研究目的、研究類型、研究者干擾程度、研究母體、研究環境、時間範圍、衡量與測量、抽樣設計、質化與量化資料蒐集方式等議題。

組構研究設計的因素，大抵有研究目的、研究類型、研究者干擾程度、研究母體、研究環境、時間範圍、衡量與測量、抽樣設計、質化與量化資料蒐集方式等議題。

4.2 研究設計的功能

實務專題製作上，研究設計具有兩項主要的功能：
(1) 研究所需之程序及相關作業配置的界定與發展。
(2) 強調研究程序中品質的重要性。

透過研究設計可將多項程序與運作流程予以概念化，再確保這些程序足以獲致有效、客觀及正確的研究成果，稱此功能為「變項的控制」。依變項的控制，可分為**自變項**(independent variable)、**外在變項**(extraneous variables)、**隨機變項**(random variables)等，外在變項及隨機變項皆可能對**依變項**(dependent variable)產生正向或負向的影響。專題小組成員的目標，即是決定導因於自變項的改變，意即設計其研究使導因於外在與隨機變項的影響降至最低，以確保自變項能有最大的機會，對依變項產生完全的影響，此即「**最大變異原則**」(maxmincon principle of variable)。

我們無法將外在與隨機變項的影響降至最低，但我們可以將其量化。建立控制組的唯一目的，即是用以測量因外在變項所造成的改變，而隨機變項的影響則通常是假定為無，或是可忽略的。隨機的變化主要來自受訪者與研究工具，也就是假設如果某些受訪者賦與依變項正效果，其餘則將產生負效果。例如：一些受訪者對某項議題持極端正向的態度，具有非常肯定的傾向，則限制了持極端負面態度者，這兩股力量互相抵銷，便使其淨效果為零。

在大多數的研究中，隨機變量皆被認定為無，否則的話將永遠考慮不完；然若一項研究其**母體**(population)中，大多數皆具有反對或支持的傾向，則其研究發現中的「**系統性錯誤**」(systematic error)將必然產生。同樣地，若一項研究工具並不可靠、信度低，意即指該工具無法依目的正確地測量，則此研究也將產生「**系統性偏誤**」(systematic bias)。

在自然科學的研究中，因其皆於實驗室中進行實驗，故研究者易於控制其外在變項；但相反地，社會科學的研究，以現實社會為實驗室，其研究人員便無法對其進行控制，所以最好的選擇便是將其影響透過**控制組**(control group)的運用予以量化。雖然控制組的引入將連帶產生需確保外在變項，對控制組與實驗組具有相似影響的問題。在某些情境下，他們的影響是可被排除的。以下將說明兩項用以確保外在變項，對控制組與實驗組產生相似影響的方法，以及兩項排除外在變項的方法。

一、確保外在變項對控制組與實驗組產生相似影響

此乃假設若此兩群體為相似的，則此兩群體的外在變項是可以互相抵銷的，此可分為兩部分，意即：

(1) 隨機化：確保此兩群體在變項上是相似的關係，則外在變項對依變項所產生的影響，其範圍對每一群體皆為相同。

(2) 配對：另一項確保兩群體相似的方法，即外在變項對兩群體產生同樣的影響。

二、排除外在變項

有時是將可能的外在變項予以排除，或將其建立於研究設計中，此可分為影響變項及排除特定變項。

三、研究設計中建立影響變項

研究中建立「**影響變項**」(the affecting variable)的用意，在於結果產生之前建立所有可能的因素。例如：一個消費者選擇購買甲品牌洗髮精的原因，可能有價格低廉、包裝好看、味道偏好、具去頭皮屑的特殊功能等。

四、排除特定變項

假設欲研究健康教育方案，對於歐洲人與澳洲土著中的特定社群，研究其對某些疾病的產生原因，以及治療方法的態度傾向與信仰之影響。其中，文化的差異對於態度及信仰，具有顯著的影響。因此，將歐洲人與澳洲土著視為同一群體，將無法提供正確的事實解釋。這類型的研究宜於進行研究時，透過選取與分割研究群體，或是透過建構**特定文化群**(culture-specific cohorts)的方式，將研究母群中的文化差異予以排除。或在進行資料量化分析時，刻意將季節性因子排除，以取得其他變項的明確影響程度。

4.3 名詞意涵的釐清

專題小組成員在進行實務專題製作之研究設計時，經常會對某些名詞真正的意涵，產生混淆不清甚至誤用的情形。以下就實務專題製作常使用到的相關名詞，就其意涵列示說明與比較，俾利專題小組成員在研究設計時，考量是否引用的參考依據。

一、概念與構念

概念(concept)係指有關某**事件**(events)、**事物**(objects)或**現象**(phenomena)組合的特性，是代表事件、事物或現象的抽象意義。在社會科學研究過程中，一個概念的提出，通常具有：

(1) 溝通的基礎。

(2) 引出一種觀點。

(3) 分類與概化的工具。

(4) 理論解釋與預測的關鍵要素等四項重要的功能(Nachmias & Nachmias, 1987)。

構念(construct)係指為某特定研究，或為建立理論之目的，而特別發展出來的**印象**(image)或**理念**(idea)，實務專題製作中經常會結合些簡單的概念來建立構念，特別是當專題研究中，想要傳達的理念無法直接加以觀察時。

概念
concept
有關某事件、事物或現象組合的特性，是代表事件、事物或現象的抽象意義。

構念
construct
為某特定研究，或為建立理論之目的，而特別發展出來的印象或理念。

二、概念性定義與操作化定義

概念性定義(conceptual definition)係指利用其他概念來描述概念的定義,例如專題研究中,對消費者「態度」的概念性定義,可能是「對某一特定事件所作的反應傾向」。在此概念性定義方式中,即是藉由「特定事件」與「反應傾向」來界定「態度」。**操作性定義**(operational definition)係指一套描述活動的程序,這些活動係為了要以實證方法,確立某概念所描述之某現象的存在或存在的程度。

經由操作化定義,可指明概念的意義,進而可將概念─理論層次(conceptual-theoretical level)與實證─觀察層次(empirical-observational level)連結起來。例如:在專題研究中,對企業「知識管理」的操作性定義,可能是「結合資訊系統面與文化生態面的系統作業流程」;此操作性定義方式,即是藉由「資訊系統面」與「文化生態面」的系統作業步驟流程,來界定「知識管理」的操作化認知。

三、命題與假設

命題(propositions)係指對概念的陳述,此一陳述可依觀察的現象來加以判別其真偽;此外,進而將命題明確陳述,以供實證檢定之用,此一命題即稱為**假設**(hypothesis),假設是一敘述性的陳述,本質上是臨時性與猜測性的。一般而言,在實務專題製作上,若專題小組成員選擇以質化深度訪談的方法來進行研究,大抵會進一步去推演實務性命題,再以訪談記錄的內容來作初步的驗證。另外,若是以量化問卷調查的方法來進行研究,則會建立些研究假設,再利用統計檢定分析的結果,來實證所建立的假設是否成立。

四、理論與模式

理論(theory)係指用來進一步解釋及預測事實的一組系統性的、相互關聯的觀念、定義與命題,依此定義可以有許多理論,並可利用這些理論來解釋或預測周遭的事實。理論與事實或許不一定能配合,但兩者並非相互對立。**模式**(model)係真實事物的代表,在模式中可將某些經驗、現象與特性,包括其組成要素及各要素間的關係,以合乎邏輯的方式呈現出來;而在建立模式時,抽象化是很重要的一項特性。

概念性定義
conceptual definition
利用其他概念來描述概念的定義。

操作性定義
operational definition
一套描述活動的程序,這些活動係為了要以實證方法,確立某概念所描述之某現象的存在或存在的程度。

命題
propositions
對概念的陳述,此一陳述可依觀察的現象來加以判別其真偽。

假設
hypothesis
是一敘述性的陳述,本質上是臨時性與猜測性的。

理論
theory
用來進一步解釋及預測事實的一組系統性的、相互關聯的觀念、定義與命題,依此定義可以有許多理論,並可利用這些理論來解釋或預測周遭的事實。

模式
model
真實事物的代表,在模式中可將某些經驗、現象與特性,包括其組成要素及各要素間的關係,以合乎邏輯的方式呈現出來。

4.4　研究設計的評選

　　研究設計中對研究類型選用的評量，免不了依專題小組成員對問題的看法，以及研究情境的性質而定，是存有些個人主觀價值在內，但也可依下列要項來加以思考。

一、研究目的與資料需求是否明確？

　　若研究目的與資料需求非常明確，則可設計成 **結論性研究** (conclusive research)；反之，若需求不明確，則可進行 **探索性研究** (exploratory research)設計。探索性研究的成果，常可提供作為結論性研究的基礎，也同樣扮演很重要的角色。一般而言，在技職校院內學生的實務專題製作，常是探索性研究方法的應用，其實頗適合大學部學生的難易程度，同時也是訓練學生培養觀察能力的作法。

二、是否需要檢定變數間因果關係？

　　若決定進行結論性研究設計，且需要檢定變數間因果關係，則可設計成 **因果性研究**(causal research)；反之，若不需要檢定變數間因果關係，則可進行 **描述性研究**(descriptive research)設計。在因果性研究中，專題小組成員時常會操作些量化研究的分析工具，包括電腦軟體與程式設計的實作，以較符合客觀性要求的程序，來完成整份實務專題製作，學生也可學習到相關電腦操作的技能。

4.5　研究設計的類型

　　研究設計會因實務專題製作研究目的之不同而有差異，而常見的研究設計有下列五種，分別是：
(1) 探索性研究設計。
(2) 描述性研究設計。

常見的研究設計有下列五種，分別是：
(1) 探索性研究設計。
(2) 描述性研究設計。
(3) 相關性研究設計。
(4) 發展性研究設計。
(5) 因果性研究設計。

(3) 相關性研究設計。

(4) 發展性研究設計。

(5) 因果性研究設計。

茲將各不同類型的研究設計，陳述說明於後。

一、探索性研究設計

探索性研究

exploratory research

對相關情境所知甚少，或是過去究竟如何解決問題，並沒有相關資料可供參考的時候來使用。旨在發現顯著的變數與變數間的關係，以作為假設檢定的基礎。

探索性研究(exploratory research)，是指對相關情境所知甚少，或是過去究竟如何解決問題，並沒有相關資料可供參考的時候來使用。在這種情況之下，需要進行廣泛的預備工作。以熟悉該現象，並獲得新觀點，或作為日後假設檢定的基礎。探索性研究在實務專題製作應用上，特別適用於在某研究問題缺乏前人的研究經驗，或初次從事這一類問題研究，不清楚其包括變數項目為何，且又缺乏理論基礎時。探索性研究的特性之一，就是其具有發現的隱含性需求，並未開始於嚴密的假設建立；在資料蒐集與分析前，其無法回答研究問題，故探索性研究是核心的或不明確的主題，且現有知識有限，其強調「**發現**」(finding)而非「**檢定**」(testing)，旨在發現顯著的變數與變數間的關係，以作為假設檢定的基礎。

有些質化研究之資料蒐集方式，是透過觀察、訪談或是焦點團體來獲得，本質上屬於探索性的研究，爾後才發展概念性架構與理論性架構，並形成研究目的。例如：閔茲柏格(Henry Mintzberg)為瞭解管理工作本身的性質，而對管理者進行訪談；再根據訪談資料，建立管理者角色的理論，以及管理活動類型與本質，而這些理論現在則不斷的透過訪談與問卷來進行檢驗。同樣的，個案研究基本上也屬於質性研究，且根據過去的經驗來為問題尋求解答時變得相當有用。對於想瞭解某些議題，或是進一步產生理論以供驗證而言，個案研究還是值得被使用的。

探索性研究在透過針對研究者感興趣的議題，進行進一步的理論建構或是假設檢定之後，知識將進一步獲得累積。探索性研究誠如開放性問卷設計，目的在「熟悉現象」，以便深入的瞭解，並由此發展研究「問題」與「假設」。此種研究設計較為鬆散、較無結構；沒有嚴謹的文獻探討，故最常採用個案研究法，其次為實地調查法（開放性問題）。探索性研究設計所採取之研究策略，包括有定性研究（較多人採

用）與定量研究（較少人採用）。定性研究只在分析事物的本質，定量
研究則在分析數量化的資料。換言之，探索性研究只在引導研究方
向，其目標是發展或推演研究假設，而非用以檢定假設。

在實務專題製作上，常利用探索性研究的設計，來進行個案研究
與分析，且可作為後續進入研究所繼續進階研究的基礎。探索性研究
設計常見技術，有：
(1) 以次級資料分析；
(2) 專家訪談；
(3) 焦點團體訪談；
(4) 二階段混合式實施等四類（Cooper&Emory，1995；吳萬益、林
　　清河，2000），茲分別列示說明如後。

(一) 以次級資料分析

以**次級資料分析**(secondary data analysis)的方式，可能是研究者瞭
解情況、發現假設、最快速且最經濟之方法，其可做為探索性研究的
基礎。可以是組織內的或是組織外的，而且可以經由電腦存取或是藉
由所記錄或所出版的資料中獲得。常見的次級資料來源，包括有經濟
部、內政部、教育部等政府機構；中研院、台經院等學術研究單位；
商業研究單位、產業公會、公司內部的檔案記錄等。次級資料可藉由
建立過去的營運績效為基礎，以及透過外推法來預測未來的營運績
效。次級資料的優點，是可以節省時間，以及節省蒐集資料的成本。
然若把次級資料當作是唯一的資料來源，就會產生資料過時，以及不
能符合特定情況與環境需求的缺點。

(二) 專家訪談

專家訪談(experience survey)即是訪問那些對研究主題有深入瞭解
的人員（專家）意見，以取得所需的有用資訊。例如：**Delphi** 法是以
有經驗的專業研究人員，進行觀念與意見調查，以獲取新的研究假
設，或有價值性之研究資訊。有人將這種探索性研究法，稱為重要供
訊者技術，或所謂專家意見調查法。

探索性研究只在引導研究方
向，其目標是發展或推演研
究假設，而非用以檢定假
設。

在實務專題製作上，常利用
探索性研究的設計，來進行
個案研究與分析，且可作為
後續進入研究所繼續進階研
究的基礎。

探索性研究設計常見技術，
有：
(1) 以次級資料分析。
(2) 專家訪談。
(3) 焦點團體訪談。
(4) 二階段混合式實施。

次級資料分析
secondary data analysis
次級資料分析可能是研究者
瞭解情況、發現假設、最快
速且最經濟之方法，其可做
為探索性研究的基礎。

專家訪談
experience survey
訪問那些對研究主題有深入
瞭解的專家意見，以取得所
需的有用資訊。

（三）焦點團體訪談

焦點團體訪談
focus group interview
特色就是讓每一位參與者，都能聽到其他人的想法或觀點，同時亦讓其他人也能聽到他的想法，彼此腦力激盪以達到集思廣益的效果。

　　焦點團體訪談(focus group interview)又稱深度集體訪問或小組座談，其為探索性研究最常被採用之研究策略。此方法早在 1980 年代，心理學就應用在市場行銷上，至 1990 年推廣至更多應用領域。焦點團體訪談的進行，由一位主持人，來引導 8 至 12 位成員（非專家），根據議題內容(content)、程序(process)與執行(executive)等三個層級來運作。針對某一主題進行意見、感覺與經驗的交流、群組討論之共識。

　　焦點團體訪談的特色就是讓每一位參與者，都能聽到其他人的想法或觀點，同時也讓其他人也能聽到他的想法，彼此腦力激盪以達到集思廣益的效果。至於主持人的角色，是扮演著控制討論的進行，並鼓勵或誘導參與者都能盡力踴躍發言、相互討論，而稱職的主持人是不容易成功扮演好的。

　　Morgan(1997)指出，焦點群體訪談能直接、即時的提供關於各個參與者間相似或不同觀點與經驗的證據，與針對以單一受訪者的個別陳述來獲致同樣結論的方式不同。Morgan 承認個別的訪談，在不考慮訪談人員的情況下較能掌控，與訪者需要花費較多時間來提供資訊的狀況，相較下是具有明顯優勢的。在 Fern(1982)的研究中顯示，以相同的人數來說，焦點群體訪談所能提供的資訊，在質與量上並沒有比個別訪談更具有顯著的優勢(Cavana, Delahaye & Sekaran, 2001)。至於，焦點團體成員中之任務角色與維持角色，則列示說明如〔表 4-1〕與〔表 4-2〕。

　　焦點團體由應答者的團隊中獲取資料，利用整體模式來建構焦點團體，並瞭解傾聽、發問、觀察與摘要的重要性。規劃進行焦點團體時，主持人要特別花心思，如利用眼睛的協助、思考時間與團隊動力等技能，來促使團隊成員融入情境討論中。此種焦點團體訪談的結果，可作為後續「定量」研究的基礎，例如：可發展成問卷設計的不同選項，以使問卷調查的進行與結果能更符合事實，如新產品的開發或定位，常利用焦點團體訪談法來輔助問卷的設計。

▼ 表 4-1　焦點團體成員之任務角色

創始者	提供問題新的觀念或解決方案，並建議不同的解決方法。
資訊提供者	某個領域的專家，提供事實與資料，對群體而言，常以建議者的姿態出現。
資訊搜尋者	由其它成員蒐集背景與事實資料。
精心製作者	改撰他人提供的資訊或者以實例的方式來說明資料。
意見提供者	提供意見、價值或感覺。
意見找尋者	找尋更多的質化資料，例如：態度、價值及感覺。
協調者	指出每個觀念與焦點團體目標間的關係。
評估者	評估團體提供之品質、邏輯與結果；並討論團體所提事實之效度與相關性；對於模糊的觀念或議題加以明確化。
代表者	代表該團體成為發言人，並對團體以外說明。

資料來源：Cavana, Delahaye & Sekaran(2001)。

▼ 表 4-2　焦點團體成員之維持角色

獎勵者	透過呼應、溫情與稱讚來獎勵他人；如果他人有類似的意見則要求舉例說明。
調和者	當團體成員有衝突或意見相左時加以調解。
守門員	讓團體成員都參與，並建立程序與規則使溝通更加平順。
引導者	必要時此議題須重複討論。
打氣者	當討論停滯時，激發團體成員繼續參與討論。
表達者	促使團體成員表達彼此的情緒。
對質者	以較強硬的方式揭露人際間的衝突，而且不能容忍延遲與混亂。
緊張緩和者	當團體較為緊張時導入些幽默感，並鼓勵放鬆的氣氛。
記錄者	記錄參與者所提供的資訊；此類資訊可分為兩種：視覺的記錄幫助團體處理資料，而記錄者永久的記錄有利於以後的分析。

資料來源：Cavana, Delahaye & Sekaran(2001)。

(四) 二階段混合式實施

　　在**二階段混合式實施**(two-stages mixed operation)上，前面階段先採用探索性研究來尋找「研究方向」；後面階段再進行「正式研究」（改採實證研究等），包括描述性研究、因果性研究。所謂正式研究，則包含有研究架構、待檢定的研究假設、或待解決的問題。

二階段混合式實施

two-stages mixed operation
前面階段先採用探索性研究來尋找「研究方向」；後面階段再進行「正式研究」，包括描述性研究、因果性研究。

二、描述性研究設計

描述性研究
descriptive research
想瞭解某些團體或人群的特徵，或敘述某種現象與另一現象的連結關係，專門探討變數間關係是否顯著，並非分析變數間的因果關係。

描述性研究(descriptive research)，顧名思義就是描述自然的、人造的社會現象，包括人類行為之自然現象、政治明星與行政主管等人造現象。這類研究是想瞭解某些團體或人群的特徵，或敘述某種現象與另一現象的連結關係，專門探討變數間關係是否顯著，並非分析變數間的因果關係。如以某個班級為例，成員中可能有中、高年級生、不同的性別組成、不同的年齡層、修得商管課程的學分數等，均具有描述性的本質。由於描述性研究旨在確認變數間的關係及問題描述，故要檢定研究假設，並回答研究問題。描述研究的目標對調查者而言，是為了要從個體、組織、產業導向、或其他觀點中找到一個輪廓，或是去描述該事情一些現象的相關層面。在許多個案研究中，這樣的資訊也許是必需的，甚至提出一些改善的步驟。

研究者關心的是找出 who、when、where、what、how much 等 5W 問題，目的是用來「準確描述」某（群）人或某物的狀況或特徵。能幫助我們瞭解狀況中的群體特性，有系統的思考狀況中的每一層面，為進一步的深入研究提供點子，做某些簡單的決定。因為描述性研究是構築在探索性研究之上，所以其無法建立或解決因果關係，只能「操縱」某些變數，但卻沒有「控制」變數的能耐，其最常用的方法為調查法(survey)。例如：國內投票行為是否受性別或省籍情結的影響、政府行政效率、資訊系統的接受度、電腦使用態度調查等。

三、相關性研究設計

相關性研究
correlational research
旨在發現構念間之相關程度，強調去發現或建立某種情境中的兩個或多個變項間所存在的關係。

相關性研究(correlational research)，旨在發現構念間之相關程度，強調去發現或建立某種情境中的兩個或多個變項間所存在的關係。例如：智商與學業的相關、工作滿意與工作績效的相關、父親關心期望與子女成績的相關、多角化經營與績效的相關、網路涉入度與網路購物意願的相關、男女性別與道德判斷層級的相關等，均是在檢視某種情境或現象中，兩個變項或更多變項間是否具有關聯性。

四、發展性研究設計

發展性研究(developmental research)，旨在探討人類各種特質或教育、社會現象，因時間的經過而產生的改變情形。例如：青少年心理發展之整合性研究，它是以「時間」軸為自變數，以瞭解人、事、物隨著時間的發展而改變，故屬於縱斷面研究。筆者主持的「社會倫理與群己關係」研究計畫中，有項學生道德判斷量測的工作，是希望研究國內技職體系學生大一新生至大四畢業期間，道德判斷層級發展的狀況。計畫研究人員在大一新生入學後，即用 D.I.T.量表予以量測，預計俟該受測學生升上大二時，再用相同量表對相同的研究樣本進行量測，如此反覆測量直到大四畢業為止（楊政學，2005）。

發展性研究
developmental research
旨在探討人類各種特質或教育、社會現象，因時間的經過而產生的改變情形。

(一) 研究主題特性

使用發展性研究設計的研究主題，一般具有如下特性：
(1) 需探討發展的連續性。
(2) 需探討發展的穩定性。
(3) 需探討早期經驗對以後行為發展的影響。

(二) 縱斷面研究

縱斷面(time-sectional)研究設計的優點，包括：
(1) 具有連續性、穩定性。
(2) 能真實反映出發展過程中的個別差異現象。
(3) 能深入瞭解個人各種特質的發展情況。
(4) 容易控制影響研究變項有關的因素。
(5) 能夠顯示發展的**徒增**(growth spurt)及**高原現象**(plateaus)。

(三) 橫斷面研究

相對地，凡蒐集某一時點之樣本特徵，謂之**橫斷面**(cross-sectional)研究，其不同於縱斷面研究對某些樣本作一段時間點的研究。該研究可搭配上述的探索性研究設計、相關性研究設計、描述性研究設計及因果性研究設計。例如：如前述所舉例子，可能進行的方式是在該時間點下，同時針對大一、大二、大三及大四的技職學生，進行道德判斷層級的量測，例如：在第一年計畫中，可針對不同年級執行量測的

結果作分析，爾後年度計畫，依循進行道德層級的量測分析。

橫斷面研究設計的優點，包括有：

(1) 經濟方便。

(2) 研究樣本較多，較具代表性。

(3) 沒有練習因素的影響。

(4) 研究計畫允許中途改變。

至於，橫斷面研究的缺點，則有：

(1) 無法提供發展連續性、穩定項及早年經驗，對日後發展影響的資料；

(2) 樣本缺乏時間軸的比較性。

(3) 無法得知生長年代不同所造成的影響。

(4) 無法顯示發展過程中個別差異的現象。

五、因果性研究設計

因果性研究(causal research)，旨在發現構念之間的因果關係，即一個變數對另一個變數的影響，或探討為什麼會有某種結果出現；大家常見的實驗設計，就是典型的因果關係之研究形式。因果性研究是要驗證分析性假設，證實自變數 X 與依變數 Y，要有因果之前後發生順序，故其比描述性研究還要嚴謹。除了可操縱變數外，尚可清楚抽離判定變數間的因果關係，其主要的研究策略有**實驗法**(experiment)及**調查法**(survey)。

因果的概念是以假設檢定為基礎，以歸納來推論其結論，此種結論是條件式的，係無法明確論證。因果性研究也是所有科學研究的核心，層次最高，相對進行時也最難。常見的因果關係「X→Y」，有下列三種的情況：

(1) 充分而非必要的因果：有 X 一定有 Y，有 Y 不一定有 X。

(2) 必要而非充分的因果：有 X 不一定有 Y，有 Y 一定有 X。例如，數學考 70 分以上才能錄取，但數學 80 分並不保證錄取，還要看總分；

(3) 充分且必要的因果：有 X 一定有 Y，有 Y 也一定有 X。

此外，另一種研究設計的分類，如下列六種(Gable, 1994)類型，例如：

(1) 探索性或解釋性。

(2) 個案研究或統計調查。

(3) 實地實驗或模擬。

(4) 橫斷面（同一時間點）或縱斷面（某一段時間序列）。

(5) 敘述或因果。

(6) 實驗或**追溯**(facto)。

不同目的之研究設計，是應該配合不同的研究方法。例如，個案研究法可混合調查法，或進行一個解釋性的調查研究前，可以：

(1) 先做探索性研究，採縱斷面（長時間參與融入式觀察）方式觀察某個案。

(2) 接著再採行橫斷面方式觀察多個個案，目的在探索或解釋某個現象，等完成個案研究後，再進行調查研究。

當然在同一個研究中，個案研究的分析單位，可能是「組織」；而調查研究之分析單位，可能是「個體」、「資訊系統」或「團隊」。

〔圖 4-2〕說明，如果研究人員對所要研究問題的相關資訊或知識所知甚少時，研究人員可能必須採行探索性研究。依研究目的將形成研究問題與研究方法，而適當的研究方法，包含有：觀察法、非結構式訪談法、非結構式焦點團體訪談法。

在〔圖 4-2〕架構中，另一種極端情形為研究人員對研究問題的相關資訊或知識極為廣泛時，依研究目的可形成研究假設或虛無假設，而適當的研究方法，則含括有：結構式問卷調查法、現場實驗法、實驗室實驗法。當情況介於兩者之間時，研究者可能採行描述性研究，其較為適當的研究方法，則為結構式訪談法、結構式焦點團體訪談法、問卷調查法。

研究人員對所要研究問題的相關資訊或知識所知甚少時，研究人員可能必須採行探索性研究。

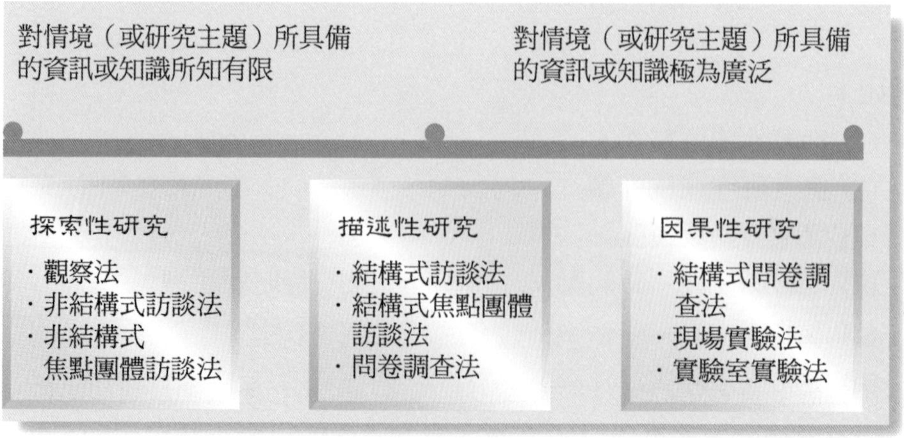

對情境（或研究主題）所具備的資訊或知識所知有限		對情境（或研究主題）所具備的資訊或知識極為廣泛
探索性研究 ・觀察法 ・非結構式訪談法 ・非結構式焦點團體訪談法	**描述性研究** ・結構式訪談法 ・結構式焦點團體訪談法 ・問卷調查法	**因果性研究** ・結構式問卷調查法 ・現場實驗法 ・實驗室實驗法

▲ 圖 4-2　不同情境下適當的研究方法

資料來源：修改自 Cavana, Delahaye & Sekaran(2001)。

1. 實務專題製作強調的往往是實作經驗的獲得，所以允許採用別人已經做過的同樣主題，但要求利用不同的研究方法、不同的限制條件，或以不同地區、不同時期資料來重新製作。

2. 研究設計是一項程序性的計畫，為專題小組成員所採納以期能有效、客觀及正確地獲致問題的答案。組構研究設計的因素，大抵有研究目的、研究類型、研究者干擾程度、研究母體、研究環境、時間範圍、衡量與測量、抽樣設計、質化與量化資料蒐集方式等議題。

3. 探索性研究，是指對相關情境所知甚少，或是過去究竟如何解決問題，並沒有相關資料可供參考的時候來使用。強調「發現」而非「檢定」，旨在發現顯著的變數與變數間的關係，以作為假設檢定的基礎。

4. 在實務專題製作上，常利用探索性研究的設計，來進行個案研究與分析，且可作為後續進入研究所繼續進階研究的基礎，而常見技術有：(1)以次級資料分析；(2)專家訪談；(3)焦點團體訪談；(4)二階段混合式實施。

5. 描述性研究，是想瞭解某些團體或人群的特徵，或敘述某種現象與另一現象的連結關係，專門探討變數間關係是否顯著，並非分析變數間的因果關係。

6. 相關性研究，旨在發現構念間之相關程度，強調去發現或建立某種情境中的兩個或多個變項間所存在的關係。

7. 發展性研究，旨在探討人類各種特質或教育、社會現象，因時間的經過而產生的改變情形。

8. 因果性研究，旨在發現構念之間的因果關係，或探討為什麼會有某種結果出現。

問題與討論
PRACTICAL MONOGRAPH:
The Practice of Business Research Method

1. 一般對實務專題製作方法選擇的看法，與論文撰寫上的要求程度，有何不同？你個人的觀點為何？試研析之。

2. 研究設計的意涵為何？其功能為何？其評選的要項為何？試研析之。

3. 研究設計會因實務專題目的之不同而有差異，而常見的研究設計有哪些類型？試分別研析並比較其特性為何？

4. 焦點團體訪談又稱深度集體訪問或小組座談，其為探索性研究最常被採用之研究策略；而焦點團體成員中，不同任務與維持角色的扮演為何？試研析之。

5. 何謂縱斷面與橫斷面研究？試比較縱斷面與橫斷面研究的優點為何？

是非題

1. (　) 實務專題製作強調實作經驗的獲得，所以不允許採用別人已經做過的同樣主題來進行研究。

2. (　) 研究設計是一項程序性的計畫，為專題小組成員所採納以期能有效、客觀及正確地獲致問題的答案。

3. (　) 描述性研究，強調「發現」而非「檢定」，旨在發現顯著的變數與變數間的關係，以作為假設檢定的基礎。

4. (　) 在實務專題製作上，常利用相關性研究的設計，來進行個案研究與分析。

5. (　) 描述性研究專門探討變數間關係是否顯著，而非分析變數間的因果關係。

選擇題

1. (　) 以下何者為組構研究設計的因素： (1)研究目的　(2)研究類型　(3)抽樣設計　(4)以上皆是。

2. (　) 以下何者不是研究設計要探討的因素： (1)研究者干擾程度　(2)研究環境　(3)專題小組人數　(4)質化與量化資料蒐集方式。

3. (　) 哪一種研究設計，是指對相關情境所知甚少，或是過去究竟如何解決問題，並沒有相關資料可供參考的時候來使用： (1)探索性研究　(2)描述性研究　(3)相關性研究　(4)因果性研究。

4. (　) 以下何者為探索性研究設計常見的技術： (1)以次級資料分析　(2)專家訪談　(3)焦點團體訪談　(4)以上皆是。

5. (　) 哪一種研究設計是想瞭解某些團體或人群的特徵，或敘述某種現象與另一現象的連結關係： (1)探索性研究　(2)描述性研究　(3)相關性研究　(4)因果性研究。

6. (　) 哪一種研究設計旨在發現構念間之相關程度，強調去發現或建立某種情境中的兩個或多個變項間所存在的關係： (1)發展性研究　(2)描述性研究　(3)相關性研究　(4)因果性研究。

7. (　　) 哪一種研究設計旨在探討人類各種特質或教育、社會現象,因時間的經過而產生的改變情形:　(1)發展性研究　(2)描述性研究　(3)相關性研究　(4)因果性研究。

8. (　　) 哪一種研究設計旨在發現構念之間的因果關係,或探討為什麼會有某種結果出現:　(1)發展性研究　(2)描述性研究　(3)相關性研究　(4)因果性研究。

9. (　　) 哪一種研究方法的特色,是讓每一位參與者都能聽到其他人的想法或觀點,同時也讓其他人也能聽到他的想法,彼此腦力激盪以達到集思廣益的效果:　(1)深度訪談　(2)焦點團體訪談　(3)世界咖啡館　(4)德爾菲法。

10. (　　) 以下何者不是橫斷面研究設計的優點:　(1)經濟方便　(2)沒有練習因素的影響　(3)研究樣本不需要多,有代表性樣本即可　(4)研究計畫允許中途改變。

解答

1.(X)　2.(O)　3.(X)　4.(X)　5.(O)

1.(4)　2.(3)　3.(1)　4.(4)　5.(2)　6.(3)　7.(1)　8.(4)　9.(2)　10.(3)

系統工具越好，人越不動手做，反而學不到東西，
這是對「不經一事，不長一智」的反省與了悟。

—楊政學

05

CHAPTER

選擇研究方法

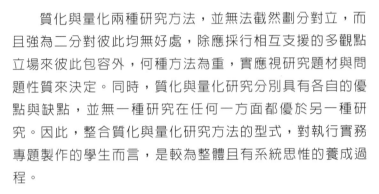

　　質化與量化兩種研究方法，並無法截然劃分對立，而且強為二分對彼此均無好處，除應採行相互支援的多觀點立場來彼此包容外，何種方法為重，實應視研究題材與問題性質來決定。同時，質化與量化研究分別具有各自的優點與缺點，並無一種研究在任何一方面都優於另一種研究。因此，整合質化與量化研究方法的型式，對執行實務專題製作的學生而言，是較為整體且有系統思惟的養成過程。

　　本章針對實務專題製作研究方法的選擇，擬由研究方法類型、研究方法整合、量化研究方法、質化研究方法等四個層面，來綜合探討不同研究方法之特性，以作為學生執行實務專題製作時，在選擇適切研究方法的參考依據。

SUMMARY

5.1　研究方法類型

一、量化研究意涵

量化研究

quantitative research

將現象與人類行為用數量方式展現，並進而蒐集、分析、驗證與解釋的研究方法。

在社會科學研究中，**量化研究**(quantitative research)方法是各種將現象與人類行為用數量方式展現，並進而蒐集、分析、驗證與解釋的研究方法。量化研究在方法論上，主要基於**實證論**(positivism)典範，強調社會科學研究應模擬自然科學研究，在嚴密控制的準實驗或實驗室的環境下，精細地操弄研究變項，並準確地測量研究結果，進而發現變項間的因果關係與建立通則。

在社會科學的領域中，以**邏輯實證論**(logical positivism)為基礎的量化研究，主導著學科的研究發展，而儼然蔚為主流。其優點在於，這種廣泛而具有普遍性的研究方法，有利於整體資料簡潔有力地透過統計工具呈現與比較。因此，量化研究之效度，取決於謹嚴的研究工具結構，俾使研究人員能確定該工具實際測量者。此種強調客觀、中立、理性，以及使用有效而可靠的程序，用以顯示事情的真相，其實是有其侷限性的。因其所建構者，多半是經概化而成的普遍通則，而難以進入所欲探究問題的深層結構，甚至可能因此而蒙蔽了問題的本質與事實的真相（姜誌貞，1998）。

量化研究可藉由通則的發現，瞭解現況及預測未來的方向與努力目標。可以反覆驗證某一研究的方式，使得該研究發現更為正確、較容易教學傳授，以及較具有說服力。

量化研究可提供系統的資料蒐集方法，並採用統計檢定分析，藉由數據來凸顯問題，使資料分析更為深入，更能引起社會大眾對問題嚴重性的注意與關切。量化研究可藉由通則的發現，瞭解現況及預測未來的方向與努力目標。可以反覆驗證某一研究的方式，使得該研究發現更為正確、較容易教學傳授，以及較具有說服力。專題小組成員常利用量化研究，如以問卷調查法蒐集初級資料，進行虛無假設的統計檢定分析。

二、質化研究意涵

質化研究

qualitative research

以文字敘述呈現所表示的事實，對於所產生描述性資料作研究分析，而不是針對這些文字、行為與紀錄，賦予某些數學符號而已；用以瞭解主題事物的情境與意義，作為研究取向的基本概念。

質化研究(qualitative research)方法可由一些有限個別事物上，產生大量豐富的資料，進而在資料整理的系統中，強調出資料的價值，其研究通常較想要探究什麼東西存在，而不去在乎有多少的東西。質化研究雖較不關心估算數量的問題，但因其傾向於非結構性，因而較

能回應研究對象的需求，以及主題事物的本質。質化研究是以文字敘述呈現所表示的事實，對於所產生描述性資料作研究分析，而不是針對這些文字、行為與紀錄，賦予某些數學符號而已；用以瞭解主題事物的情境(context)與意義(meaning)，作為研究取向的基本概念。

因此，質化研究人員應先進入**現場**(field)，讓自己融入到研究對象的自然情境中，採取**參與觀察**(participant observation)及**深度訪談**(in-depth interview)等研究方法，去心神領會研究對象的生活世界，以便充分掌握研究對象行為之外顯與內蘊的意義。

一般而言，質化研究方法是研究完全自然的真實世界情境，不加任何控制與操弄，完全展現研究的開放性，以及對結果毫不加預設限制與立場。質化研究專注於詳盡與特殊的資料，並依之加以歸類，找出不同面向與相互關係。著重於真實且開放地探測問題，不贊成理論性驗證演繹的假設；著重在整體現象的全面發現，而非一些具體變項間的線性與因果關係的建立；主張相依存且複雜的整體現象。

質化研究直接由受訪或觀察人員的個人觀點與經驗中，獲得詳盡、複雜與深刻的資料，常以文字或圖片的形式呈現。專題小組成員本身應是資料蒐集與分析的主要工具，力求接近被研究者、情境與現象，以直接接觸獲取真相。專題小組成員個人的經驗與判斷，使其對真實現象的瞭解上，具有相當的重要性。

質化研究假定所有的個案均是獨一無二的，其重視過程，而且假定不管個人或是一個文化系統，一定是持續穩定的變遷與發展過程。主張科學發現在特定的社會、歷史與文化的系統下，只是暫時存在；根本否定超越時空限制通則，所建立的意義與可能性。主客觀的爭辯只是意識型態的不同，對一位務實的研究人員而言，在做研究時應保持中立，而不必理會誰主觀、誰客觀。質化研究讓研究設計能因應情境的變遷與深度，同時避免太過僵化緊密的設計，免除來自情境的反應削弱。本身重視不同的人所賦予自己的意義，也關注不同的參與觀點，希望透過對人們生活意義與觀點的瞭解，促進真象的展現。

質化研究常被批評為過於主觀，並且容易產生誤差；然其優點是可以累積豐富且大量有用的資料。因此，質化研究者以許多的方法，來回應精確性及可重複性的需求。其實分析質化資料最好的工具，就是人們的大腦，這是一個能夠具備寬廣認知、複雜認識與減少資料的

質化研究常被批評為過於主觀，並且容易產生誤差；然其優點是可以累積豐富且大量有用的資料。因此，質化研究者以許多的方法，來回應精確性及可重複性的需求。

唯一工具，但是研究人員必須避免流於拼湊的謬誤。不過，質化研究的原則能夠緩和這個謬誤產生；意即一個好的質化研究，如果能夠遵循內容分析的規則，則其研究結果將較能保有精確性與可複製性。

〔圖 5-1〕說明質化研究的過程，首先是針對本研究所欲探討的主題進行規劃研究，包括研究主題範圍、研究方法選擇、調查樣本組合、發展指導方針等部分的加以配合；接著進入現場，進行資料蒐集初步分析與檢核，其採用的方法為參與觀察與（或）深度訪談（江明修，1992）。蒐集資料與分析資料應該是同時進行的，而資料的檢核也應該與資料的蒐集分析交互進行，如此俾利於凝聚研究焦點，創造新的發現。利用上述所得到的結果進一步作資料整合分析，最後撰寫研究報告。

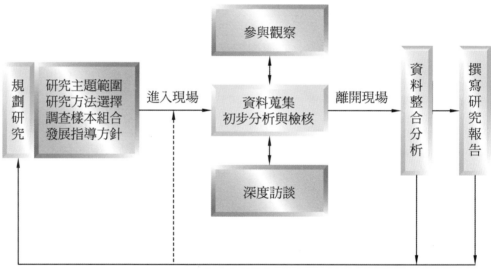

▲ 圖 5-1　質化研究的研究流程
資料來源：修改自江明修(1992)。

5.2 研究方法整合

一、質化與量化的整合

從不同的角度探測同一個問題，往往能得到更廣、更深的理解。質化與量化研究方法，雖分處不同的研究方法論典範，但對真實現象的發現，實是相輔相成的關係。在方法論層面，孔恩主張典範是不可共量性的；但在實際研究操作層次上，多種不同方法的應用，反更能發現社會現象與人類行為的真實面。此種採用多角度、多方法、多理論、多人員、多資料來源等相互印證的研究途徑，稱為**三角測定** (triangulation)程序(Cavana, Delahaye & Sekaran, 2001)。

三角測定法在質化研究上是一種普遍的方法，而在筆者指導學生製作實務專題時，也時常將此概念實際應用，以使得質化研究的方法，能有較好的信度與效度的說明與處理。Cohen 與 Manion(1989)提出了四種類型：

(1) **研究人員主觀證實法**(researcher-subject corroboration)，包含交錯驗證在研究人員與受訪者間資料的意義。這種交錯驗證可能發生在資料蒐集的過程中，或是原始資料在蒐集完成之後所作的詮釋，以便於產生精確的報告。

(2) 對於某些特殊的議題或事件，研究人員從其它的資料來源處蒐集相關的資料以作為參考。

(3) 使用兩個以上的資料蒐集方法，比較其結論並加以詮釋。

(4) **研究人員的聚合** (researcher convergence)(Huberman & Miles, 1998)，意即透過其他研究者對於相同的原始資料進行研究，然後再比較這兩種分析的結果。

事實上，質化與量化兩種研究方法，並無法截然劃分對立，而且強為二分對彼此均無好處，除應採行相互支援的多觀點立場來彼此包容外，何種方法為重，實應視研究題材與問題性質來決定。基本上，質化研究習以文字呈現現實，而量化研究則慣用數字顯示統計事實。茲將量化研究與質化研究間的差異，列示說明如〔表 5-1〕所示。

三角測定
triangulation
在實際研究操作層次上，多種不同方法的應用，反更能發現社會現象與人類行為的真實面。此種採用多角度、多方法、多理論、多人員、多資料來源等相互印證的研究途徑。

質化與量化兩種研究方法，並無法截然劃分對立，而且強為二分對彼此均無好處，除應採行相互支援的多觀點立場來彼此包容外，何種方法為重，實應視研究題材與問題性質來決定。

▼ 表 5-1　量化研究與質化研究之間的差異

量化研究	質化研究
客觀且單一，與研究人員獨立分開。	主觀且多元，研究人員常參與其中。
研究人員獨立於研究之外。	研究人員與研究高度互動。
研究人員是無偏差不受價值影響的。	研究人員易偏差且易受價值影響的。
理論大部分是因果，而且通常是演繹而來。	理論可以是因果或非因果，而且通常是歸納而來。
驗證研究人員建立的假設。	當研究者熱衷於資料分析時，則能發現其意涵。
觀念以清楚的變項來加以表示。	觀念以主題、特色、概推與分類來表示。
在資料蒐集之前進行系統性與標準化的衡量。	為了研究人員本身設計特別的衡量方式。
資料是來自於精確衡量的數字。	資料是來自於文件、觀察與筆記的文字形式。
有許多的個案與研究對象。	個案與研究對象較少。
研究程序是標準的，且贊同可複製的假設。	研究程序是特別的，且很少可以複製。
以統計圖表的分析過程來討論與假設間的關係。	以證據及組織資料的程序來形成連貫一致的推論，以引出命題或概推。

資料來源：Creswell (1994)；Neuman (1997)。

　　質化研究植基於自然論典範，而量化研究則在實證論典範，雖然此兩種研究典範在主題形象、方法範例、基本定理與假設等方面均正好相對，但就整個研究的實作經驗與研究的循環模式來看，此兩種典範並非絕對互斥，此兩種研究方法也往往可以截長補短。整合策略途徑，在研究實作上已漸漸引起注意，比純粹質的研究方法與純粹量的研究方法更具彈性。整合策略途徑，將研究設計、資料蒐集方法與資料分析法，拆開靈活交互使用（江明修，1992）。

二、質化與量化的評估指標

質化與量化方法的整合基本上有三種型式：質走向量的型式、量走向質的型式及量與質並行的模式。

　　質化與量化方法的整合基本上有三種型式：質走向量的型式、量走向質的型式及量與質並行的模式。前面兩種形式在使用時有時間先後之分，而第三種則是在同一個研究中同時使用兩種研究方法。這種對於多元方法研究分類的型態，主要提供一種啟發的設計。事實上，多數的多元方法研究，是以其現存的狀態來描述較佳，比硬是要歸屬某種類型中要來得好。

茲將量化與質化研究的評估指標，綜合整理列示如〔表 5-2〕所示：

▼ 表 5-2　量化與質化研究之評估指標

評估指標	量化研究	質化研究
客觀性	相信絕對客觀事實的存在。	否定絕對客觀事實的存在。
研究模式	以獲得可靠而能複製檢驗的資料為目的，並期望透過研究結建立通則。	以獲取真實、豐富及深入的資料為目的；研究結果較難通則化。
理論的運用	開始進行研究前，就必須要對理論有清楚的瞭解。	理論是經由研究過程與結果所建構出來的。
化約主義	強調將研究對象依據理論簡化為變項假設，並透過標準化過程進行假設真偽之檢驗。	強調彈性與開放性的探索與發現。
研究態度（研究者與被研究者間的關係）	採二元立場，研究者與研究對象相對分離，丙者保持距離，以避免研究者個人價值介入研究歷程。	研究者企圖深入研究對象的主觀生活世界，故兩者接觸密切，並在信任與平等的基礎上互動。研究者也隨時經由自省，以洞察自身價值與立場是否及如何影響研究歷程。
研究情境	控制的。	自然的。
研究過程彈性	整個研究過程重視步驟間環環相扣的關係。	整個研究過程採開放、彈性與互動性的立場。
資料性質	重視可被測量或可轉化為數字的資料。	偏重於文字與圖像資料。
研究設計	結構性、事先設定（線性）。	彈性、具演變性（遞迴式）。
研究方法	實驗法、調查法。	訪談法、觀察法、文本分析法等。
抽樣	以隨機抽樣為主，樣本通常較大。	以非隨機抽樣為主，樣本通常較小。
推論	研究結果可（需）推論至其他個案（母體）。	研究結果的推演性有限。
研究工具	以科技為研究工具（問卷、量表、電腦等）。	研究者本身即是研究工具（可使用輔助式資料蒐集工具，如錄音機、錄影機、照相機等）。
資料分析	統計軟體。	人工資料整理與分析軟體。
數字與文字的運用	研究結果是以數字來呈現。	研究結果是運用文字描述來呈現。

資料來源：整理自陳向明(2004)；潘淑滿(2003)。

一般而言，在量化與質化研究的連續體中，研究的位置是會隨時間而有所轉移的。同時，質化與量化研究分別具有各自的優點與缺點，並無一種研究在任何一方面都優於另一種研究(Ackroyd & Hughes, 1992)。在一項研究中，研究變項資訊的測量及分析端視研究目的而定，因而研究人員必須同時去結合質化與量化研究的趨勢(Kumar, 2000)。因此，筆者認為整合質化與量化研究方法的型式，對執行實務專題製作的學生而言，是較為整體且有系統思惟的養成過程（楊政學，2003）。

本書在第十二～十四章的內容安排上，會以三個實際案例的操作化模式，來具體說明上述三種研究方法的類型。例如：在第十二章量販店消費者購物行為實例中，以量化研究方法為主軸，為文獻分析法結合問卷調查法的應用。在第十三章旅館業知識管理實例中，以質化研究方法為主軸，為文獻分析法結合深度訪談法的應用。在第十四章台鐵觀光行銷實例中，以量化整合質化研究方法為主軸，為文獻分析法、深度訪談法與問卷調查法的整合應用。

5.3　量化研究方法

在筆者指導學生從事實務專題製作的經驗中，質化與量化整合的研究設計，一直是本人強調的研究方法，期經由此研究方法的整合應用，將量化的分析技術與質化的觀察能力作平衡發展的考量（楊政學，2003）。本節擬由質化與量化研究的角度，來概述介紹一些在實務專題製作中，經常被提及與採用的研究方法，期藉由不同研究方法特性的瞭解與比較，來提供專題小組成員選用研究方法的參考依據。

在量化研究方法上，一般可分為：

(1) **初級資料分析**(primary data analysis)。

(2) **次級資料分析**(secondary data analysis)。

(3) **模擬資料分析**(simulation data analysis)三部分來探討。

其中，初級資料分析又分為：

(1) **調查法**(survey)。

(2) **實驗法**(experimental research)。

一、調查法

(一) 調查法意涵

問卷(questionnaire)係指所設計的一系列問題，而由受訪者記錄其答案。在**問卷調查**(questionnaire survey)中，受訪者閱讀問題，解釋問卷中所提供的訊息，並寫下其答案。訪談表與問卷的差別，只在於前者是由專題小組成員詢問問題（以及如果需要，並解釋其意涵），並記錄受訪者的回答於訪談表。此差異程度在藉以評斷兩種方法個別強弱時，是非常重要的取捨考量。

問卷因無專題小組成員來解釋其中問題的意義，因此問題是否清楚，以及是否易於瞭解，便顯得十分重要。同樣地，問卷的設計與編排應易於閱讀，以及避免造成視覺上的障礙，並且問題的順序也應易於遵循。問卷應以互動的型態加以設計，意即若有讓受訪者回答感到較為猶豫的題目，應於問卷前言部分，或針對這些相關問題加以陳述解釋，建議可使用不同的字體將這些陳述與實際的題目加以區別。

> **問卷調查**
> questionnaire survey
> 受訪者閱讀問題，解釋問卷中所提供的訊息，並寫下其答案。

(二) 調查法優點

茲將（問卷）調查法蒐集資料的優點，條列說明如下：

1. 便利快速且費用節省

當專題小組成員不對受訪者進行訪談時，便省下了時間、人力及財物等資源。因此，問卷調查的使用上，調查人員較觀察人員更能控制其資料蒐集活動，相對較為便利及費用低廉。尤其是對一群研究母群體進行集體問卷調查時，便是最經濟的資料蒐集方法。

2. 提供最大的匿名效果

因為沒有專題小組成員與受訪者之間面對面的互動，此方法提供了最大的匿名性。尤其當某些情況必須詢問敏感問題時，此方法增加了獲得正確資訊的可能性。

3. 地理彈性大且回覆時機便利

以問卷調查法蒐集資料，最可考量到地理區域的彈性問題，相對人員的親自面訪來得成本低廉。同時受訪者可選最方便的時機回覆，標準化問卷易獲得。

4. 結合電腦輔助調查

電腦的使用大幅改變調查訪問的作業方式，調查人員可攜帶筆記型電腦至訪問地點，利用其輔助且提高訪問的效率與正確性。

(三) 調查法缺點

雖然（問卷）調查有某些缺點，但值得注意的是，並非所有使用此方法所進行的資料蒐集皆有這些缺點。這些缺點乃依數項因素而定，但必須瞭解他們對資料品質所可能產生的影響。茲將問卷調查法可能產生的缺點，列示說明如下：

1. 受訪者無力回答的限制性

一個主要的缺點，即在於其應用僅限於具有讀、寫能力的研究母群體。此方法無法使用於文盲、年幼與老邁者，或智能不足者；意謂受訪者即使願意提供資訊，也可能無能力來提供正確的資訊。

2. 受訪者不願意回答問卷

在某些情形下，受訪者可能拒絕接受訪問，或拒絕回答某些問題，而使得資料蒐集上，呈現欠缺完整性的問題。

3. 低回收率

問卷調查眾所周知的問題，即在於其低回收率，如受訪者不回寄問卷。若專題小組成員計畫使用問卷，切記因為並不是每一位受訪者都會寄回其問卷，以致樣本規模在實際上將會降低。此回收率取決於數項因素，如抽取樣本對研究主題的興趣、問卷的編排與長度、說明書中對研究目的與相關問題解釋的品質、以及傳送問卷的方法。專題小組成員應該體認如果幸運的話，可有 40％的回收率，有時也可能只有不到 20％的比例。然如前所述，若當問卷能以集體調查方式進行時，則可大幅改善此類問題。

4. 自我選擇的偏見

　　並不是每一位接到問卷的受訪者都會自動將其寄回，這就牽涉到了自我選擇的偏見。願意回擲問卷者與不願意者之間，皆有著不同的態度、屬性或刺激。因此，若回收率相當低，則其研究發現便無法代表所有的研究母群體，使其結論應用上受到侷限性。

5. 缺乏釐清問卷題項意涵的機會

　　不論任何原因，若受訪者不瞭解某些問題，則沒有機會為他們進行意義的澄清。若不同的受訪者對問題有不同的詮釋，則將影響其所提供資訊的品質。

6. 不允許自發性的開放作答

　　當需要自發性、開放性的回應時，郵寄問卷則並不適當，當一份問卷在受訪者回答前，便限定其回應的時間。

7. 受問卷內其他題項回答的影響

　　受訪者可於作答前，便先閱讀過所有的題目（此現象經常發生），因此他們對某些題目的回答，將受他們對問卷內其他題項認知的影響。

8. 可能詢問或參酌他人意見

　　接受郵寄問卷的受訪者，可能預期作答前先詢問他人的意見。專題小組成員初衷乃是希望獲得只有研究母群體其自身的意見，則此方法或許並不恰當。

9. 所得回應資料無法以其他資訊加以補充

　　有時訪談法可以其他資料蒐集方法所彙集的資訊加以補充，如觀察法。然而，問卷調查法則無法做到這點。

二、實驗法

(一) 實驗法意涵

　　實驗(experiment)是一種為測試假設且在控制環境下，操弄一個或一個以上變項的學術研究(research investigation)。而**實驗法**(experimentation)是一種研究方法，藉由操弄一個或一個以上之變項，

實驗法
experimentation
是一種研究方法，藉由操弄一個或一個以上之變項，並且控制研究環境，藉此衡量變項間的因果關係。

並且控制研究環境,藉此衡量變項間的因果關係。訪問法及觀察法無法控制受訪者或被觀察者的行為及環境因素,因此無法證實各變數間的因果關係。實驗法則可對行為及環境因素加以控制,進而瞭解各變數間的因果關係。

(二) 實驗法優點

以實驗法蒐集資料,有以下幾項的優點(Cooper & Emory, 1995),茲列示如下:

1. 可操控研究變項

透過實驗法的研究設計,專題小組成員可以操控其想要研究之變項。

2. 較有效控制外來干擾

實驗法研究設計與其他的研究設計相比較,更能夠有效控制外來變項的干擾。

3. 具便利性與低成本

採行實驗法的便利性與成本,相對較其他方法較占優勢。

4. 可瞭解不同變項的影響

可以利用不同組的受試者、或者是不同的情境、不同的時間下,複製或重複同一實驗,以瞭解操控變項對依變項的影響。

(三) 實驗法缺點

1. 人工環境

實驗室實驗法最為人詬病的,即是其人工化的環境,因為實驗室內發生的狀況,未必會在現實的情境中發生。例如:在實驗室中可以播放一支短片,來消弭實驗受試者對甲品牌的偏見,但未必代表如果在傳播媒體上,播放這支廣告就可以消除消費者對甲品牌的偏見。但是,相對的也因為藉由這樣的一個人為的場所,才能對各項干擾變項做更為嚴謹的控制,以用來改變我們對許多項目的看法(subjects' perceptions)。

2. 研究結果概化(generalization)的問題

由於實驗法多是以一小群樣本，或一小團體為研究對象，如果樣本不是經由隨機選取而來，則利用這些樣本來推估整個母體可能會有偏差。再者，實驗法並不適合做群體研究，因為群體越大，越難在實驗室研究，也很難控制外來變項的干擾。

3. 成本預算的問題

雖然實驗法一般而言，較其他蒐集資料的方法來得省錢、方便，但許多著名實驗法的支出都是超過預算許多，所以在某些情況下，使用實驗法未必是最經濟的。

4. 侷限現在或未來問題的研究

實驗法針對現在或者是未來即將發生的問題是很有效的，但是對於研究過去的事實而言，實驗法並不是很合適的，且要用實驗法來瞭解某人的意圖及預期是很困難的。

5. 倫理道德的問題

許多實驗都是以人為研究主體，但是其中牽涉到有關道德問題，使實驗法的應用受到限制。

5.4 質化研究方法

在質化研究方法上，大抵有：
(1) **訪談法**(interviewing)。
(2) **觀察法**(observation)。
(3) **歷史研究**(historical research)。
(4) **內容分析**(content analysis)。
(5) **個案研究**(case study)。
(6) **田野研究**(field research)。
(7) **民族誌研究**(ethnographic research)。

(8) **行動研究**(action research)。

(9) **紮根理論**(grounded theory)。

(10) **言說分析**(discursive analysis)等。

　　關於上述研究方法的特性，擬就幾項較常在實務專題製作上，經常被專題小組成員使用的方法來簡述說明，重點在於對不同研究方法進行意涵的探討，同時比較不同研究方法的優點與缺點，以及相關衍生的事宜。

一、訪談法

(一) 訪談法意涵

訪談法

interviewing
利用各種調查訪問方式進行調查，它是蒐集受訪者的社會經濟背景、態度、意見、動機與行為的有效方法。

　　訪談法(interviewing)是利用各種調查訪問方式進行調查，它是蒐集受訪者的社會經濟背景、態度、意見、動機與行為的有效方法。各種訪問方式優劣互見，各有其適用場合，也各有其缺點，在選擇時應就成本、時間、訪問對象、調查時可能發生的偏誤、問題的性質等因素加以比較。

　　訪談法是一項由受訪者身上蒐集資訊所常用的方法，在現實生活中，可透過與他人不同型式的互動來蒐集資訊。任何在兩人（或以上）之人際互動，而且互動的彼此心中皆有特定之目的時，此即稱之為訪談。訪談一方面是可以非常彈性的；一方面也可以是無彈性的，而完全依照事先準備的問題來發問。

(二) 訪談法優點

　　針對採用訪談法來蒐集資料的優點上，可條列以下幾項特性說明之。

1. 訪談較適用於複雜的情境

　　訪談法較適用於研究複雜與敏感的領域，因為專題小組成員有機會在於進行訪問前，讓受訪者對敏感問題有所準備，且可親自向受訪者解釋較複雜的題目。

2. 有助於蒐集較深度的資訊

在訪談的情境下，專題小組成員可能透過詳細的訪問，而獲致較深入的資訊。因此，若需要較為深度的資訊，訪談是合適的蒐集方法。

3. 資訊可予以補充

專題小組成員可以透過非言詞互動上，其觀察所得之資訊，來補充訪談之記錄內容。

4. 可解釋並釐清問題

透過專題小組成員重複解釋問題，或以受訪者可理解的圖表方式加以說明，可降低問題被誤解的機率。

5. 訪談可被較廣泛的應用

訪談可使用於各類群體，如幼童、智能不足者、文盲或高齡老人，因而在應用對象上較為廣泛。

6. 可確認受訪者身分

專題小組成員在面對面的訪問中，可以透過視覺的檢視來確認受訪者的身分是否符合。

7. 反應率相對較高

專題小組成員作訪談的反應率是所有訪問方法中最高的，因為其具有最高動機作用，而且專題小組成員對於訪問的時間及次數，具有完全的控制能力。

(三) 訪談法缺點

訪談法在資料蒐集的缺點上，可列示說明如下幾項要點：

1. 訪談較為費時且費用昂貴

此情形特別是當潛在受訪者分布於遼闊的地理區域時，然若可以在受訪者等待接受服務的場所，如辦公室、醫院或機構內進行訪談，則可花費較少的經費與節省較多時間。

2. 易發生工具誤差

在訪談過程中，訪員與受訪者間互動的品質極可能影響所獲資訊的品質。並且因每一訪談之互動皆不盡相同，因此自不同受訪者訪談所獲得回應的品質，或許會有顯著的差異。

3. 訪員素質控制困難

在訪談情境中，所獲資料的品質，取決於專題小組成員的經驗、技巧與責任感所影響，而訪員素質的控制與要求相對較困難。

4. 使用多位訪員時資料的品質亦有所不同

一起用眾多的訪員，或是專題小組成員的多人訪談進行時，將造成資料品質有所不同的困擾。

5. 研究人員偏見的問題

專題小組成員的偏見，常顯露於問題的設計與回應的詮釋上。

6. 訪員偏見的問題

若訪談由個人或多人，付費的或志願的，而非專題小組成員自己來進行，則訪員可能將其偏見帶入回應的詮釋、選擇回應種類，或選擇不同的詞彙，來擷取受訪者所表達的意見。

7. 無法匿名回答

由於訪談的進行，係由專題小組成員直接與受訪者面對面的溝通，逐行將受訪者意見予以記錄，因而無法如同郵寄問卷的填答，可以達到匿名的作法，而必須當面接受訪談，故在較具敏感性議題的研究上，會產生受訪者較大的抗拒心理。

二、觀察法

(一) 觀察法意涵

觀察法
observation
蒐集原始資料的一項研究方法，是針對一互動或現象發生時，所做的一項具目的性、系統性與選擇性的察看與聆聽的途徑。

觀察法(observation)是蒐集原始資料的一項研究方法，是針對一互動或現象發生時，所做的一項具目的性、系統性與選擇性的察看與聆聽的途徑。觀察法是透過觀察特定活動的進行來蒐集資料，其與訪問法不同。訪問法係由專題小組成員向受訪者提出問題取得資訊，而觀察法則是由專題小組成員，或機器輔助來作觀察記錄取得資訊。基本

上，觀察法是可以不去打擾被觀察的對象，因而可降低受測者可能造成的誤差。

在許多情境中，觀察法是最適當的資料蒐集方法，例如：當我們想瞭解某團體的互動型態、研究某母群體的道德判斷層級、探知某位員工所執行業務的功能、或研究個人的消費行為或人格特質的研究。觀察法也適用於當全面或正確的資訊無法以問卷誘導的情境，係因受訪者不合作或對答案的不瞭解，也因很難將受訪者由他們的互動中予以抽離。總而言之，當我們對個人行為較其認知更有興趣時，或當主題涉入於互動中，而他們又無法提供相關的客觀資訊時，觀察法便是用以蒐集所需資訊的最佳途徑。

觀察法可在符合自然的與控制的情境下加以使用，在自然的狀態下觀察某團體，比介入其活動而又將其視為在自然的條件下進行觀察來得好。若為觀察其互動，而引入刺激誘因，並觀察其互動情形，此乃稱為控制性觀察。使用觀察法作為資料蒐集的方法會遇到一些問題，但也並非意味著這些問題全然會發生於每一情境中；身為一位實務專題製作的成員，應該對這些可能產生的問題有所瞭解。一般而言，觀察法因受觀察員的影響較小，比較客觀；但無法觀察被觀察者的內在動機或購買意圖，且成本可能較高，在時間及地點方面所受的限制也較大。

(二) 觀察法優點

1. 客觀

觀察法可減少或避免專題小組成員對問題的措辭不同或表達方式有異，而影響受訪者的答案，如為觀察商店店員的活動，專題小組觀察員也許可以偽裝成一個顧客的身分，進入商店而與店員發生互動。

2. 正確

專題小組觀察員只觀察與記錄事實，被觀察者本身並不知道自己正被人觀察，因此一切行為均如平常，所獲得的結果就較正確。

3. 可蒐集無法自行報告的資訊

有些事物、現象無法由受訪者自我報告；或如說話的語調、嬰孩的行為，此等資訊只能以觀察法來蒐集。

訪問法係由專題小組成員向受訪者提出問題取得資訊，而觀察法則是由專題小組成員，或機器輔助來作觀察記錄取得資訊。基本上，觀察法是可以不去打擾被觀察的對象，因而可降低受測者可能造成的誤差。

觀察法因受觀察員的影響較小，比較客觀；但無法觀察被觀察者的內在動機或購買意圖，且成本可能較高，在時間及地點方面所受的限制也較大。

(三) 觀察法缺點

1. 只能觀察外在行為

觀察法無法觀察人們的態度、動機、信念及計畫等內在因素，以及其變化情況。

2. 有些行為難以觀察

如有關過去的活動或個人私下的行為，此非觀察法所能獲知。

3. 成本較高且所費時間長

為了觀察之目的，專題小組成員須事先選定適當的地點，安置或埋伏觀察人員或儀器，用以等待事件的發生，故所花費的時間及費用較訪問法高。

4. 霍桑效應的偏誤

個人或團體察覺到他們正在被觀察，他們也許會改變其行為，這些改變可能是正面的，也可能為負面的。例如：這可能會增加或降低其生產力，但也可能基於許多原因而造成。當個人或團體因被觀察而改變其行為，此即所謂的「**霍桑效應**」(Hawthorne effect)。在這種情況下使用觀察法，可能會產生一些扭曲的現象，因為此時被觀察的對象，並非表現出他們平時的行為準則。

5. 常可能發生觀察的偏見

若一觀察者是主觀且帶有偏見的，很容易將其偏見帶入其中，如此就很難證實其觀察現象，進而由其中做出推論。

6. 觀察記錄缺一致性

不同的專題小組觀察者對所觀察到的情況，各有不同的個人詮釋意涵。

7. 記錄方法不同致觀察或記錄不完整

專題小組觀察者可能具有敏銳的觀察力，但卻疏於做詳細的觀察記錄。相反的問題則可能發生於，當專題小組觀察者詳細地記下觀察記錄，但在此同時也錯過了部分的互動過程。因此，觀察人員記錄方法的不同，將導致觀察或記錄的不完整性。

霍桑效應
Hawthorne effect
當個人或團體因被觀察而改變其行為，此即所謂的「霍桑效應」。在這種情況下使用觀察法，可能會產生一些扭曲的現象，因為此時被觀察的對象，並非表現出他們平時的行為準則。

三、歷史研究法

(一) 歷史研究意涵

歷史研究法的名稱甚多，在史學方面或稱史學方法、史學研究法，也有人稱歷史研究法或歷史方法。在英文名稱上，除 Historical Method，有稱 Historical Research，也有稱 Historical Approach。對於歷史研究法的定義，各家說法大同小異。大抵以歷史研究，是針對過去所發生的事件作有系統的探討。歷史研究者首先要蒐集歷史資料，簡稱史料，再將這些錯綜複雜的史料加以整理，以嚴謹的方法去分析事件的前因後果，對史料作客觀批判、鑑定與解釋。雖然歷史不一定會重演，但是歷史研究的結果，可以使後人知道歷史事件的來龍去脈，同時可以吸取往事的成敗經驗，避免重蹈覆轍，進而收到以古鑑今與鑑往知來的效果。

所謂「**歷史研究法**」(historical research)即是以既存的歷史事實為對象，系統地蒐集與客觀地鑑定史料，以批判探究的精神推求史實的意義與聯繫關係，做出準確的描述與解釋，以幫助瞭解現況與預測未來的一種研究。在商管領域中，時常應用此方法來編撰「公司史」，而在實務專題製作上，也可利用此方法來做不同個案公司發展歷程的紀錄與比較。

就歷史研究法的特性而言，有下列幾點要項：

1. 對象為已發生的史實

歷史研究法的重心在找出研究問題，於整個歷史脈絡中的時代意義與歷史價值。

2. 強調史料的運用

因為歷史是已經發生的事，我們無法參與其中，只能藉由前人所記錄下來的資料來加以利用，所以只要史料運用得當，即可達到事半功倍之效。

3. 重視歸納與比較

因歷史的資料涵蓋範圍太廣，史實眾多、史料浩瀚，所以我們需要加以歸納、整理與比較後，才能得出一個完整的結論。

歷史研究法
historical research
以既存的歷史事實為對象，系統地蒐集與客觀地鑑定史料，以批判探究的精神推求史實的意義與聯繫關係，做出準確的描述與解釋，以幫助瞭解現況與預測未來的一種研究。

4. 格外強調史料的鑑定

由於歷史研究法不能直接觀察與測量資料，只能使用現成的史料，所以專題小組成員必須對這些真偽互參的史料，加以客觀的鑑定或批判。

5. 抱持批判態度

專題小組成員要隨時抱持著批判的態度，去發現真理及找出答案。

(二) 歷史研究目的

綜合上述，歷史研究法所欲達到的目的，可分為以下三項要點：

1. 重建過去

歷史研究法從現在出發去研究人類的過去，可以重現歷史的原貌，而其目的則是瞭解過去歷史的發展，將研究所得作為現今企業體經營（個案公司）的借鑑。

2. 瞭解現狀

在早期的歷史研究中，比較偏重於發現及敘述過去所發生史實的研究。但在近代的歷史研究中，研究目的則強調解釋現在，意即根據過去事件的研究，提供瞭解當今的制度、措施與問題的歷史背景，達到以古鑑今的功能，並學習如何解決問題。

3. 預測未來

歷史研究的目的是在研究過去所發生的事件，從錯綜複雜的歷史事件中，發現一些事件間的因果關係及發展的規律，以便作為瞭解現在與預測未來的基礎。由於有歷史的研究，人類可以吸取過去許多成功與失敗的經驗，避免重蹈覆轍，而對現在與未來作更明智的決策。因此可知，歷史研究實具有鑑往知來的功能。

歷史研究很重要的一種解釋是因果關係推論，雖然歷史學者無法證明過去某一事件，是引起另一事件的原因，但其可以清楚的假定歷史事件發生順序的因果關係。歷史研究與歷史解釋，往往很難擺脫客觀現實條件的影響。歷史之所以需要解釋與再評價，主要是由於人類在不同的時期會有不同的思維方式與價值觀。然而新的歷史解釋，並

非祇建立在新的思考與價值之上而已，最重要的是，這樣的解釋仍然需要依賴可靠的史料與考證，尤其是新史料出現時，無論其為考古文物或口述歷史，歷史解釋更需要隨之調整。

專題小組成員將個案公司史料作深入分析後，應參酌公司內外檔案與相關文獻，再加上專題小組成員的研究心得，針對研究問題逐一作成結論。而不論採用那一種解釋作成的結論都應力求客觀，結論宜簡明、扼要，再根據結論來提出具體可行的建議，以及對後續可能的專題小組成員提出後續研究的建議。

四、內容分析法

(一) 內容分析意涵

人類的思想活動以及社會現象，經語言或文字的形式加以保存，即成為**文件**(document)，若有系統的整理並保存文件，即成為**檔案**(archive)，所以文件與檔案是瞭解人類思想、活動、以及社會現象的重要資料來源。茲將執行**內容分析法**(content analysis)十五個步驟（Cavana, Delahaye&Sekaran, 2001；莊立民、王鼎銘合譯，2003），整理列示說明如下：

(1) 原始資料的準備與組織。所有重點需要易於得知，還有錄音數位資料的轉錄。

(2) 原始資料的**來源編碼**(source code)。編碼方式必須符合唯一性、符合邏輯、效益、由一 4 小串字母與數字所組成的、第一碼部分是參照資料的形式、第二部分應描述回應、第三部分參照相互影響的數字。

(3) 備份所有手寫或打字的原始資料。

(4) 所有的原始資料存放於安全的地方。

(5) 閱讀一遍你的筆記、錄音或其它證據。

(6) 確認主題。

(7) 將主題持續比較與分析。

(8) 製作分類索引。意即在另外一張紙上製作縮寫對照表與主題的簡短說明，用做分類的資料索引。

(9) 將相關的事件轉換成檔案。

內容分析法
content analysis
人類的思想活動以及社會現象，經語言或文字的形式加以保存，即成為文件，若有系統的整理並保存文件，即成為檔案，所以文件與檔案是瞭解人類思想、活動、以及社會現象的重要資料來源。

(10) 提供開放式編碼。提供步驟(5)到步驟(9)所謂的開放式編碼，促使研究人員透過第一次原始資料的審閱將主題找出。

(11) 轉軸編碼。利用轉軸編碼，將第二次原始資料審閱。

(12) 在內部同質性與外部異質性的基礎上建立規則。

(13) 選擇式編碼。由研究人員尋找相關主題的證據，然後比較主題與次主題之間的對照差異。

(14) 以圖形描繪出研究主題中不同類別之間的關係。

(15) 研究人員撰寫報告。

　　將質化的研究素材轉化為量化資料的一種方法，基本上是「由質轉量」的方法，在傳播學界以及社會科學界均有相當多的定義，以下列出其中幾項說明。

1. 傳播學界的定義

　　英漢大眾傳播詞典裡，它是這樣定義的：內容分析法是一種注重客觀、系統及量化的研究方法，其範圍包含傳播內容與整個傳播過程的分析，針對傳播內容作敘述性解說，並推論該內容對傳播過程所造成的影響，尤其重視內容中的各種語言特性。

2. 社會科學家及學者的定義

　　勃勒遜傳播內容分析中定義：內容分析為客觀、系統及定量描述傳播內容的一種方法。更具體的說，內容分析法便是針對文章或媒體的特殊屬性，如思想、主題、片語、人物角色或詞語等東西，作系統化和客觀化的分析，以探尋文件內容背後的真正意圖。

3. 內容分析的精神

　　在方法上：客觀、系統、量化；在範圍上：分析傳播的訊息與過程；在價值上：不只對傳播內容作敘述性解說，且推論傳播內容對整個傳播過程所造成的影響；在分析單位上：分析傳播內容中各種語言特性。

(二) 內容分析目的

　　實務專題製作過程中，時常利用內容分析法來解讀所蒐集的資料，故其著重在現有資料的「解析」，而「非蒐集」更多的資料，有異於前述焦點團體訪談法，用以蒐集更多資料的目標。在流程步驟上，

實務專題製作過程中，時常利用內容分析法來解讀所蒐集的資料，故其著重在現有資料的「解析」，而「非蒐集」更多的資料，有異於前述焦點團體訪談法，用以蒐集更多資料的目標。

先行將質性資料予以**編碼**(coding)，再者將資料按主題予以歸類，最後將所歸類主題予以命名。

內容分析法對資料的分析可用現有的文稿，而不必一定要用訪談稿。在其信度要求上，則由二人以上的**評量人員**(rater)，對相同資料進行獨立分析，利用研究人員的**三角測定**(triangulation)程序來校正與比較其所得資料的一致性。茲以〔表 5-3〕所摘述之參考範例，來具體呈現且說明內容分析法所得的結果實例。

由〔表 5-3〕所列說明可發現，重要事件或核心想法句子前均有編號，即是所謂編碼的動作，各代表不同受訪者的某段談話內容。再依不同研究目的，進行不同主題的歸類，同時將群聚名稱分別命名為人際學習、希望感、宣洩情緒等。

編碼

coding

在流程步驟上，先行將質性資料予以編碼，再者將資料按主題予以歸類，最後將所歸類主題予以命名。

▼ 表 5-3　內容分析法實例

群聚命名	研究一　重要事件編號與摘述	研究二　核心想法編號與摘述
人際學習	(19)瞭解溝通在人際互動中的重要性。 (20)瞭解男女相處的模式讓我能坦承。	(08)成員之間彼此批評與激盪。 (06)(09)學習接受與尊重別人。
希望感	(29)聽到有人勇敢表達，而受激勵。 (35)看到有人改變了，激勵了我。	
宣洩情緒	(05)終於把內心的話講出來。 (37)把內心的困難談出來抒發心情。 (49)從難過、害怕、愧疚中反思自己活著是怎麼一回事，要活下去就要承受此責任。	(29)釋放情緒。

資料來源：楊政學(2004)。

五、個案研究法

(一) 個案研究意涵

早在 1870 年美國哈佛大學法學院創用**個案研究**(case study)方法，目的是在於訓練學生思考法律原理原則。此方法最初大多用於醫學方面，應用於研究病人的案例；之後，在心理學、社會學、工商管理陸續採用此方法，在教育方面，也將此法應用於教學與學術研究。其中重要的，如弗洛伊德(S.Freud)及皮亞傑(J.Piaget)的研究都不難發現。

個案研究

case study

個案研究是以一個個體，或以一個組織為對象，進行研究某項特定行為或問題的一種方法。個案研究偏重於探討當前的事件或問題，尤其強調對於事件的真相、問題形成的原因等方面，做深刻且周詳的探討。

弗洛伊德是運用個案研究法於精神病學的先驅,就其處理精神神經症的病人方面而言,他努力於發現一致的經驗模式。在他細心的探求下,使得病人能夠回憶自己在兒童及年輕時代發生的,但已遺忘良久的有關創傷性的,或與性有關的意外事件。弗洛伊德假設:這些意外事件或可用以解釋病人的神經性行為。

個案研究是以一個個體,或以一個組織(例如:一個家庭、一個社會、一所學校或是一個部落等)為對象,進行研究某項特定行為或問題的一種方法。個案研究偏重於探討當前的事件或問題,尤其強調對於事件的真相、問題形成的原因等方面,做深刻且周詳的探討。所謂的個案,狹義而言是指個人;廣義來說,個案可以是一個家庭、機構、族群、社團、學校等。

簡單來說,個案不僅僅限於一個人。個案研究是指對特別的個人或團體,蒐集完整的資料之後,再對其中問題的前因後果作深入的剖析。個案研究是指採用多種方法蒐集有效的完整資料,單一的個案或社會單位作縝密而且深入研究的一種研究方法。個案研究旨在探討某個案在特定情境脈絡下的活動性質,以瞭解其獨特性與複雜性。

(二) 個案研究目的

個案研究在實務專題製作應用上,具有三項目標:

1. **探索性個案**(exploratory case)

探索性個案研究的焦點,是去處理有關什麼(what)形式的問題。

2. **描述性個案**(descriptive case)

描述性個案研究的焦點,是去處理有關誰(who)、何處(where)形式的問題。

3. **解釋性個案**(explanatory case)

解釋性個案研究的焦點,是去處理有關如何(how)、為什麼(why)形式的問題。

個案研究依其目標,雖可細加分類,唯就一般情形而言,任何個案研究多涉及描述性、探索性與解釋性目標,單獨以一項目標為努力方向的個案研究,非但不充分,也不多見。總而言之,個案研究法的

探索性個案
exploratory case
探索性個案研究的焦點,是去處理有關什麼(what)形式的問題。

描述性個案
descriptive case
描述性個案研究的焦點,是去處理有關誰(who)、何處(where)形式的問題。

解釋性個案
explanatory case
解釋性個案研究的焦點,是去處理有關如何(how)、為什麼(why)形式的問題。

目標是在於瞭解接受研究的單位，重複生活發生的生活事項，或該事項的重要部分，進行深入探究與分析，以解釋現狀，或描述探索足以影響變遷及成長諸因素的互動情形，因此個案研究應屬於縱貫式的研究途徑，揭示某期間的發展現象。

個案研究秉持著其目標為研究的方向，找出個案研究之目的何在，以便能夠依循著目的去探究其中的道理。在方法應用上，較偏向不同研究方法間採用的策略性思考。茲將個案研究目的，條例說明如下幾點要項：

1. 找出問題發生的原因

許多個案之所以會發生，自有其原因所在，我們必須先找出其中的原因，如此才能針對個案的問題對症下藥。

2. 提出解決問題的方法

在個案研究中已經找出問題的原因之後，接著該做的就是提出一些方法及策略來解決問題。

3. 提供預防措施

在個案研究中，因為已經有對問題作深入的探討，因而自然較能掌握問題的整個來龍去脈，也就能根據問題來提出一些有效的預防措施。

4. 提供假設的來源

通常有些個案研究是為了某些理論或是研究，作為其奠基的動作，有了實際的個案案例，就能夠以此個案為墊腳石，逐步的往上追求、探尋更深的學問。

5. 提供具體的實例

有了個案研究具體的案例，在日後對於相關的事件，自然就能夠提供有利的佐證，也就不會流於空有理論而沒有實務經驗，給人有所詬病的地方。

6. 協助個案發展潛能

　　充分的發展在個案研究進行中，自然就能夠對個案有一定程度的瞭解，也就對個案潛在的優勢略知一二，在這情況下，就可對此個案的優點，加以發揚，讓其優點有機會能夠充分發展，對個案自身不僅有所助益，對整個社會亦同樣有所協助。

7. 提升組織機構的績效

　　就是因為針對個案作深入的探討，因此對個案全面的瞭解非常透澈，對於個案所發生的問題，以及該如何去解決問題等都很清楚知道，針對問題對症下藥，自然就可以提升組織機構的績效。

六、行動研究法

(一) 行動研究意涵

行動研究

action research

是一種研究類型，是一種研究態度，而不是一種特定的研究方法技術；其可縮短理論與實務間的差異，在學生製作實務專題上是不錯的嘗試。

　　行動研究(action research)是一種研究類型，是一種研究態度，而不是一種特定的研究方法技術；其可縮短理論與實務間的差異，在學生製作實務專題上是不錯的嘗試。行動研究重視實務問題，惟不只注重實務問題的解決，不只重視行動能力的培養；同時，更重視批判反省思考能力的養成。

　　行動研究至少包括：

(1) 診斷問題。

(2) 研擬方案。

(3) 尋求合作。

(4) 執行實施。

(5) 評鑑反應等五種不同的實務行動，而行動參與者竭盡所能地嘗試求知，追求好奇與探索(Elliott, 1991)。

行動研究關注研究結果的立即性與及時性，強調行動及研究的結合與不斷循環的檢驗。

　　行動研究所指的「行動」，是指一種**有意圖的行動**(intentional action)，也是一種有訊息資料為依據的行動(informed action)，更是一種具有專業承諾的行動(committed action)。總之，行動研究關注研究結果的立即性與及時性，強調行動及研究的結合與不斷循環的檢驗。

（二）行動研究特性

行動研究具有三個特性(Lewin, 1952)，意即如下所述特質：

(1) 參與者參與行動。

(2) 具有民生價值。

(3) 能增進社會科學及社會變遷的知識貢獻。

行動研究的社會基礎是「參與實務」，行動研究的教育基礎是「改進實務」，其運作需求是「革新實務」；行動研究具有實驗精神，希望能從行動中追求改變，並從改變中追求創造進步。

若我們將實務專題製作視為建教合作的開始，而在無法確切推行三明治教學，或將學生直接安排至業界實習的情況下，所設計出來的替代實習課程。此時，我們對行動研究的實務反省，大抵可以有下列五種思考模式(Elliott, 1991)：

(1) 分析診斷，是有關於「診斷問題」的反省思考。

(2) 慎思熟慮，是有關於「研擬方案」的反省思考。

(3) 協同思考，是有關於「尋求合作」的反省思考。

(4) 監控反省，是有關於「執行實施」的反省思考。

(5) 評鑑反應，是有關於「評鑑反應」的反省思考。

七、紮根理論法

（一）紮根理論法意涵

紮根理論(grounded theory)係由 Glaser 與 Strauss 於 1967 年首創，其哲學基礎來自現象學，旨在探討核心的社會心理或社會結構過程，進而發展出社會真相及情境脈絡之紮根理論（張紹勳，2001）。紮根理論是用歸納的方式，對現象加以分析整理所得的結果；意謂紮根理論是經由系統化的資料蒐集與分析，來發掘乃至發展出暫時驗證過的理論。由此可知，資料的蒐集與分析，與理論的發展是彼此相關、相互影響的。

紮根理論法(the grounded theory method)是經由系統化資料的蒐集與分析，而發覺、發展並已暫時驗證過之理論的一套研究程序。在此過程中，資料的蒐集與分析與理論的發展是彼此高度相關的。一方面，研究者在資料蒐集過程對資料進行整理與分析，並使用資料整理

紮根理論
grounded theory
紮根理論是用歸納的方式，對現象加以分析整理所得的結果；即是經由系統化的資料蒐集與分析，來發掘乃至發展出暫時驗證過的理論。

紮根理論法
the grounded theory method
紮根理論法是經由系統化資料的蒐集與分析，而發覺、發展並已暫時驗證過之理論的一套研究程序。

與分析所得以引導進一步的資料蒐集。另一方面,透過新資料的蒐集與檢視,研究者得以發展並琢磨其發展中的理論分析。

在本章節之前所討論的多種研究方法,大抵均著重於研究上所謂「演繹」(deduce)的功能,意即需要驗證由理論所衍生出來的假設。若此研究雖然方法採行很嚴謹完善,且經過多次的重複進行,卻仍無法驗證該假設成立,則此理論將會受到質疑,進而引發研究人員修訂或重建該理論,以期能解決理論與實際狀況間的差距。

反觀,紮根理論比較強調研究上所謂「歸納」(induce)的功能,意即需要歸納由觀察所歸結出來的理論,思維邏輯上與一般重視演繹功能的研究方法相反,最終更希望能發展成理論來解釋所觀察到的現象。

(二) 紮根理論特性

紮根理論的研究方法是以備忘錄,不斷地記錄與比較資料,以獲得初步待證實的理論。紮根理論是以實用主義及符號互動學為淵源,是質化研究中最科學的方法之一,因為其採行歸納與演繹的推理過程、比較原則、假設驗證與理論建立(張紹勳,2001)。研究人員發展紮根理論時,不是先有一個理論再去證實其適切性;而是其先有待研究的領域,然後自此領域中萌生出概念與理論。紮根理論的研究策略是一種運用系統化的程序,針對某一現象來發展並歸納導引出紮根的理論,是為一種質性研究方法。

紮根理論具演化的特性,其通常是在進行觀察的過程中逐漸發展出來的,而當有新的觀察發現時,理論通常也會根據新觀察發現來加以修正。實務專題製作常使用個案的研究與分析,若能持續累積特定個案的長期觀察與分析,不單偏限僅以一學年的專題製作為考量,實可延續數個學年作相同個案的觀察與分析,將其發現加以系統整理與歸納,或許可嘗試建構用以解釋真實現象的概念,進而發展出可解釋原有理論不足的新理論,此觀點其實是值得學校在思考實務專題製作長期規劃與目標的參考。

紮根理論比較強調研究上歸納的功能,意即需要歸納由觀察所歸結出來的理論,思維邏輯上與一般重視演繹功能的研究方法相反,最終更希望能發展成理論來解釋所觀察到的現象。

紮根理論的研究方法是以備忘錄,不斷地記錄與比較資料,以獲得初步待證實的理論。

紮根理論的研究策略是一種運用系統化的程序,針對某一現象來發展並歸納導引出紮根的理論,是為一種質性研究方法。

實務專題製作常使用個案的研究與分析,若能持續累積特定個案的長期觀察與分析,不單偏限僅以一學年的專題製作為考量,實可延續數個學年作相同個案的觀察與分析,將其發現加以系統整理與歸納,或許可嘗試建構用以解釋真實現象的概念,進而發展出可解釋原有理論不足的新理論。

八、言說分析法

(一) 言說分析意涵

　　言說分析(discursive analysis)之興起，與認識論典範轉移及語言學觀點有關。檢索 1960 到 1970 年代的社會科學期刊，最常見到的研究方法是問卷調查法與實驗法，如態度問卷量表。以同樣方式檢索當代期刊，研究方法轉換成質化研究方法，如文本分析與訪談分析益顯重要。一般而言，言說分析法之研究，通常看重的是「**稠密**」(intensive)而非「**廣泛**」(extensive)。

　　茲將言說分析法的意涵，列示說明如下要項：

1. 嚴肅的談話或是寫作，旨在教導或解釋特定想法。

2. 特定脈絡之下的特定說法。

3. 說話、非寫作。

4. 任何自然發生的較語言表達（寫作或說話）；**超越語用**(Language in use)。

　　由社會學與批判語言學的角度來看，言說分析的興起，也與社會型態、分工型態有關，如憑藉用語再現真實的服務業興起。言說超越語用，包括非語言、非語文的表意符碼系統；言說是**社會施為**(social practice)，過程中所產生的**文本**(text)可以動用一種以上的語意系統，可以表達一種以上的發言位置（眾聲喧嘩），言說中有著層層積疊的社會意義。

　　此外，文本分析分類上，大抵有：內容分析、敘事結構分析、**民族誌**(ethnography)、**俗民方法論**(ethno methodology)等。

(二) 言說分析途徑

　　就言說分析的途徑而言，大致有如下幾點要項：

1. 對話分析(conversation analysis)。

2. 敘事分析(narrative analysis)。

3. 言辭行動理論與語用學(speech act theory and pragmatics)。

4. 言說心理學分析(discursive psychology analysis)。

5. 批判言說分析(critical discourse analysis)。

6. 網路溝通互動分析、語彙資料分析(corpus analysis)。

7. 新聞言說分析(new reports discourse analysis)。

8. 系譜學言說分析(a genealogical analysis)。

言說分析主要檢視媒介內容，使用質性方法來分析，除著重外顯內容外，還注重隱藏在外顯內容下的語意結構、預設立場、關聯性與策略運用等隱含意義。言說分析試圖找出並解釋在媒介與人們理解新聞背後所隱含的規則與策略，包括新聞論述如何被理解與被再現成為人們的記憶。

言說分析主要檢視媒介內容，使用質性方法來分析，除著重外顯內容外，還注重隱藏在外顯內容下的語意結構、預設立場、關聯性與策略運用等隱含意義。

本章重點摘錄

PRACTICAL MONOGRAPH:
The Practice of Business Research Method

1. 量化研究方法是各種將現象與人類行為用數量方式展現，並進而蒐集、分析、驗證與解釋的研究方法。量化研究可藉由通則的發現，瞭解現況及預測未來的方向與努力目標。可以反覆驗證某一研究的方式，使得該研究發現更為正確、較容易教學傳授，以及較具有說服力。

2. 質化研究是以文字敘述呈現所表示的事實，對於所產生描述性資料作研究分析，而不是針對這些文字、行為與紀錄，賦予某些數學符號而已。用以瞭解主題事物的情境與意義，作為研究取向的基本概念。

3. 在實際研究操作層次上，多種不同方法的應用，反更能發現社會現象與人類行為的真實面。此種採用多角度、多方法、多理論、多人員、多資料來源等相互印證的研究途徑，稱為三角測定程序。

4. 質化與量化研究分別具有各自的優點與缺點，而整合質化與量化研究方法的型式，對執行實務專題製作的學生而言，是較為整體且有系統思惟的養成過程。

5. 問卷調查法蒐集資料的優點：(1)便利快速且費用節省；(2)提供最大的匿名效果；(3)地理彈性大且回覆時機便利；(4)結合電腦輔助調查。

6. 問卷調查法蒐集資料的缺點：(1)受訪者無力回答的限制性；(2)受訪者不願意回答問卷；(3)低回收率；(4)自我選擇的偏見；(5)缺乏釐清問卷題項意涵的機會；(6)不允許自發性的開放作答；(7)受問卷內其他題項回答的影響；(8)可能詢問或參酌他人意見；(9)所得回應資料無法以其他資訊加以補充。

7. 實驗法蒐集資料的優點：(1)可操控研究變項；(2)較有效控制外來干擾；(3)具便利性與低成本；(4)可瞭解不同變項的影響。

8. 實驗法蒐集資料的缺點：(1)人工環境；(2)研究結果概化的問題；(3)成本預算的問題；(4)侷限現在或未來問題的研究；(5)倫理道德的問題。

9. 訪談法蒐集資料的優點：(1)訪談較適用於複雜的情境；(2)有助於蒐集較深度的資訊；(3)資訊可予以補充；(4)可解釋並釐清問題；(5)訪談可被較廣泛的應用；(6)可確認受訪者身分；(7)反應率相對較高。

10. 訪談法蒐集資料的缺點：(1)訪談較為費時且費用昂貴；(2)易發生工具誤差；(3)訪員素質控制困難；(4)使用多位訪員時資料的品質亦有所不同；(5)研究人員偏見的問題；(6)訪員偏見的問題；(7)無法匿名回答。

11. 觀察法蒐集資料的優點：(1)客觀；(2)正確；(3)可蒐集無法自行報告的資訊。

12. 觀察法蒐集資料的缺點：(1)只能觀察外在行為；(2)有些行為難以觀察；(3)成本較高且所費時間長；(4)霍桑效應的偏誤；(5)常可能發生觀察的偏見；(6)觀察記錄缺一致性；(7)記錄方法不同致觀察或記錄不完整。

13. 歷史研究法的特性：(1)對象為已發生的史實；(2)強調史料的運用；(3)重視歸納與比較；(4)格外強調史料的鑑定；(5)抱持批判態度。

14. 歷史研究法之目的：(1)重建過去；(2)瞭解現狀；(3)預測未來。

15. 實務專題製作過程中，時常利用內容分析法來解讀所蒐集的資料，故其著重在現有資料的「解析」，而非「蒐集」更多的資料，有異於前述焦點團體訪談法，用以蒐集更多資料的目標。在流程步驟上，先行將質性資料予以編碼，再者將資料按主題予以歸類，最後將所歸類主題予以命名。

16. 個案研究是以一個個體，或以一個組織為對象，進行研究某項特定行為或問題的一種方法。個案研究偏重於探討當前的事件或問題，尤其強調對於事件的真相、問題形成的原因等方面，做深刻且周詳的探討。

17. 個案研究之目的：(1)找出問題發生的原因；(2)提出解決問題的方法；(3)提供預防措施；(4)提供假設的來源；(5)提供具體的實例；(6)協助個案發展潛能；(7)提升組織機構的績效。

18. 行動研究是一種研究類型，是一種研究態度，而不是一種特定的研究方法技術；其可縮短理論與實務間的差異，在學生製作實務專題上是不錯的嘗試。行動研究重視實務問題，惟不只注重實務問題的解決，不只重視行動能力的培養；同時，更重視批判反省思考能力的養成。

19. 紮根理論是用歸納的方式，對現象加以分析整理所得的結果；意謂紮根理論是經由系統化的資料蒐集與分析，來發掘乃至發展出暫時驗證過的理論。紮根理論的研究方法是以備忘錄，不斷地記錄與比較資料，以獲得初步待證實的理論。紮根理論的研究策略是一種運用系統化的程序，針對某一現象來發展並歸納導引出紮根的理論，是為一種質性研究方法。

20. 一般而言，言說分析法之研究，通常看重的是「稠密」而非「廣泛」。

21. 言說分析主要檢視媒介內容，使用質性方法來分析，除著重外顯內容外，還注重隱藏在外顯內容下的語意結構、預設立場、關聯性與策略運用等隱含意義。

問題與討論
PRACTICAL MONOGRAPH:
THE PRACTICE OF BUSINESS RESEARCH METHOD

1. 何謂量化研究與質化研究？試比較量化研究與質化研究的特點為何？整合量化與質化研究的方法，是指導實務專題製作的趨勢？你個人對此觀點的意見為何？

2. 實際研究操作層次上，採用多角度、多方法、多理論、多人員、多資料來源等相互印證的研究途徑，稱為三角測定程序。試問此程序是否意謂提供質化研究一個較符合客觀標準的研究態度？

3. 試說明調查法的特性為何？問卷調查法蒐集資料的優點與缺點為何？

4. 試說明實驗法的特性為何？實驗法蒐集資料的優點與缺點為何？

5. 試說明觀察法的特性為何？觀察法蒐集資料的優點與缺點為何？

6. 試說明歷史研究法的特性為何？目的為何？

7. 試說明內容分析法與焦點團體訪談法，兩者對資料處理的差異性為何？

8. 試說明個案研究法的特性為何？目的為何？

9. 試說明行動研究法的特性為何？重視養成的能力為何？

10. 試說明紮根理論法的特性為何？其不同於傳統研究方法的地方為何？

11. 試說明言說分析法的意涵為何？著重的地方為何？

章末題庫
PRACTICAL MONOGRAPH:
The Practice of Business Research Method

是非題

1. (　) 量化研究方法是各種將現象與人類行為用數量方式展現，並進而蒐集、分析、驗證與解釋的研究方法。

2. (　) 質化研究是以文字敘述呈現所表示的事實，對於所產生描述性資料作研究分析，而不是針對這些文字、行為與紀錄，賦予某些數學符號而已。

3. (　) 整合質化與量化研究方法的型式，對執行實務專題製作的學生而言，是較為整體且有系統思惟的養成過程。

4. (　) 採用訪談法蒐集資料時，可確認受訪者身分，唯反應率相對較低。

5. (　) 採用觀察法蒐集資料時，可蒐集無法自行報告的資訊。

6. (　) 利用內容分析法來解讀所蒐集的資料，不著重在現有資料的「解析」，而著重在「蒐集」更多的資料。

7. (　) 個案研究偏重於探討過往事件或問題，尤其強調對於事件的真相、問題形成的原因等方面，做深刻且周詳的探討。

8. (　) 行動研究是一種研究類型，是一種研究態度，而不是一種特定的研究方法技術。

9. (　) 紮根理論是用演繹的方式，對現象加以分析整理所得的結果。

10. (　) 言說分析法之研究，通常看重的是「稠密」而非「廣泛」。

選擇題

1. (　) 以下何者是採用多角度、多方法、多理論、多人員、多資料來源等相互印證的研究途徑：　(1)量化研究　(2)三角測定　(3)質化研究　(4)以上皆非。

2. (　) 以下何者為使用問卷調查法蒐集資料的優點：　(1)便利快速且費用節省　(2)提供最大的匿名效果　(3)地理彈性大且回覆時機便利　(4)以上皆是。

3. (　) 以下何者非為問卷調查法蒐集資料的缺點：　(1)受訪者無力回答的限制性　(2)自我選擇的偏見　(3)回收率偏高　(4)缺乏釐清問卷題項意涵的機會。

4.（　）　以下何者非為使用實驗法蒐集資料的優點：　(1)無法操控研究變項　(2)較有效控制外來干擾　(3)可瞭解不同變項的影響　(4)以上皆非。

5.（　）　以下何者為實驗法蒐集資料的缺點：　(1)人工環境　(2)研究結果概化的問題　(3)侷限現在或未來問題的研究　(4)以上皆是。

6.（　）　以下何者為訪談法蒐集資料的優點：　(1)訪談較適用於複雜的情境　(2)有助於蒐集較深度的資訊　(3)資訊可予以補充　(4)以上皆是。

7.（　）　以下何者非為訪談法蒐集資料的缺點：　(1)訪談較為費時且費用昂貴　(2)研究人員偏見的問題　(3)訪員素質較容易控制　(4)無法匿名回答。

8.（　）　以下何者非為觀察法蒐集資料的缺點：　(1)只能觀察外在行為　(2)有些行為難以觀察　(3)成本較低且所費時間長　(4)霍桑效應的偏誤。

9.（　）　以下何者非為歷史研究法的特性：　(1)對象為已發生的史實　(2)強調史料的運用　(3)重視歸納與比較　(4)不宜抱持批判態度。

10.（　）　以下何者為歷史研究法之目的：　(1)重建過去　(2)瞭解現狀　(3)預測未來　(4)以上皆是。

11.（　）　內容分析法的流程步驟上，要先行將質性資料予以如何：　(1)編碼　(2)按主題予以歸類　(3)將主題予以命名　(4)解讀所蒐集資料。

12.（　）　以下何者非為個案研究之目的：　(1)找出問題發生的原因　(2)提出解決問題的方法　(3)提供預防措施　(4)以上皆是。

13.（　）　以下對行動研究的敘述何者有誤：　(1)可縮短理論與實務間的差異　(2)重視實務問題的解決　(3)不重視行動能力的培養　(4)重視批判反省思考能力的養成。

14.（　）　以下對紮根理論的敘述何者有誤：　(1)可經由系統化的資料蒐集與分析，來發掘乃至發展出暫時驗證過的理論　(2)是一種量化研究方法　(3)紮根理論的研究策略是一種運用系統化的程序，針對某一現象來發展並歸納導引　(4)以備忘錄不斷地記錄與比較資料，以獲得初步待證實的理論。

15.（　）　哪一種研究方法是檢視媒介內容，使用質性方法來分析隱藏在外顯內容下的語意結構、預設立場、關聯性與策略運用等隱含意義：　(1)言說分析　(2)個案研究　(3)行動研究　(4)內容分析。

解答

1.(O)	2.(O)	3.(O)	4.(X)	5.(O)	6.(X)	7.(X)	8.(O)	9.(X)	10.(O)
1.(2)	2.(4)	3.(3)	4.(1)	5.(4)	6.(4)	7.(3)	8.(3)	9.(4)	10.(4)
11.(1)	12.(4)	13.(3)	14.(2)	15.(1)					

一個相同的自己，未來不可能不同。

認錯才有機會修正，未來才有無限可能。

——楊政學

06

如何蒐集資料

FOREWORD

　　沒有一種資料蒐集的方法，可提供安全正確與可靠的資訊。資料蒐集的品質乃取決於數項其他因素，我們將於討論各項方法時予以界定。專題小組成員的技巧，乃在於留意這些可能影響資料品質因素的能力；經驗豐富者與初學者間的主要差異之一，即在於他們對這些因素的瞭解程度與控制的能力，故瞭解這些因素對初學者而言是極為重要的。

　　一旦決定好資料蒐集的方法後，接著要設計蒐集資料所需的各種工具。在蒐集初級資料上，若專題小組成員決定利用調查法，則應進行調查問卷的設計；如擬利用觀察法，應設計記錄觀察結果的登記表或記錄表；如擬採用訪談法，則應擬訂深度訪談大綱與訪談記錄表；如決定採用實驗法，應設計進行實驗時所需的各種道具與表格。研究人員在設計蒐集資料所需的工具時，必須考慮到受訪者或受測者的教育程度、語言等因素。

　　本章針對實務專題製作之資料蒐集做探討，擬由資料類型與蒐集、資料蒐集的方法、觀察法應用、訪談法應用、調查法應用、實驗法應用等層面，來綜合探討實務專題製作之資料蒐集。

SUMMARY

6.1　資料類型與蒐集

實務專題製作所欲蒐集與引用的資料，各有不同的資料特性與類型，本節探討資料的類型與蒐集，而含蓋討論的範圍，包括有：

(1) 資料類型與品質。

(2) 初級資料的蒐集。

(3) 次級資料的蒐集。

一、資料類型與品質

有兩個主要途徑可用以蒐集有關情境、個人、問題或現象的資訊，有些所需的資料必須是可利用的，或僅需予以重點摘錄的，惟經常的情況是，資料是需要被蒐集的。一般所蒐集的資料，大抵可分為**次級資料**(secondary data)與**初級資料**(primary data)。

資訊蒐集所使用的第一種途徑稱為次級資料來源，而第二種途徑則稱為初級資料來源。

資訊蒐集所使用的第一種途徑稱為次級資料來源(secondary data source)，而第二種途徑則稱為初級資料來源(primary data source)。例如：次級資料包括戶口調查資料的使用，以獲致母群體的年齡、性別結構的資訊；醫院記錄的運用，可發現該社區的患病率與死亡型態；組織記錄的使用，可探知其活動型態；其他的資料蒐集來源，諸如文獻、期刊、雜誌、書籍與定期刊物，以獲得歷史性或其他型態的資訊。

初級資料提供第一手資訊，而次級資料則提供第二手的資訊；惟次級資料相對初級資料，來得有系統整理且易於被使用之；專題小組成員的技巧，乃在於留意可能影響資料品質因素的能力。

在另一方面，探詢社區住民對醫療服務第一手的態度資料，以獲知該社區的醫療需求、評估社會方案、決定員工對組織的工作滿意度、以及探知員工所提供服務之品質等；針對技職校院學生道德判斷層次，利用量表蒐集第一手的認知態度資料，以判斷其道德層次的階段等，皆為來自初級資料的實例。總之，初級資料提供第一手資訊，而次級資料則提供第二手的資訊；惟次級資料相對初級資料，來得有系統整理且易於被使用之；專題小組成員的技巧，乃在於留意可能影響資料品質因素的能力。

二、初級資料的蒐集

有些研究方法可用來蒐集初級資料，而方法的選擇乃基於研究目的、資源的有效性，以及研究人員的技巧。有時一種方法適用於達成其研究目標，但無法被採用，乃因受限於資源或所需技巧的欠缺。在這種情況下，專題小組成員需瞭解這些限制，以及其對資料品質所可能產生影響之相關問題。

在選擇一項資料蒐集的方法時，研究母群體的社經地位等統計特質，常扮演一個非常重要的角色，你應盡可能詳知其特質，如教育程度、年齡結構、社經地位與宗教背景。瞭解研究母群體的興趣所在、態度傾向等，也將有助於其對研究的參與。某些群體會因為某些原因，而對特定的資料蒐集方法感到不自在（如人員訪問），也不習慣在問卷中表達意見。此外，個別群體教育程度的不同，對資料蒐集方法的回應也不同。

另一決定資料品質的重要關鍵，為對可能受訪對象解釋研究目的之方式。不論使用何種資料蒐集的方法，皆須確定受訪者清楚瞭解研究目的與相關事宜。尤其是使用問卷蒐集資料時特別重要，因為在人員面訪的情況中，你可回答受訪者所提疑義的問題，但在問卷中將沒有這樣的機會做進一步說明。

三、次級資料的蒐集

(一) 次級資料類型

在討論過以初級來源蒐集資料後，為達成實務專題製作的特定目的，也可透過專題小組成員本身，或其他人員來完成所需資料的蒐集。有些情形是當專題小組成員所需的資料已為他人所蒐集，專題小組成員僅需依研究目的擷取自己所需資訊。以下擬列出部分次級資料來源，並將其分類為以下幾種類型說明之。

1. 政府或半官方機構之刊物

許多政府與半官方機構常規律地、定期地蒐集許多領域的資料，並公開發表俾利公共或利益團體的成員使用。常見的有家計部門消費支出調查、勞動力調查、健康報告、經濟預測、人口統計學資訊等。

有些研究方法可用來蒐集初級資料，而方法的選擇乃基於研究目的、資源的有效性，以及研究人員的技巧。有時一種方法適用於達成其研究目標，但無法被採用，乃因受限於資源或所需技巧的欠缺。

不論使用何種資料蒐集的方法，皆須確定受訪者清楚瞭解研究目的與相關事宜。

2. 早期研究檔案

在某些研究主題上，已有其他研究人員所做的大量研究資料或檔案時，將可提供所需之部分資訊。

3. 個別研究人員的手扎

有些研究人員所撰寫的歷史或個人手扎，也可提供專題小組成員所需的資訊。

4. 大眾媒體的報導文章

發表於報紙、雜誌之報導文章，也是另一項很好的資料來源。

5. 各校院集結的實務專題成果報告

國內技職校院科系每年舉行完畢業專題成果發表會後，大抵有完整的書面報告集結成冊發行，或直接將電子檔置放網站上供有興趣人士參閱或下載。此為一項很好且很實際的資料來源。國內雲林科技大學建置有全國經營實務專題成果網站，其網址為 http://www.sobp.yuntech.edu.w/others/sobp06prct/06Articles/06Unv.html，在該網站上存有大量各校交流的實務專題製作成果作品與心得分享。

(二) 使用次級資料的問題

當使用來自次級來源之資料，需要當心是否有資料的有效性、形式及品質等問題。這些問題的範圍將依資料來源之不同而異，而運用這類次級資料時，需注意下列幾點要項：

1. 效度與信度

資料的效度將依資料來源之不同，而有顯著的差異性存在。例如：取自行政院主計處公布的資料，當然較取自私人手扎的資料來得有效與可靠。

2. 資料有效性

專題小組成員常假定該所需資料為有效的，但其實不能也不應做此假定。因此，在著手進行實務專題製作前，確定該所需資料的有效性，是非常重要的工作。

當使用來自次級來源之資料，需要當心是否有資料的有效性、形式及品質等問題。

3. 個人偏見

　　運用來自個人手札、報章雜誌等資料，可能會有個人偏見的問題，因為這些作者較不嚴謹，以及其目的並非針對實務專題製作之研究目的，故在引用時須特別加以注意其客觀性。

4. 資料形式

　　決定使用次級資料前，應瞭解該次級資料與所需資料形式間是否符合及可用，也是同樣重要的事項。例如：你所需的年齡層類別分析為 24~26 歲、36~38 歲等，但所得到資料的分類卻不同，如可能為 22~25 歲、34~36 歲等，故在資料取用與應用時，宜特別加以考量並避免誤用。

6.2　資料蒐集的方法

一、蒐集資料的工具

　　一旦決定好資料蒐集的方法後，接著要設計蒐集資料所需的各種工具。例如：在蒐集初級資料上，若專題小組成員決定利用調查法，則應進行調查問卷的設計；如擬利用觀察法，應設計記錄觀察結果的登記表或記錄表；如擬採用訪談法，則應擬訂深度訪談大綱與訪談記錄表；如決定採用實驗法，應設計進行實驗時所需的各種道具與表格。研究人員在設計蒐集資料所需的工具時，必須考慮到受訪者或受測者的教育程度、語言等因素。

若專題小組成員決定利用調查法，則應進行調查問卷的設計；如擬利用觀察法，應設計記錄觀察結果的登記表或記錄表；如擬採用訪談法，則應擬訂深度訪談大綱與訪談記錄表；如決定採用實驗法，應設計進行實驗時所需的各種道具與表格。

二、蒐集資料的方法

　　若以資料的初級或次級類型來劃分，可將資料蒐集的各種方法，列示如〔圖 6-1〕所示。圖中說明可利用觀察法、訪談法、調查法與實驗法，來概略介紹初級資料的蒐集方式。一般而言，可將調查法分為**人員訪談**(personal interview)、**電話訪談**(telephone interview)、**郵寄調查**(mail survey)、**網路調查**(internet survey)；歸併為郵寄問卷、集體施測。

調查法分為人員訪談、電話訪談、郵寄調查、網路調查；歸併為郵寄問卷、集體施測。

實驗法可分為實驗設計、非實驗設計。

訪談法又可分為深度訪談與焦點團體訪談,而依彈性程度又可分為結構式訪談與非結構式訪談。

觀察法又可分為參與觀察與非參與觀察。

實驗法可分為**實驗設計**(experiment design)、**非實驗設計**(non-experiment design)。訪談法又可分為**深度訪談**(in-depth interview)與**焦點團體訪談**(focus group interview),而依彈性程度又可分為**結構式訪談**(structured interview)與**非結構式訪談**(unstructured interview);觀察法又可分為**參與觀察**(participant observation)與**非參與觀察**(non-participant observation)。

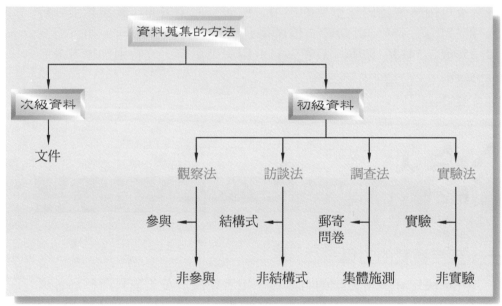

▲ 圖 6-1　資料蒐集的方法與分類
資料來源:楊政學(2004)。

　　本節後續將由對情境的可應用性與適用性的觀點,以及相伴隨的問題與限制等方面,對各項資料蒐集的方法進行簡要討論。同時,依觀察法、訪談法、調查法、實驗法,來分別說明不同方法下的資料蒐集工具。

6.3 觀察法應用

一、觀察法類型

觀察法類型的劃分，可依：

(1) 情境是自然的或設計的。

(2) 觀察是干擾的或不干擾的。

(3) 對事物是直接的或間接的。

(4) 觀察由人員或機器來觀察記錄。

不同狀況下，對資料品質均有影響，而大抵上可將觀察法，概略區分為參與觀察及非參與觀察兩種類型。茲分別陳述列示說明如后：

(一) 參與觀察法

參與觀察法乃是當專題小組成員以化身為該團體成員，而參與其活動，其他的成員則或許知道、或許不知道他們正在被觀察，而為專題小組成員觀察的對象。例如：若你欲研究囚犯在牢獄中的生活，你可以裝扮成囚犯進行實地觀察研究，但如果觀察時間只有很短的時間，其實是很難真正瞭解到囚犯真實的生活。

(二) 非參與觀察法

非參與觀察法則是當專題小組成員並不涉入該團體的活動，而作為消極的觀察者，觀看與聆聽他們的活動，並以此做出結論。舉例而言：假設你欲研究銀行櫃台人員的作業與功能，你可以作為一位觀察者，旁觀、跟隨與記錄他們所執行的每一項工作與活動。在進行數項觀察之後，便可做出有關櫃台人員於銀行運作功能的研究心得。任何型態的職業團體，皆可以同樣的方式進行觀察與記錄。

觀察研究的型式，有劃分如上述之參與其中的觀察者與非參與其中的觀察者兩種；而這兩種型式，又可細分為結構式觀察法與非結構式觀察法。

(一) 結構式觀察法

如果觀察者已經有預定要觀察的活動種類或現象，這就稱為結構式觀察法。

　　如果觀察者已經有預定要觀察的活動種類或現象，這就稱為結構式觀察法。記錄觀察結果的型式，可以隨著每個研究目的之不同而特別設計。通常，像這種與感興趣特徵有關的主題，像是事件的持續時間與頻率，以及某些在感興趣特徵之前或之後所發生的活動都會被記錄下來。此外，如果環境的條件，以及任何在配置上改變與上述有相關時，也都會被記錄下來。參與者與任務有關的行為、其感官的情感、言語及非言語上的溝通等，也都會被記錄下來。

(二) 非結構式觀察法

在研究開始之初，觀察者對於該特別注意的方向，通常沒有明確的想法。在這樣的情況下，觀察者幾乎要記下他所觀察到的每件事情，這樣的研究就是非結構式觀察法。

　　在研究開始之初，觀察者對於該特別注意的方向，通常沒有明確的想法。誠如許多質性研究一般，觀察事件的發生可能是計畫的一部分；在這樣的情況下，觀察者幾乎要記下他所觀察到的每件事情，這樣的研究就是非結構式觀察法。非結構式觀察研究被要求是質性研究，研究人員可能會懷著一系列的嘗試性研究目的，將對於何人、何時、何處、以及如何觀察視為指導方針。一旦所需的資料在長時間觀察後被記錄下來，就可以仔細描述出輪廓，而具吸引人的研究發現，也可以作為日後的理論建立，或假設檢定建立基礎。

二、觀察記錄方式

　　有多種方式可進行觀察的記錄，惟記錄方法的選擇取決於觀察目的，且各種方法皆有其優點與缺點，茲分別列示說明如下：

(一) 敘述、說故事(narrative)

　　在此種記錄形式中，專題小組成員以其自身的文字，來描述其互動的過程。通常學生於觀察時點的當下，立即記下簡短的筆記，並立刻於觀察後，以敘述的方式整理出詳細的記錄。此外，有些專題小組成員也會對互動過程加以詮釋，並從中做出結論。敘述記錄的最大優點在於，它提供了對互動過程作深度的洞察。然而，其缺點在於，研究者可能將其偏見帶入觀察中，因而對觀察所做出的詮釋與推論也帶有偏見。同樣地，若專題小組成員將其注意力放在觀察上，則可能忽略了將互動中的重要事件記錄下來，顯然地，在這記錄的過程中，部分互動將被遺漏，而經常可能產生不完整的記錄或觀察。此外，不同

觀察者對其所做的敘述性記錄，也會產生不同的意涵與解讀，很難有一致性的共識。

(二) 量表(scale)

量表通常不完美，衡量態度變項的方法也難免存在錯誤。使用好的工具確保精確的結果，也可以加強研究的科學性，所以有些方法需要發展合適的衡量。在研究中要確認用來衡量變項的工具，能夠衡量目標變項，以及精確的衡量。首先針對變項中的各類問題進行項目分析(item analysis)，然後建立衡量的信度與效度。項目分析係測試衡量工具中的項目是否合適，每個項目都必須接受與相關主題間的鑑別力高低分析。在項目分析中，經由 T 檢定得知辨別高分族群與低分族群的明顯差異。T 檢定高的項目應包含在研究工具裡，於此已經完成工具信度測試，隨後應建立工具的效度。

(三) 分類記錄(categorical recording)

有時觀察者會決定以種類來記錄其觀察，歸類的型態與數目，則依互動的型態與觀察者如何將觀察分類來做決定。例如：消極／積極（兩類），內向／外向（兩類）；經常／有時／從未（三類）；強烈同意／同意／不確定／不同意／強烈不同意（五類）。使用分類來記錄觀察，將會遇到與使用量表相似的一些問題。

(四) 機械設備記錄(recording on mechanical devices)

觀察可用攝影機拍攝後，以錄影帶加以記錄，而後再進行分析。錄影記錄的優點在於觀察者可於做出結論前，多次反覆觀看影帶；並可邀請其他專家一起觀看，以建構出更客觀的結論。然而，缺點之一是有些民眾會覺得不自在，或於攝影機前表現得不同於平常，因此其互動過程未必是該情境的真實反應。總之，觀察記錄方法的選擇，乃依觀察的目的、互動過程的複雜程度、以及被觀察民眾的類型而定。在決定其記錄觀察的方法之前，考慮這些因素是非常重要的。

6.4　訪談法應用

一、訪談的模式

〔圖 6-2〕說明一個**訪談模式**(pattern of an interview)的總覽，此模式為實務專題製作進行深度訪談時，訪談學生（包括一對一的互動）提供一個普遍性的引導。對專題小組成員的挑戰，是讓受訪者充分信任；並且讓受訪者無拘無束的提供有關的資訊，通常我們都會對提供個人資訊有所保留。因此，具有高度技巧的訪談學生，第一步是鼓勵受訪者降低這些障礙，使資訊更容易流通，而這個資訊的容易流動發生在**信賴區**(rapport zone)。合適的訪談一直要等到受訪者進到這個區域後才可以開始，並且訪談學生要投入部分的時間與精力，來鼓勵受訪者降低其自然障礙。

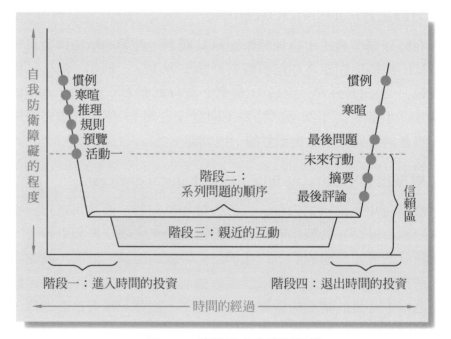

▲ 圖 6-2　訪談模式之流程架構
資料來源：修改自 Delahaye(2000)。

訪談的類型，大抵包括四個階段：即進入時間的投資、活動二、親近的互動、退出時間的投資。茲將訪談模式中，四個階段流程的意涵，列示說明如后：

(一) 階段一：進入時間的投資

訪談進行開始的**慣例**(rituals)常是簡單、固定的日常問候語，而在慣例之後，訪談學生會在訪談之前進行**寒暄**(pass time)，而後在好奇心的驅使下，使得受訪者產生興趣，進而會對訪談學生的問題有所推理。要讓兩個彼此陌生的人，在一個開放關係中分享資訊，一般來說都需要花些時間。因此，有必要提早建立些基本而廣泛的規則；而後簡短告知受訪者如何進行訪談，謂之為**預覽**(preview)。當受訪者願意公開某些資訊，假設沒有任何保留的情況下，則我們就可以開始進行活動一。

(二) 階段二：系列問題的順序

訪談者使用發問、釋義與**探求**(probing)的技巧，而所進行的訪談比較結構化，且大部分的問題內容都是經過規劃的。

(三) 階段三：親近的互動

訪談通常是比較少結構式的，而且有賴於訪談學生的訪談技巧，這種訪談需要進入更深一層的信賴區，需要更真誠細心與真實性的步驟，並且需要專家訪談的技巧與敏感度。

(四) 階段四：退出時間的投資

當訪談學生意識到所有需要的資訊都已經蒐集完成，或可做一個摘要，以指出討論的重點。針對受訪者提出未來行動的方向，可用來再次強調動作的可信賴性。或可寒暄一下，留給受訪者一個準備離開的機會。最後，像是剛開始的訪談儀式一樣，要有一個代表離開的口頭交談，以表示禮貌並留下好印象。

二、訪談法類型

訪談法的應用，大抵可劃分三個層次(Seidman, 1991)：

(1) **內容層次**(content level)：訪談學生傾聽，而且記錄受訪者所提供的資訊。

(2) **流程層次**(process level)：訪談學生使用發問、釋義、細查的技巧，來控制整個訪談的方向，並鼓勵受訪者提供資訊。

(3) **執行層次**(executive level)：訪談學生必須意識到訪談進行的時間觀念，一共用了多少時間，以及到目前共使用了多少時間，訪談者必須瞭解受訪者的精神狀態，並且應該判斷受訪者是否能夠再被繼續訪談。

訪談依彈性的程度，可分為非結構式訪談與結構式訪談兩種類型，茲分別陳述如后：

(一) 非結構式訪談

非結構式訪談中，眾所周知的便是**深度訪談**(in-depth interview)，訪問者發展一個架構，稱之為「**訪談大綱**」(interview guide)，其用以指導訪談之進行。在此架構下，訪問學生可在訪談過程中自由規劃其問題。非結構式訪談可應用於一對一的情境，或蒐集一群受訪者的資訊（稱為小組訪談或焦點團體訪談）。此一蒐集資料的途徑，仍在於需要深度資訊，或對此領域一無所知，或尚不熟悉的情況下，將產生極大的功能。其允許訪談學生對受訪者訪問的彈性，成為其可蒐集及豐富資訊的一項優點。此方法提供了深度的資訊，許多專題小組成員運用此技術來建構結構式的研究工具。

在非結構式的訪談裡，訪談學生以較為廣闊、開放性的問題開始，並透過細查、發問、釋義及摘要，來進行訪談的流程。非結構式訪談的優點，在於訪談學生事先會加入一些觀點，因此能夠完全的反應受訪者在真實世界裡的感受。非結構式訪談的缺點，就是可能會非常耗費時間，而且有可能會在研究主題裡迷路；意謂沒有兩個訪談會是相同的，而且其研究的寬廣度較大。

究竟該使用結構式或非結構式訪談，攸關兩個因素，第一個主要因素是該議題是否有足量的資訊再加以討論。如果是，則每個相關的議題就會形成所謂的問題；如果相關的議題只存在有限的資訊，那麼訪談者的資源就相當有限，只好透過非結構式訪談，以及依賴訪談技巧，來完成研究計畫的目標。第二個因素是主持訪談者的技巧，非結構式訪談要求訪談者要有高度的經驗。換句話說，嚴格的結構式訪談必須建立嚴謹的排程，而且不一定需要具有高度訪談技巧的訪談者。

在另一方面，因訪談大綱並未詳列詢問受訪者的問題，所詢問議題的相似性，以及回應的取得便成為一項問題。當專題小組成員於訪

談過程中獲得經驗，而使之改變對受訪者的問題，因此，經由訪談所得的資訊型態，由開始時第一位受訪者，至結束時最後一位受訪者之間，已有顯著的差異。同樣地，此彈性自由將使訪談學生的偏見，會帶入研究成果中。使用訪談大綱作為資料蒐集的方法，比起使用結構式訪談，在訪談學生這部分需要更多的技巧。

(二) 結構式訪談

結構式訪談中，訪談學生需要事先決定好問題組，即在訪談表中運用相同的詞彙及提問順序。**訪談表**(interview schedule)中即已事先寫好一系列問題，包括開放式或封閉式問題，此為訪談學生所準備，使之得以運用於個人對個人的互動中（可能是面對面、電話訪問、或其他的電子媒體）。值得注意的是，訪談表係用以蒐集資料的研究工具，而訪談則是資料蒐集的方法。結構式訪談的主要優點之一，即是其提供了相同的資訊，確保了資料的可比較性。結構式訪談所需之技巧，相對較非結構式訪談為少。

再者，在企業研究方法中，訪談的進行也可劃分為下列三種類型：**面對面訪談** (face-to-face interviews)、**電話訪談** (telephone interviews)，以及**電腦輔助訪談**(computer-assisted interviews)。

(一) 面對面訪談

面對面或直接訪談的主要優點，在於訪談學生可以就各類問題加以釐清或重複，以確認受訪者完全瞭解所問的問題，訪談學生同時也可以透過受訪者的非口語行為與線索來瞭解受訪者。受訪者如果感覺不舒服、壓力、或是問題，都可以透過其皺眉、緊張的敲打、或是以其它不自主的肢體語言，來加以表示不贊成，顯然這些優點都無法在電話訪談裡出現。主要的缺點在於地理空間上的限制，當面談的範圍涉及全國性或國際性的範圍時，其所需要花費的資源是十分龐大的。為降低訪談學生本身的主觀誤差，所需付出的訓練費用也十分高昂。面對面訪談的另外一個缺點，在於當受訪者與訪談學生進行訪談時，受訪者會對於涉及隱私的問題，做出不可靠的答覆。

面對面訪談
face-to-face interviews
面對面或直接訪談的主要優點，在於訪談學生可以就各類問題加以釐清或重複，以確認受訪者完全瞭解所問的問題，訪談學生同時也可以透過受訪者的非口語行為與線索來瞭解受訪者。

電話訪談
telephone interviews
電話訪談的優點，主要在於可以在相對較短的時間內，訪問到許多不同的人，而受訪者經常也比較喜歡相對較具隱私性質的電話訪談。

電腦輔助訪談
computer-assisted interviews
電腦輔助訪談的優點，在於快速、精確的資料蒐集，以及快速、簡單的後續資料分析工作、價格低廉與可以自動化的以表列方式顯示結果的功能。

(二) 電話訪談

以訪談學生個人的觀點而言，電話訪談的優點，主要在於可以在相對較短的時間內，訪問到許多不同的人，而受訪者經常也比較喜歡相對較具隱私性質的電話訪談。對於涉及隱私的問題，相較於面對面訪談，部分的受訪者會覺得電話訪談，比較不會讓他們感到不自在。主要的缺點在於，受訪者可以在毫無警告或解釋的情形下，逕行掛斷電話來中斷訪談。另一個缺點在於，訪談學生無法看見受訪者在閱讀非口頭敘述的文件時，所顯露出可能不耐煩的徵兆。

(三) 電腦輔助訪談

電腦輔助訪談的優點，在於快速、精確的資料蒐集，以及快速、簡單的後續資料分析工作、價格低廉與可以自動化的以表列方式顯示結果的功能。主要缺點為，若要深入探究經濟上的效率，為保證預期的軟、硬體投資得以回收，則研究的規模與頻率應該夠大與夠頻繁才行。

三、訪談記錄方式

訪談記錄方式依訪談程序可分為，訪談大綱與訪談記錄表兩部分，茲分別陳述如后：

(一) 訪談大綱

專題小組成員在進行研究對象的深度訪談時，應在進行前條列出訪談大綱，並在正式訪談前先行將此訊息傳給受訪對象，俾使其對整體訪談內容有所瞭解，進而作為後續更為詳實資料檔案提供的參考。訪談大綱對整體訪談過程內容架構的組織，有莫大的輔助作用，俾利後續訪談錄的有效整理。茲列示筆者在執行校園倫理教育訪談之參考實例，如〔表 6-1〕所示。

▼ 表 6-1　校園倫理教育訪談大綱

「校園倫理教育」訪談大綱
1. 請問您在本校服務多久？曾擔任過那幾種職務？
2. 依您的經驗，近年來在（本校）大學中校園倫理關係有那些改變？
3. 您認為理想中的校園應具有怎樣的倫理關係？
4. 您認為在校園內最常發生倫理兩難的議題為何？
5. 可否同我們分享您個人經驗中，印象最深刻的校園倫理兩難案例？
6. 在校園中除了課程安排外，您覺得還有那些活動有助於提升倫理關係？
※　本研究所謂校園倫理，泛指在校園中的師生關係、同事關係、學生同儕間關係。

資料來源：楊政學(2004)。

(二) 訪談記錄表

在專題小組成員進行深度訪談時，可適時藉由訪談記錄表來作簡要的記載，而較為完整的訪談過程，則可以錄音的方式加以記錄。茲列示前述校園倫理教育訪談記錄表，如〔表 6-2〕所示之實例供參考。

如果小組成員假設進行了五位受訪者，進行第六位時發現其表達的意見，前面五位的訪談記錄內都已提到，再進行第七位，情況也相同時，訪談五位人員可以說「足夠了」，因為這操作符合**飽和**(saturation)的狀態，因此可停止訪談的進行，故在進行深度訪談或焦點團體訪談時，可用此飽和點來檢證要訪談多少位人員才夠。

> 在進行深度訪談或焦點團體訪談時，可用此飽和點來檢證要訪談多少位人員才夠。

▼ 表 6-2　校園倫理教育訪談記錄表

校園倫理教育訪談記錄表		
計畫名稱：		
訪問時間：_____年_____月_____日_____時_____分至_____時_____分		
受訪者：	單位：	職稱：
訪問地點：		
訪談者：		
訪談內容：（提醒：可記錄受訪者在訪談過程中的肢體動作或聲調起伏等）		

資料來源：楊政學(2004)。

6.5　調查法應用

一、在訪談表與問卷間作取捨

　　在問卷與訪談表中做一取捨是非常重要的工作，並應全盤考量這兩種方法，對研究發現效度所產生影響的強弱程度。調查的本質與研究母群之社經人口統計特質，為此一選擇的核心。在訪談表與問卷間所做的取捨，應依下列幾項標準而定。

(一) 調查的本質

　　若研究所涉及的議題，受訪者並不願意與訪員多做談論，此時問卷則是較佳的選擇，以確保其匿名性。這類研究如關於藥物的使用、性行為、犯罪行為的特權，以及個人財務問題；然仍有一些關於敏感性議題的情境，反而透過訪談能獲得較佳的資訊。因此，取捨的標準依研究母群體的類型，以及訪員的技巧而有所不同。

(二) 研究母群體的地理分布

　　如果潛在的受訪者分布於廣闊的地理區域，便無其他方法的選擇，而必須使用問卷來蒐集資料。此時，若使用訪談方式蒐集資料，將需要付出極高的費用。

(三) 研究母群體的特性差異

　　若研究母群體為文盲、年幼或老邁、或有心智障礙時，則無其他選擇，而需要使用訪談的方法來取得資料。

二、問卷調查方式

　　問卷調查依研究議題、時間長短與經費預算等考量的不同，而可依下列不同的方式進行：

(一) 郵寄問卷

　　郵寄問卷是蒐集資料最常使用的方法，即是將問卷以郵寄的方式寄給所規劃的受訪者。顯然地，此途徑中專題小組成員必須先取得他們的地址。通常在寄出問卷的同時，附上回郵信封及郵資，可提高其回收率。郵寄問卷必須同時附上一封說明書，簡述實務專題之研究目的與資料所得之用途，以提高問卷的回收率。低回收率的結果，亦會限制將該研究發現推論至母群體研究之應用。問卷載明回覆之截止日期，雖無證據支持可提高回收率，卻可加快問卷回收的速度。

(二) 集體施測

集體施測是進行問卷調查最佳的方式之一，意即有一群正在固定地方的受訪者，如在教室裡的學生、參與聚會的人群、方案的參與者、正聚集某處的群眾。此方式除確保問卷的高回收率外，並可發現很少人會拒絕參與研究之受測。同樣地，當專題小組成員親身接觸研究母群體時，可解釋研究目的及研究的相關重點，並可澄清受訪者的疑慮。筆者建議如果剛好有一群正在固定地方的受訪者，千萬不要錯過這個機會，這是一項蒐集資料最快速的方法，並可為專題製作節省可觀的郵資。

(三) 公共場合進行

有時你可在公共場合進行問卷調查，如購物中心、健身中心、醫院、學校或餐廳。當然這必須依專題研究所期望研究群體的類型而定，並在該處得以找到合適的受訪者。通常當他們願意並參與研究時，是需要對這些潛在的受訪者說明該專題研究的目的。除需要耗費稍微較多的時間外，此方法擁有集體實施問卷調查量測的優點。

三、問卷設計原則

調查問卷的設計不可能獨立於實務專題製作之外，問卷是實務專題製作最常用來蒐集資料的工具之一，尤其是當受訪者數目較大且分散時；而問卷調查諸多面向，如〔圖 6-3〕所示，其中所列之研究目標（對象）、傳遞方式、研究母體與其他使用者、資料輸入法與處理方式、成本、樣本大小與設計、分析類型與報告撰寫等因素，均會影響問卷的設計，反之亦然。問卷設計的原則與如何描述問題、如何測量資料、以及如何安排問卷結構等有關。因此，在設計調查問卷時，必須小心遵守所有的原則，以使受訪者偏見與測量偏差值最小化。

> 研究目標（對象）、傳遞方式、研究母體與其他使用者、資料輸入法與處理方式、成本、樣本大小與設計、分析類型與報告撰寫等因素，均會影響問卷的設計。

一般而言，較為完整的問卷設計原則，應著重在三大部分：

(1) 用字遣詞：包括有問題內容與目的；用字與語言；問題的排序；如何說明問題與使用嚴謹的文字；詢問問題的類別與形式；資料分類或個人資料等。

(2) 測量原則：即蒐集到受訪者回應後，如何分類變項；尺度與編碼；信度與效度等。

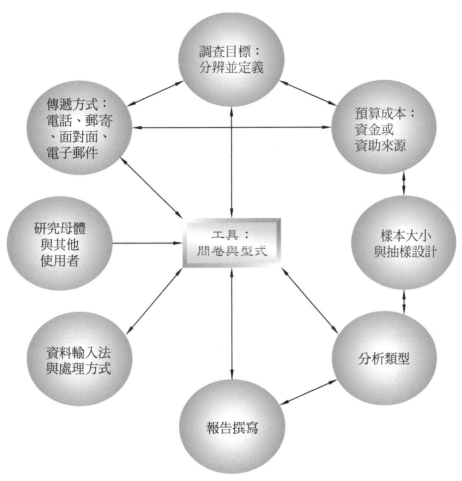

▲ 圖 6-3　問卷調查不同面向因素對問卷設計的影響
資料來源：修改自 Statistics New Zealand(1995)。

(3) 問卷呈現：包含問卷樣式；問卷長度；調查介紹；成果說明
　　等。一份具有吸引力、適當介紹與構造簡潔的問卷，一組編製
　　良好的題目與確切選項，都會使受訪者容易作答。

　　此三部分在問卷設計時，專題小組成員若能細心考量，則可將研
究中的偏誤降為最小。此外，〔圖 6-4〕也說明問卷設計上，一些其他
重要的考量面向。

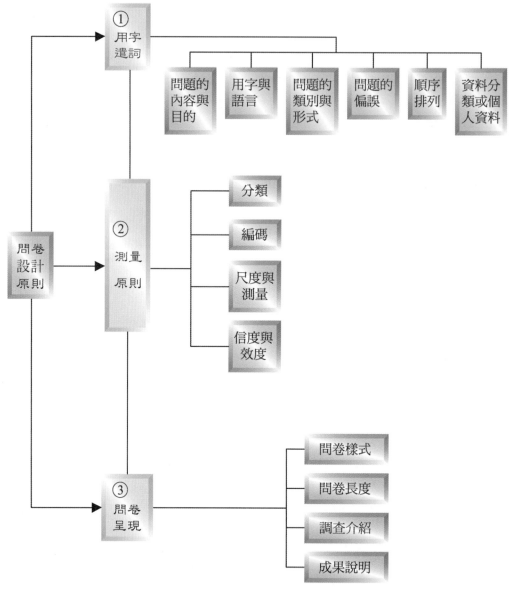

▲ 圖 6-4　問卷設計的原則

資料來源：修改自　Cavana, Delahaye & Sekaran(2001)。

四、衡量尺度類型

　　衡量尺度有四種基本類型，意即名目尺度(nominal scale)、順序尺度(ordinal scale)、等距尺度(interval scale)以及比率尺度(ratio scale)。以下就上述四種衡量尺度，加以說明之。

(一) 名目尺度(nominal scale)

名目尺度讓研究者可以把目標設定在特定範圍或群體裡，且這種分類必須清楚，不能有第三種類型存在，故名目尺度內都是互斥且周延的群體。經由名目尺度整合而來的資料，可計算成百分比或頻率。名目尺度使用於個人基本資料方面，例如：性別、職業、收入、教育程度等。〔表 6-3〕為名目尺度的範例，其中所列為性別與教育程度的問項。

名目尺度
nominal scale
名目尺度讓研究者可以把目標設定在特定範圍或群體裡，且這種分類必須清楚，不能有第三種類型存在，故名目尺度內都是互斥且周延的群體。

▼表 6-3　名目尺度範例

1.您的性別	2.您的教育程度
＿＿＿＿男性 ＿＿＿＿女性	＿＿＿＿國小（含）以下
	＿＿＿＿國中
	＿＿＿＿高中職
	＿＿＿＿大學
	＿＿＿＿研究所（含）以上
	＿＿＿＿其他（請說明）

資料來源：楊政學(2004)。

(二) 順序尺度(ordinal scale)

順序尺度不只定義各個變項相異之處，且以有意義的方式為變項排序，可適用於將變項依偏好加以排列。順序尺度藉著受訪者將選項進行排序後的結果，提出各項目的差異性，但是順序尺度並未提出各程度差異範圍的指標。所以在順序尺度中，雖然可以看出選項人物、觀察事項重要性之分別，卻無法看出這些差別的重要性。〔表 6-4〕為順序尺度的範例，其中所列為個人對所閱讀雜誌偏好排序的問項。

順序尺度
ordinal scale
順序尺度不只定義各個變項相異之處，且以有意義的方式為變項排序，可適用於將變項依偏好加以排列。

▼　表 6-4　順序尺度範例

請將下列商管雜誌在您個人心中所獲評價作排序，最常閱讀者標上 1，次常閱讀者標上 2，以此類推。如果是您未曾閱讀過，請標上 0。	
＿＿＿＿＿＿＿天下	＿＿＿＿＿＿＿大師輕鬆讀
＿＿＿＿＿＿＿遠見	＿＿＿＿＿＿＿哈佛商業評論
＿＿＿＿＿＿＿管理	＿＿＿＿＿＿＿能力
＿＿＿＿＿＿＿商業週刊	＿＿＿＿＿＿＿其他（請說明）

資料來源：楊政學(2004)。

（三）等距尺度(interval scale)

等距尺度
interval scale
等距尺度可以把從受訪者獲得的資料進行給分計算，並可衡量出兩者差異的距離，計算變項答案的平均數與標準差。等距尺度不只依據特定範圍與排序來分類個體，其也能進而測量個體偏好差異的廣度。

　　等距尺度可以把從受訪者獲得的資料進行給分計算，並可衡量出兩者差異的距離，計算變項答案的平均數與標準差。等距尺度不只依據特定範圍與排序來分類個體，其也能進而測量個體偏好差異的廣度。〔表 6-5〕為等距尺度之範例，其中所列為個人對接受任務屬性的重要程度評定的問項。

▼ 表 6-5　等距尺度範例

非常反對 1	反對 2	沒意見 3	同意 4	非常同意 5
下列任務屬性對我的重要程度分別為：				
1. 任務能夠提供測試自我能力的機會	1　　2	3	4	5
2. 主導這項任務對我而言意義非凡	1　　2	3	4	5
3. 完美地完成這項任務本身就是種獎勵	1　　2	3	4	5
4. 任務執行間感受到全然的契合與責任	1　　2	3	4	5

資料來源：楊政學(2004)。

（四）比率尺度(ratio scale)

比率尺度
ratio scale
比率尺度不僅測量量表上各點間的差距，也賦予差距適當的定義。既有獨一無二的原點，又包含前述三個衡量尺度的優點，所以比率差距在四個量表中最具說服力。

　　比率尺度不僅測量量表上各點間的差距，也賦予差距適當的定義。既有獨一無二的原點，又包含前述三個衡量尺度的優點，所以比率差距在四個量表中最具說服力。〔表 6-6〕為比率尺度之範例，其中所列分別為詢問家中不同年齡層小孩的數量，以及家中裝設使用的冷氣機台數。

▼ 表 6-6　比率尺度範例

1. 請在下列範圍中寫出您不同年紀孩子的數目？
＿＿＿＿＿＿＿＿＿3 歲以下
＿＿＿＿＿＿＿＿＿介於 3 歲（含）與 6 歲之間
＿＿＿＿＿＿＿＿＿6 歲（含）至 12 歲之間
＿＿＿＿＿＿＿＿＿12 歲（含）以上
2. 請問您家中有幾台冷氣機？＿＿＿＿＿＿
※每個問題的答案可由 0 至任何合理的數目。

資料來源：修改自楊政學(2004)。

綜整以上論述，我們可發現：名目尺度著重依據差異，或將個人或物品分門別類，提供的變項訊息最少。順序尺度將各類別加以排序，提供的訊息比名目尺度多些。等距尺度不僅表示順序，還提供各變項的差異性。比率尺度除了提供變項的差異性之外，也提供其中的比例。

精密程度由名目尺度朝比率尺度逐步遞增；使用等距或比率尺度所得之變項資料，比使用其它兩種尺度所得的資料更為詳盡。當尺度刻度精密性增加時，該尺度的解釋力也隨之增強。尺度的解釋力增加，資料分析的精密性也增加，可在研究問題中找出更有意義的答案，而有些變項適合使用解釋力較高的尺度。

茲將四種衡量尺度的特色，依差異、順序、距離、原點、四則運算、集中趨勢量數、差異量數、顯著性測試等比較要項，列示如〔表6-7〕，以說明四種不同尺度所代表的特性。

▼ 表 6-7　四種衡量尺度的特性

尺度	比較要項							
	差異	順序	距離	原點	四則運算	集中趨勢量數	差異量數	顯著性測試
名目	有	無	無	無	$=;\neq$	眾數	無	卡方檢定
順序	有	有	無	無	$=;\neq$ $>;<$	中位數	四分位差	等級順序相關性
等距	有	有	有	無	$=;\neq$ $>;<$ $+;-$	算數平均數	標準差、變異數或變異係數	T 檢定 F 檢定
比率	有	有	有	有	$=;\neq$ $>;<$ $+;-$ $\times;\div$	算數或幾何均數	標準差、變異數或變異係數	T 檢定 F 檢定

資料來源：修改整理自 Cavana, Delahaye & Sekaran(2001)。

五、問卷題項設計

問題的型式與用詞，對研究工具而言極為重要，因其將影響所獲資訊的類型與品質，因此這些問題應置於「規劃問題的考量」下來作

名目尺度著重依據差異，或將個人或物品分門別類，提供的變項訊息最少。順序尺度將各類別加以排序，提供的訊息比名目尺度多些。等距尺度不僅表示順序，還提供各變項的差異性。比率尺度除了提供變項的差異性之外，也提供其中的比例。

精密程度由名目尺度朝比率尺度逐步遞增；使用等距或比率尺度所得之變項資料，比使用其它兩種尺度所得的資料更為詳盡。

討論。以下將討論開放式、封閉式問題、態度衡量問題，這些皆為社會科學常用的問題形式。

在訪談表或問卷中，問題可設計為**開放式**(open-ended)、**封閉式**(closed-ended)或**量表式**(scaling)問題等三種類型。以下分別說明不同問卷題項設計的特性與實例，以供專題小組成員參考。

(一) 開放式問題

開放式問題(open-ended questions)中，可能的答案並未被賦予。在問卷調查中，受訪者以其自身的用詞寫下他們的答案；至於訪談記錄表，訪問學生將逐字地記錄答案，或摘要敘述受訪者的回答。例如：你曾上金石堂網路書店網站（如 http://www.kingstone.com.tw）訂購圖書嗎？如果有的話，你為什麼選擇上網購書？如果沒有的話，你為什麼不利用網路購書呢？

(二) 封閉式問題

在**封閉式問題**(closed-ended questions)中，可能的答案皆已列於問卷或訪談表中，由受訪者或訪問學生勾選最契合受訪者答案的敘述種類。在選擇答案中將盡可能詳列答案種類，而「其他／請說明」的題項設計，則可讓受訪者寫下未列於卷中的答案。以下依二分題及選擇題的形式，來加以舉例說明之。

1. 二分題
   你目前有沒有使用個人數位助理(PDA)？
   □有
   □沒有

2. 選擇題
   你為什麼購買宏碁(Acer)的筆記型電腦？（可複選）
   □品質優良
   □功能齊全
   □操作便利
   □價格合理
   □付款條件合適
   □外型夠炫

開放式問題
open-ended questions
在開放式問題中，可能的答案並未被賦予。在問卷調查中，受訪者以其自身的用詞寫下他們的答案。

封閉式問題
closed-ended questions
在封閉式問題中，可能的答案皆已列於問卷或訪談表中，由受訪者或訪問學生勾選最契合受訪者答案的敘述種類。

　□售後服務良好

　□其他（請說明）

(三) 量表式問題

　　在**量表式問題**(scaling questions)中，有時專題小組成員希望能透過**量表**(scales)的建置，用以評量受訪對象對某項事物的認知或態度，如重要度或滿意度的程度大小。例如：你已經看了新上市的明新牌電視遊戲機的產品展示，你購買該品牌電視遊戲機的意願為何？

□一定會買

□可能會買

□可能買，也可能不買

□可能不會買

□一定不會買

<aside>
量表式問題
scaling questions
在量表式問題中，有時專題小組成員希望能透過量表的建置，用以評量受訪對象對某項事物的認知或態度，如重要度或滿意度的程度大小。
</aside>

　　量表可能是三、四、五或七個向度，此由實務專題製作之目的、進度規劃與資料處理方式而定。例如：〔表 6-8〕所示為一四向度量表實例，你在購買自用的筆記型電腦時，下列各產品屬性的重要性如何？請在適當的方格中打「∨」。

▼ 表 6-8　購買自用筆記型電腦所考量產品屬性的重要性量表

屬性	不重要	有些重要	重要	非常重要
價格合理	□	□	□	□
品質可靠	□	□	□	□
操作方便	□	□	□	□
外型美觀	□	□	□	□
服務良好	□	□	□	□
付款條件	□	□	□	□

資料來源：楊政學(2004)。

六、說明書的內容

　　為你的郵寄問卷撰寫一封說明書，是絕對必要的，而且必須非常簡潔。至於，實務專題製作中問卷調查之說明書，其內容包括以下幾點要項：

(1) 介紹專題小組成員及所代表的學校系所或單位機構。

(2) 以二至三句話說明實務專題製作的主要研究目的。

(3) 解釋研究的相關問題。

(4) 介紹指導語。

(5) 強調參與此研究皆須為自願性，若受訪者不願回答問卷，他們有權力說「不」。

(6) 保證受訪者所提供之資訊絕對予以匿名與保密，或只作學術性專題研究使用。

(7) 提供受訪者聯絡電話，以供受訪者有任何問題時可予以詢問。

(8) 提供問卷回郵地址，以及註明回覆期限（可加快回收速度）。

(9) 感謝受訪者對此實務專題製作的參與。

七、不同調查法優缺點比較

就調查法蒐集資料的工具而言，大抵可概分為人員面訪、電話訪談、郵寄問卷與網路問卷等四類，各依研究目的之不同，而有不同的取捨考量。

　　就調查法蒐集資料的工具而言，大抵可概分為人員面訪、電話訪談、郵寄問卷與網路問卷等四類，各依研究目的之不同，而有不同的取捨考量。茲分別將其優缺點特性，列示說明如下要項，而其具體優缺點，則列示如〔表 6-9〕。其中，包含有處理「問卷複雜度」的能力、完成問卷所需時間、事後追蹤等要項，不同調查法逐項綜合比較的結果。

(一) 人員面訪

　　人員面訪的優點有：

(1) 可建立受訪者的共鳴並激勵他們。

(2) 可澄清問題與疑慮，加入新問題。

(3) 可察知非語言線索。

(4) 可得到豐富資料。

(5) 可使用電腦輔助系統，資料也能輸入筆記型電腦，意即人員面訪可回饋反應、可反應複雜問題、面談者高度參與，故有機會作進一步**探問**(probing)。

人員面訪的缺點為：

(1) 占用個人時間、有時間壓力。

(2) 含蓋地域廣泛時耗費更多成本。

(3) 受訪者提供資料時有所顧忌而拒答。

(4) 訪談學生必須在週查前接受訓練。

(5) 可能摻雜訪談學生的偏見。

(二) 電話訪談

電話訪談的優點有：

(1) 比人員面訪更便宜更快速。

(2) 可含蓋廣大範圍。

(3) 匿名性比個人面訪高、無面對面的尷尬。

(4) 可使用電腦輔助系統。

電話訪談的缺點為：

(1) 受訪者得以隨時結束訪談。

(2) 無法察覺非文字線索；

(3) 訪談必須簡短；

(4) 可能會打到空號，或有所遺漏，意即受訪樣本恐有偏差，並且
缺少視覺觀察的確認。

(三) 郵寄問卷

郵寄問卷的優點有：

(1) 匿名性較佳。

(2) 含蓋範圍廣。

(3) 可附上小禮物以尋求合作。

(4) 受訪者可用更多時間自在地回答問卷。

(5) 標準化問卷易獲得。

(6) 如果願意的話可利用電子方式傳送。

郵寄問卷的缺點為：

(1) 回收率幾乎都不高，可接受的回收率約為 30%。

(2) 無法澄清受訪者填答時的問題。

(3) 必須對未回應者進行後續追蹤。

(四) 網路問卷

網路問卷的優點有：

(1) 操作容易。
(2) 可在全球進行跨國性調查。
(3) 非常便宜。
(4) 傳送快速且資料回收量大。
(5) 受訪者可隨自己的方便時間來作答。

▼ 表 6-9　不同調查法的綜合比較

	人員面訪	電話訪談	郵寄問卷	網路問卷
問卷複雜度的處理能力	優	好	差	好
完成問卷所需時間	優	好	普通	好
回收資料的正確性	普通	好	好	好
溝通模式	一對一	一對一	一對一	一對多
溝通內容	文字影像聲音	聲音	文字影像	文字影像
溝通方式	雙向同步	雙向同步	單向非同步	雙向同步
訪談者不良效應的控制	差	普通	優	優
樣本控制	普通	優	普通	普通
完成調查所需時間	好	優	普通	好
樣本的分布資料	窄	廣	廣	全球性
對詳細資料的蒐集	佳	普通	普通	普通
回收率	高	高	低	高
所需花費的成本	高	中等	低	最低
資料回收速度	低	高	低	極低
問題的多變性	非常多變化	普通	低	高標準化
問卷長度	長	普通	高標準化	看動機而定
受訪者可能的誤解	低	普通	看動機而定	高
訪問者可引導程度	高	普通	無	無
事後追蹤	困難	容易	容易但費時	困難
其他特質	可使用視覺材料，且可進一步探問受訪者原因。	可簡化田野資料的蒐集，並可配合電腦來協助樣本的選取、訪問及記錄。	受訪者能以最方便的方式來填答，且有足夠時間來思考問題。	可立即快速回饋調查結果給受訪者，可破時空藩籬的限制。

資料來源：楊政學(2004)。

網路問卷的缺點為：

(1) 受訪者基本上需要具備電腦讀寫能力。

(2) 受訪者需有相關設備。

(3) 受訪者必須願意完成研究，意即樣本選取恐有偏差（例如都是網路族），無法事後進一步探問。

6.6 實驗法應用

訪問法及觀察法，無法控制受訪者或被觀察者的行為及環境因素，因此無法證實各變數間的因果關係。實驗法則對行為及環境因素加以控制，因而能瞭解各變數間的因果關係。實驗法依其實施的場地，可分成**現場實驗法**(field experiments)及**實驗室實驗法**(laboratory experiments)兩種；而依對變數控制能力的強弱，可劃分為實驗設計與非實驗設計兩種，茲分別介紹如后。

實驗法則對行為及環境因素加以控制，因而能瞭解各變數間的因果關係。

一、實驗法類型

(一) 實驗室實驗法

實驗室實驗法是指在一個相當嚴格控制的環境中，操弄一個（或以上）獨立變數，並控制其它條件不變下，使研究人員可以在其他相關因素影響最小的情況下，觀察且衡量操弄變數對依變數的影響。例如：專題小組成員想瞭解量販店顧客的購買行為，而選擇在設定的模擬環境中，觀察被觀察顧客的購買行為，即為實驗室實驗法。此種方法因在模擬環境中進行，易維持實驗的內部效度，但外部效度較低。

實驗室實驗法
laboratory experiments
實驗室實驗法是指在一個相當嚴格控制的環境中，操弄一個（或以上）獨立變數，並控制其它條件不變下，使研究人員可以在其他相關因素影響最小的情況下，觀察且衡量操弄變數對依變數的影響。

(二) 現場實驗法

現場實驗法是一種在真實環境或自然環境下所進行的研究，研究人員在盡力控制的環境條件下，操弄一個（或以上）獨立變數，以觀察操弄變數對依變數之影響。例如：前述專題小組成員對量販店顧客購買行為的瞭解，以實地到賣場觀察的方式進行，即為現場實驗法。

現場實驗法
field experiments
現場實驗法是一種在真實環境或自然環境下所進行的研究，研究人員在盡力控制的環境條件下，操弄一個（或以上）獨立變數，以觀察操弄變數對依變數之影響。

此種方法因在現場實地進行，易維持實驗的外部效度，但難免失掉一些內部效度。

二、實驗設計類型

再者，「實驗設計」可依實驗者對實驗過程控制力的強弱，劃分為**預實驗設計**(pre-experimental designs)、**真實驗設計**(true-experimental designs)與**準實驗設計**(quasi-experimental designs)等三大類型。茲將各類型的特性與內容，列示說明如下：

(一) 預實驗設計

預實驗設計意謂研究人員要讓誰在何時去接受實驗的刺激物，以及要在何時及對誰進行衡量，都幾乎沒有任何控制力。例如：一次個案研究、一組前後設計，都屬於此種實驗設計。

(二) 真實驗設計

真實驗設計意謂研究人員可以隨機指定實驗變數給隨機選出的實驗單位，實驗者不僅可以控制要誰在何時去接受實驗變數，也可控制在何時及對誰進行衡量。例如：前後加控制組設計、事後加控制組設計，都屬於此種實驗設計。

(三) 準實驗設計

準實驗設計是介於預實驗設計與真實驗設計間的一種設計，意謂研究人員不能經由隨機過程來建立相對的實驗組與控制組，也不能控制要在何時讓誰去接受實驗變數，但我們可以控制要在何時及對誰進行衡量。例如：時間數列設計、多重時間數列設計，都屬於此種實驗設計。

1. 資訊蒐集所使用的第一種途徑稱為次級資料來源，而第二種途徑則稱為初級資料來源。初級資料提供第一手資訊，而次級資料相對有系統整理且易於被使用之；專題小組成員的技巧，乃在於留意可能影響資料品質因素的能力。

2. 在蒐集初級資料上，若專題小組成員決定利用調查法，則應進行調查問卷的設計；如擬利用觀察法，應設計記錄觀察結果的登記表或記錄表；如擬採用訪談法，則應擬訂深度訪談大綱與訪談記錄表；如決定採用實驗法，應設計進行實驗時所需的各種道具與表格。

3. 調查法分為人員訪談、電話訪談、郵寄調查、網路調查；歸併為郵寄問卷、集體施測。實驗法可分為實驗設計、非實驗設計。訪談法又可分為深度訪談、焦點團體訪談；而依彈性程度又可分為結構式訪談、非結構式訪談；觀察法又可分為參與觀察、非參與觀察。

4. 問卷調查之研究目標（對象）、傳遞方式、研究母體與其他使用者、資料輸入法與處理方式、成本、樣本大小與設計、分析類型與報告撰寫等因素，均會影響問卷的設計。

5. 衡量尺度有四種基本類型，意即名目尺度、順序尺度、等距尺度與比率尺度。精密程度由名目尺度朝比率尺度逐步遞增；使用等距尺度或比率尺度所得之變項資料，比使用其它兩種尺度所得的資料更為詳盡。

6. 名目尺度著重依據差異，或將個人或物品分門別類，提供的變項訊息最少。順序尺度將各類別加以排序，提供的訊息比名目尺度多些。等距尺度不僅表示順序，還提供各變項的差異性。比率尺度除了提供變項的差異性之外，也提供其中的比例。

7. 就調查法蒐集資料的工具而言，大抵可概分為人員面訪、電話訪談、郵寄問卷與網路問卷等四類，各依研究目的之不同，而有不同的取捨考量。

8. 訪問法及觀察法無法控制受訪者或被觀察者的行為及環境因素，因此無法證實各變數間的因果關係。實驗法則對行為及環境因素加以控制，因而能瞭解各變數間的因果關係。

9. 實驗法依其實施的場地,可分成現場實驗法及實驗室實驗法兩種;而依變數控制能力的強弱,可劃分為實驗設計與非實驗設計兩種。實驗設計可再依實驗者對實驗過程控制力的強弱,劃分為預實驗設計、真實驗設計與準實驗設計等三大類型。

問題與討論
PRACTICAL MONOGRAPH:
The Practice of Business Research Method

1. 專題小組成員所使用的兩種資料蒐集來源為何？兩種類型資料的特性為何？試研析之。

2. 當使用次級資料時，必須當心是否有資料的有效性、形式及品質等問題。這些問題的範圍將依資料來源之不同而異，而運用這類次級資料時，需要注意哪些事項？試研析之。

3. 初級資料的蒐集方式，可概略劃分為那些類型？而各類又可細分為哪些資料蒐集的方法？試研析之。

4. 在企業研究方法中，訪談的進行也可劃分為那三種類型？各不同類型的優點與缺點為何？試研析之。

5. 完整的問卷設計原則，應著重在哪三大部分？試研析之。

6. 量表之衡量尺度有那四種基本類型？請以具體實例來說明四種類型的特性。

7. 調查法蒐集資料的工具，大抵可概分哪四種類型？不同類型之優點與缺點特性為何？試研析之。

8. 實驗設計可依實驗者對實驗過程控制力的強弱，劃分為哪三大類型？同時也請說明各類型的特性與內容？試研析之。

章末題庫
PRACTICAL MONOGRAPH:
The Practice of Business Research Method

是非題

1. ( ) 資訊蒐集所使用的第一種途徑稱為初級資料來源，而第二種途徑則稱為次級資料來源。

2. ( ) 次級資料相對有系統整理且易於被使用。

3. ( ) 在蒐集初級資料上，若專題小組成員決定利用問卷調查法，則應進行訪談大綱與訪談記錄表的設計。

4. ( ) 衡量尺度的精密程度，由名目尺度朝比率尺度逐步遞減。

5. ( ) 觀察法無法控制被觀察者的行為及環境因素，因此無法證實各變數間的因果關係。

6. ( ) 實驗法可以對行為及環境因素加以控制，因而能瞭解各變數間的因果關係。

7. ( ) 實驗法依其實施的場地，可分成現場實驗法及實驗室實驗法。

選擇題

1. ( ) 以下何者為調查法類型： (1)人員訪談 (2)電話訪談 (3)網路調查 (4)以上皆是。

2. ( ) 以下何項因素不會影響問卷的設計： (1)研究對象 (2)使用語言 (3)樣本大小與設計 (4)傳遞方式。

3. ( ) 以下何者為問卷設計時的衡量尺度： (1)名目尺度 (2)順序尺度 (3)等距尺度 (4)以上皆是。

4. ( ) 哪一種衡量尺寸著重依據差異，或將個人或物品分門別類，提供的變項訊息最少： (1)名目尺度 (2)順序尺度 (3)等距尺度 (4)比率尺度。

5. ( ) 哪一種衡量尺寸不僅表示順序，還提供各變項的差異性： (1)名目尺度 (2)順序尺度 (3)等距尺度 (4)比率尺度。

6.(　) 實驗設計依實驗者對實驗過程控制力的強弱，可劃分為： (1)預實驗設計 (2)真實驗設計 (3)準實驗設計 (4)以上皆是。

解答

1.(X)　2.(O)　3.(X)　4.(X)　5.(O)　6.(O)　7.(O)

1.(4)　2.(2)　3.(4)　4.(1)　5.(3)　6.(4)

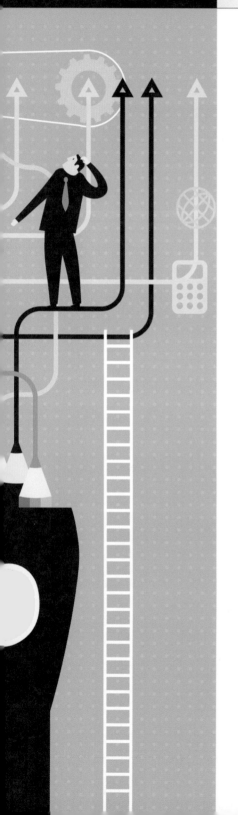

07

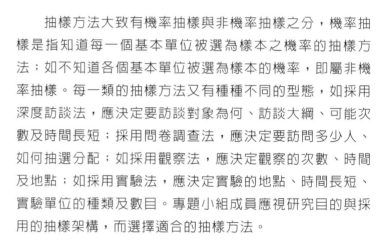

如何正確抽樣

　　抽樣方法大致有機率抽樣與非機率抽樣之分，機率抽樣是指知道每一個基本單位被選為樣本之機率的抽樣方法；如不知道各個基本單位被選為樣本的機率，即屬非機率抽樣。每一類的抽樣方法又有種種不同的型態，如採用深度訪談法，應決定要訪談對象為何、訪談大綱、可能次數及時間長短；採用問卷調查法，應決定要訪問多少人、如何抽選分配；如採用觀察法，應決定觀察的次數、時間及地點；如採用實驗法，應決定實驗的地點、時間長短、實驗單位的種類及數目。專題小組成員應視研究目與採用的抽樣架構，而選擇適合的抽樣方法。

　　本章針對實務專題製作之正確抽樣作討論，擬由抽樣性質與理由、抽樣程序設計、機率抽樣方法、非機率抽樣方法、抽樣方法選擇等層面，來綜合探討實務專題製作要如何正確抽樣。

SUMMARY

7.1 抽樣性質與理由

在討論完資料蒐集的方法，瞭解不同蒐集工具的特性後，接下來就進入抽樣議題的探討，本節討論抽樣的性質與程序，劃分的部分涵蓋有：

(1) 名詞意涵界定。

(2) 抽樣理由說明。

至於，抽樣各組成要案的概念架構，圖示如〔圖 7-1〕所示：

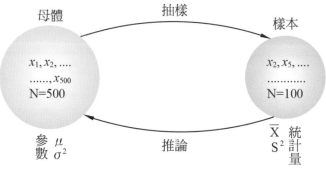

▲ 圖 7-1 抽樣的概念架構

一、名詞意涵界定

(一) 母體

母體(population)是我們所要研究調查的對象，是經由一群具有某種共同特性的基本單位所成的一個群體。母體可以是一群人，如 25 歲以上的女性；也可以是一個事物，如某工廠生產的某品牌商品。

(二) 基本單位

基本單位(unit)是指母體中的個別份子，係根據抽樣調查之目的而決定，不受抽樣設計的影響。如抽樣調查的目的是個人消費支出，則組成該母體的基本單位為個人；若抽樣調查的目的是家計單位消費支出，則組成母體的基本單位為家庭而非個人。

(三) 樣本

樣本(sample)是母體的一部分，為依抽樣調查目的所抽出的基本單位組成。由於我們只蒐集分析樣本資料，再依樣本提供的資訊來推估瞭解母體，故樣本必須具有代表性。

(四) 參數

參數(parameter)代表母體某一屬性或變數的數值，如母體的平均數與變異數。

(五) 統計量

統計量(statistic)又稱**估計值**(estimate)，是依樣本資料求得，用以估計參數的數值，如樣本的平均數與變異數。

(六) 抽樣偏差

抽樣偏差(sampling bias)是指抽樣有時會有抽到某些具特殊特徵基本單位的傾向，抽樣偏差有時是故意的，有時是因抽樣計畫不好而發生。如利用非假日白天時段，作量販店消費者購物行為的抽樣調查，將難以掌握到上班族群的意見，而產生所謂的抽樣偏差。

(七) 抽樣誤差

抽樣誤差(sampling error)是指在樣本中包括某些特殊的基本單位，破壞了樣本的代表性。一般而言，造成抽樣誤差的原因有二：一為運氣或機會，二為抽樣偏差。

二、抽樣理由說明

研究人員有興趣的是母體的特性或母數的數值，如能對整個母體進行**普查**(census)，求得母體的數值，自是最理想的狀況。不過事實上，普查有其困難；普查不僅不經濟，有時根本無法執行，故只好退而求其次，先抽取母體的一部分作為樣本，再由樣本估計得到的統計量數值，去推估母體參數的特性。茲將為何需要抽樣的原因，列示說明如下：

抽樣偏差
sampling bias
抽樣有時會有抽到某些具特殊特徵基本單位的傾向，抽樣偏差有時是故意的，有時是因抽樣計畫不好而發生。

抽樣誤差
sampling error
在樣本中包括某些特殊的基本單位，破壞了樣本的代表性。

事實上，普查有其困難；普查不僅不經濟，有時根本無法執行。

(一) 經濟與時效的考量

利用抽樣只需要觀察或調查母體的一部分,所需的人力及財力資源自然較普查節省,故在實際調查訪問上較為可行。利用普查來蒐集所需的資料,常常是緩不濟急;只有利用抽樣才能迅速提供所需的資訊,也可在提供決策參考上兼顧到好的時效。

(二) 母體過大

有些母體因為數目太大,實際上根本不可能對其進行普查。如在實務專題製作上,研究的題目大抵是以某地區,或某個案為例來說明,反映出只能以抽樣的調查方式來進行,其研究結果也只是代表性個體的結論,其在推論上均有某些程度的保留。

(三) 母體難以接觸

有時調查研究的對象包含有難以接觸到的份子,如我們想瞭解男同志的消費行為,此時因母體難以辨別與接觸,故只能以抽樣的方式進行調查,而不可能作普查。或者是調查的樣本居住在偏遠山地部落,此時因為成本預算的考量,也無法以普查的方式進行,而改以抽樣的方式來研究。

(四) 觀察的毀滅性

有時觀察行為本身會毀壞被觀察的樣本,而使普查的方式無法進行。如我們要測試燈泡的使用壽命時間,測試本身即會將燈絲點亮至燒壞為止,因此只能用抽樣的方式來進行測試。

(五) 樣本的正確性

有時普查易流於草率,所獲取的資訊可能比不上小心抽取、仔細調查的樣本,所提供的資訊來得正確及可靠。

7.2 抽樣程序設計

　　在設計抽樣程序上，專題小組成員應根據研究目的所確定的研究**母體**(population)，明定**抽樣架構**(sampling frame)，然後決定**樣本**(sample)性質、樣本大小、抽樣方法。在準備抽樣設計時，應該考慮的事項，包括有：

(1) 研究相關的目標母體為何？

(2) 真正要研究的參數是什麼？

(3) 可以用那種抽樣架構？

(4) 應該選擇機率或非機率的抽樣方法？

(5) 需要的樣本大小如何？

(6) 抽樣的成本如何？

(7) 可以用多少時間蒐集資料？

　　我們有興趣的是母體的特性，但因母體的數目太大或分散各處，要對母體進行**普查**(census)，不僅費時費錢，甚至是不可能做到的，因此只能抽選母體的一部分做為樣本，然後以樣本的情形來推估整個母體的情形。抽樣包括許多的工作及決策，如能對整個抽樣的過程有概括的瞭解，當可對各種抽樣原理及抽樣方法，有更進一步的認識。抽樣的程序通常可劃分為以下的六個步驟：

(1) 界定母體。

(2) 確定抽樣架構。

(3) 選擇抽樣方法。

(4) 決定樣本大小。

(5) 蒐集樣本資料。

(6) 評估抽樣結果。

> 抽樣的程序通常可劃分為以下的六個步驟：
> (1) 界定母體。
> (2) 確定抽樣架構。
> (3) 選擇抽樣方法。
> (4) 決定樣本大小。
> (5) 蒐集樣本資料。
> (6) 評估抽樣結果。

一、界定母體

　　專題小組成員在界定母體時，應對**目標母體**(target population)的特徵或屬性有明確的說明，劃定母體的範圍。一個說明非常明確之研究目的，對於抽樣母體的界定非常有助益。

二、確定抽樣架構

專題小組成員在界定母體後,再來是確定抽樣的架構。抽樣架構雖為母體定義的一種說明,以及對母體範圍的一種界限,但抽樣母體與抽樣架構卻很少完全一致。甚至有些情況下,不一定有現成的抽樣架構可供利用,此時則有賴專題小組成員發揮創意,發展出一套合適的抽樣架構。

三、選擇抽樣方法

抽樣方法大致有機率抽樣與非機率抽樣之分,機率抽樣是指知道每一個基本單位被選為樣本之機率的抽樣方法;如不知道各個基本單位被選為樣本的機率,即屬非機率抽樣。每一類的抽樣方法又有種種不同的型態,如採用深度訪談法,應決定要訪談對象為何、訪談大綱、可能次數及時間長短;採用問卷調查法,應決定要訪問多少人、如何抽選分配;如採用觀察法,應決定觀察的次數、時間及地點;如採用實驗法,應決定實驗的地點、時間長短、實驗單位的種類及數目。專題小組成員應視研究目的與採用的抽樣架構,而選擇適合的抽樣方法。

四、決定樣本大小

有時普查易流於草率,所獲取的資訊未必較仔細抽樣來得正確可靠。研究抽取的樣本越大,研究的結果越可靠,若樣本過小,將影響結果的可靠程度;但樣本過大也是一種浪費,故樣本的大小應以適中為宜。決定樣本大小應考慮以下四個因素:

(1) 可動用的研究經費。
(2) 能被接受或被允許的統計誤差。
(3) 決策者願意去冒的決策錯誤風險。
(4) 研究問題的基本性質。

一般而言,若採用機率抽樣,專題小組成員可依抽樣誤差的容忍度,去決定樣本的信賴係數,進而反推所需樣本的大小。

五、蒐集樣本資料

專題小組成員應注意如何選擇及確認樣本單位、預試抽樣計畫、選樣及蒐集資料等議題。

六、評估抽樣結果

專題小組成員應對抽樣結果進行評估，檢視所取得的樣本是否適合所需，抽樣計畫是否被客觀確實地執行。通常以計算標準差大小，或檢定統計的顯著性，或是比較樣本結果及一些可靠的獨立資料，來檢視兩者間是否有重大的差異。

7.3 機率抽樣方法

抽樣方法大致劃分有機率抽樣與非機率抽樣兩大類，其中，機率抽樣係指知道每一個基本單位被選為樣本之機率的抽樣方法；如不知道各個基本單位被選為樣本的機率，即屬非機率抽樣。每一類的抽樣方法，又可再細分為多種不同的抽樣方法，如機率抽樣方法可分為：

(1) 簡單隨機抽樣。

(2) 系統抽樣。

(3) 分層抽樣。

(4) 集群抽樣。

(5) 地區抽樣。

(6) 雙重抽樣。

茲將不同類型抽樣方法的特性，說明如下：

一、簡單隨機抽樣(simple random sampling)

母體中每一個基本單位被選為樣本的機率都已知，偏頗最少而概化程度最高；但其過程呆板又昂貴，也並非總能取得母體最新資料。例如：要從某科技大學企管系的 500 位（假設有 10 個班，每班學生有 50 位）學生中，選取 100 人為樣本，每位學生被抽中的機率皆可計算得知。

二、系統抽樣(systematic sampling)

將母體的每一個單位編號,計算「樣本區間」(即 N/n,N 是母體的數目,n 是預定的樣本數目,採四捨五入法化為整數),然後從 1 到 N 號中隨機抽選一個號碼,作為第一個樣本單位,將第一個樣本單位的號碼加上樣本區間,即可得第二個樣本單位,依此類推,直到樣本數足夠為止。

例如:要從某科技大學企管系的 500 個學生中,選取 100 人為樣本,可以先將 500 位學生予以編號,設定每隔 5 號為一個單位(因為樣本區間為 500/100=5)。假設一開始的隨機抽取數為 25,選抽樣本就是編碼為 25,30,35,以此類推直至滿足所需的學生數為止。

三、分層抽樣(stratified sampling)

先將母體的所有基本單位分為若干互斥的群體(如男或女;居住地在北部、中部、南部或東部),然後分別從各群體中隨機抽選預定數目的單位做為樣本。分層隨機抽樣將元素有意義地分層,從各區間以比例或非比例抽樣。這種抽樣設計比簡單隨機抽樣更有效,因為在抽樣數相同下,最好都能顯現母體內各個重要元素,尊重每個群體,必可蒐集到有價值且多樣的資訊。

例如:沿用上述討論的例子,若研究目的在於居住地差異的研究,可先將原本的 500 位學生,依居住地在北部、中部、南部、東部分為四區域後,各抽取 25 位學生;或依不同層內元素的多寡,以不同比例抽取來組構為 100 位學生樣本。

四、集群抽樣(cluster sampling)

先將母體的所有基本單位分成若干互斥的群體,然後隨機抽選一個或若干個群體做為樣本群;再把樣本群的所有單位都做為樣本,意即在該群內做普查,或從樣本群中隨機抽選部分單位做為樣本。

例如:沿用上述討論的例子,針對 100 位學生樣本數,可逕自抽取該企管系中的兩個班級(如四技二甲、二技四乙),在該兩個班級內進行所有學生的普查,因而抽樣的單位為班級(集群)而非學生(元素)。

五、地區抽樣(area sampling)

設計結構為地理集群，也就是研究者的母體，在州、城市分區或區域特定範圍，此類定義型地理位置就是地區抽樣。因此，地區抽樣是一種地區內集群抽樣的形式。地區抽樣比大部分隨機抽樣設計便宜，也不依賴母體架構。一份城市分區的地圖，就足以讓研究者由分區來選擇樣本，並從該區居民獲得精確資料。

地區抽樣
area sampling
設計結構為地理集群，也就是研究者的母體，在州、城市分區或區域特定範圍，此類定義型地理位置就是地區抽樣。

六、雙重抽樣(double sampling)

適用於有必要從已蒐集過資料的團體中之次團體，蒐集進一步的資料。雙重抽樣就是由樣本蒐集研究的初級資料後，再從初級樣本選取次級樣本，詳細檢測問題的抽樣設計。

雙重抽樣
double sampling
雙重抽樣就是由樣本蒐集研究的初級資料後，再從初級樣本選取次級樣本，詳細檢測問題的抽樣設計。

7.4 非機率抽樣方法

非機率抽樣方法，則可劃分為：
(1) 便利抽樣。
(2) 立意抽樣。
(3) 配額抽樣。
(4) 雪球抽樣。

一、便利抽樣(convenience sampling)

只考慮容易接近或衡量的便利性來選擇樣本，由方便提供資訊的母體成員蒐集資料。一般專題學生在人潮聚集點發放問卷的情形，即為便利抽樣，而非簡單隨機抽樣。

便利抽樣
convenience sampling
只考慮容易接近或衡量的便利性來選擇樣本，由方便提供資訊的母體成員蒐集資料。

二、立意抽樣(purposive sampling)

也稱「**判斷抽樣**」(judgment sampling)，係根據抽樣設計者的判斷來選擇樣本單位，以位居最能提供所需資料地位者為選擇目標。

立意抽樣
purposive sampling
也稱「判斷抽樣」，係根據抽樣設計者的判斷來選擇樣本單位，以位居最能提供所需資料地位者為選擇目標。

三、配額抽樣(quota sampling)

先依據某些基準（如所得高低、家庭大小、職業別等）將母體分成幾個子母體，然後指派給每一個訪問員一個配額（如訪問高所得、公教、小家庭各十戶，或是高所得、自由業、大家庭各五戶等），訪問員可自由去選擇樣本單位，只要完成所需樣本數配額即可。

四、雪球抽樣(snowball sampling)

先利用隨機方法選出一群初級受訪者，在完成訪問後，商請這些初級受訪者，提供符合樣本條件的其他受訪者。當很難直接找到符合樣本條件的受訪者時，此種抽樣方法是很適合的方式。如愛滋病患、同性戀者樣本的抽選，實有必要藉此抽樣方法來完成。

7.5　抽樣方法選擇

一、視研究目的來評選

不同類型的抽樣方法，各有不同的研究特性，且所需考量的因素亦有所取捨，不論是採用深度訪談法、採用問卷調查法、或是採用實驗法，均要面對抽樣方法選擇的問題，而非問卷調查法才有抽樣方法選擇的兩難。針對實務專題的製作，專題小組成員也應視研究目的，以及其所採用的抽樣架構，來評選合適的抽樣方法。

二、不同抽樣方法之特性

茲將前一節討論的多種類型抽樣方法的內容或特性、優點與缺點，列示說明如〔表 7-1〕所示。

▼ 表 7-1　機率與非機率抽樣設計

抽樣設計	內容／特性	優點	缺點
機率抽樣			
簡單隨機抽樣	考慮到母體內所有元素，且每個元素被選為目標的機率均等。	研究結果的概推性高。	效率比不上分層抽樣。
系統抽樣	從抽樣架構中隨機選取母體內每個第 n 項元素。	如果有抽樣架構即容易執行。	可能存有系統偏失。
分層抽樣，可細分為：母體比例分層抽樣、非比例分層抽樣。	先將母體分成有意義的區塊，以下列方式找出目標：在原本數目裡所占比例以效標而非在原本數目裡所占比例。	在所有隨機設計中最具有效性；精確地抽樣全部群體，還可以在群體間進行比較。	分層必須有意義；比簡單隨機抽樣或系統抽樣更耗時；每個區塊都要有抽樣架構。
集群抽樣	先定義擁有異質性成員的群體，然後隨機選取數者；接著研究從各個群體隨機選取成員。	運用地理性集群，蒐集資料的成本低。	因為次級集群的同質性多於異質性，所以此法在隨機抽樣設計中。
地區抽樣	在特別地區或區域進行集群抽樣。	省錢又有效率；在選擇相關特別地區時最有用。	在地區蒐集資料很費時。
雙重抽樣	就相同樣本或相同樣本次群體進行兩次研究。	為研究議題提供更詳盡的次級資料。	如果來源有偏失，此偏失會跟著轉移個體，可能也不喜歡有第二次訪談。
非機率抽樣			
便利抽樣	以最容易接近的成員為目標。	快速、方便又省錢。	完全無概推性。
立意抽樣	以對方就議題方面的專業為選擇標的。	有時是研究的唯一選擇。	概推性有疑慮、無法概推至所有母體。
配額抽樣	依據指定配額數從研究群體中選取目標。	適合研究中多參與者都很重要的情況。	不易達成概推性。
雪球抽樣	定義初步研究，然後從參考名單內選擇更多目標。	當要求特徵不易找出接觸時相當有用。	概推性不高。

資料來源：修改自 Cavana, Delahaye & Sekaran(2001)。

1. 普查不僅不經濟，有時根本無法執行，故抽取樣本推估母體特性。抽樣的原因：(1)經濟與時效的考量；(2)母體過大；(3)母體難以接觸；(4)觀察的毀滅性；(5)樣本的正確性。

2. 在準備抽樣設計應該考慮的事項：(1)研究相關的目標母體為何？(2)真正要研究的參數是什麼？(3)可以用那種抽樣架構？(4)應該選擇隨機或非隨機的抽樣方法？(5)需要的樣本大小如何？(6)抽樣的成本如何？(7)可以用多少時間蒐集資料？

3. 抽樣的程序可劃分為六個步驟：(1)界定母體；(2)確定抽樣架構；(3)選擇抽樣方法；(4)決定樣本大小；(5)蒐集樣本資料；(6)評估抽樣結果。

4. 機率抽樣方法，可分為簡單隨機抽樣、系統抽樣、分層抽樣、集群抽樣、地區抽樣、雙重抽樣。

5. 非機率抽樣方法，可劃分為便利抽樣、立意抽樣、配額抽樣、雪球抽樣。

6. 簡單隨機抽，母體中每一個基本單位被選為樣本的機率都已知，偏頗最少而概化程度最高。

7. 系統抽樣，將第一個樣本單位的號碼加上樣本區間即可得第二個樣本單位，依此類推，直到樣本數足夠為止。

8. 分層抽樣，先將母體的所有基本單位分為若干互斥的群體，然後分別從各群體中隨機抽選預定數目的單位做為樣本。

9. 集群抽樣，先將母體的所有基本單位分成若干互斥的群體，然後隨機抽選一個或若干個群體做為樣本群；再把樣本群的所有單位都做為樣本，亦即在該群內做普查，或從樣本群中隨機抽選部分單位做為樣本。

10. 便利抽樣，只考慮容易接近或衡量的便利性來選擇樣本，由方便提供資訊的母體成員蒐集資料。

11. 立意抽樣，也稱「判斷抽樣」，係根據抽樣設計者的判斷來選擇樣本單位，以位居最能提供所需資料地位者為選擇目標。

12. 配額抽樣，先依據某些基準（如所得高低、家庭大小、職業別等）將母體分成幾個子母體，然後指派給每一個訪問員一個配額，訪問員可自由去選擇樣本單位，只要完成所需樣本數配額即可。

13. 雪球抽樣，先利用隨機方法選出一群初級受訪者，在完成訪問後，商請這些初級受訪者，提供符合樣本條件的其他受訪者。當很難直接找到符合樣本條件的受訪者時，此種抽樣方法是很適合的方式。

問題與討論
PRACTICAL MONOGRAPH:
The Practice of Business Research Method

1. 抽樣設計應該考慮的事項為何？試研析之。

2. 抽樣的程序可劃分為哪六個步驟？試研析之。

3. 抽樣方法大致劃分有機率抽樣與非機率抽樣兩大類，而機率抽樣與非機率抽樣方法，又可各自劃分哪些抽樣方法？試研析之。

4. 試比較系統抽樣、分層抽樣與集群抽樣方法的差異性與優缺點？請列舉實例來具體說明三種抽樣方法的操作程序？試研析之。

5. 試比較便利抽樣、立意抽樣、配額抽樣與雪球抽樣方法的差異性與優缺點？請列舉實例來具體說明四種抽樣方法的操作程序？試研析之。

章末題庫
PRACTICAL MONOGRAPH:
The Practice of Business Research Method

是非題

1. (　) 普查不僅不經濟，有時根本無法執行，故抽取樣本推估母體特性。

2. (　) 準備抽樣設計時，需要考量抽樣成本，但不需要考量要用多少時間蒐集資料，放心去做專題報告就對了。

3. (　) 簡單隨機抽樣中，母體每一個基本單位被選為樣本的機率都已知，偏頗最少而概化程度最高。

4. (　) 分層抽樣先將母體的所有基本單位分成若干互斥的群體，然後隨機抽選一個或若干個群體做為樣本群，再把樣本群的所有單位都做為樣本。

5. (　) 立意抽樣，也稱判斷抽樣，係根據抽樣設計者的判斷來選擇樣本單位，以位居最能提供所需資料地位者為選擇目標。

選擇題

1. (　) 專題報告製作時，進行抽樣的原因為何：　(1)經濟與時效的考量　(2)母體過大　(3)母體難以接觸　(4)以上皆是。

2. (　) 以下何者不是準備抽樣設計應該考慮的事項：　(1)樣本大小　(2)研究參數　(3)選擇隨機的抽樣方法　(4)抽樣架構。

3. (　) 何者為抽樣程序之步驟：　(1)界定母體　(2)確定抽樣架構　(3)選擇抽樣方法　(4)以上皆是。

4. (　) 何者不是機率抽樣方法：　(1)便利抽樣　(2)系統抽樣　(3)分層抽樣　(4)集群抽樣。

5. (　) 何者不是非機率抽樣方法：　(1)便利抽樣　(2)隨機抽樣　(3)立意抽樣　(4)雪球抽樣。

6. (　) 哪一種抽樣法，係將第一個樣本單位的號碼，加上樣本區間即可得第二個樣本單位，依此類推，直到樣本數足夠為止：　(1)便利抽樣　(2)系統抽樣　(3)分層抽樣　(4)集群抽樣。

7.（　） 哪一種抽樣法，先將母體的所有基本單位分為若干互斥的群體，然後分別從各群體中隨機抽選預定數目的單位做為樣本： (1)便利抽樣 (2)系統抽樣 (3)分層抽樣 (4)集群抽樣。

8.（　） 哪一種抽樣法，只考慮容易接近或衡量的便利性來選擇樣本，由方便提供資訊的母體成員蒐集資料： (1)便利抽樣 (2)系統抽樣 (3)分層抽樣 (4)集群抽樣。

9.（　） 哪一種抽樣法，係先利用隨機方法選出一群初級受訪者，在完成訪問後，商請這些初級受訪者，提供符合樣本條件的其他受訪者： (1)便利抽樣 (2)系統抽樣 (3)雪球抽樣 (4)立意抽樣。

10.（　） 當很難直接找到符合樣本條件的受訪者時，用何種抽樣方法是很適合的方式： (1)便利抽樣 (2)雪球抽樣 (3)立意抽樣 (4)配額抽樣。

解答

1.(O) 　 2.(X) 　 3.(O) 　 4.(X) 　 5.(O)

1.(4) 　 2.(3) 　 3.(4) 　 4.(1) 　 5.(2) 　 6.(2) 　 7.(3) 　 8.(1) 　 9.(3) 　 10.(2)

人往往喜歡找藉口，而忘記是要找方法；
失敗的人找理由，成功的人找方法。

——楊政學

08

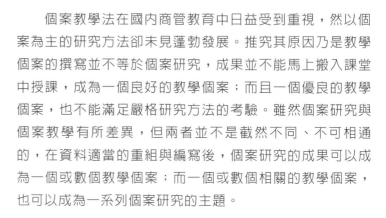

進行個案研討

FOREWORD

　　個案教學法在國內商管教育中日益受到重視，然以個案為主的研究方法卻未見蓬勃發展。推究其原因乃是教學個案的撰寫並不等於個案研究，成果並不能馬上搬入課堂中授課，成為一個良好的教學個案；而且一個優良的教學個案，也不能滿足嚴格研究方法的考驗。雖然個案研究與個案教學有所差異，但兩者並不是截然不同、不可相通的，在資料適當的重組與編寫後，個案研究的成果可以成為一個或數個教學個案；而一個或數個相關的教學個案，也可以成為一系列個案研究的主題。

　　為使商管教育之學習成效，較能符合實務應用上之目標，而有應用個案研究法之教學技能於商管教育上，整合成商管類綜合個案之個案研究教學。本章節擬由研究個案編輯架構、個案分析架構、個案研討架構等三大部分，來綜整探討實務專題製作中的個案研討如何進行。

SUMMARY

8.1　個案編輯架構

一、產業發展背景

二、公司發展背景

三、理念、目標與策略

四、組織與人力資源管理

五、產品與生產管理

六、技術與研發管理

七、行銷與業務管理

八、財務與預算管理

九、資訊與知識管理

十、結論與報告撰述

8.2　個案分析架構

一、個案公司背景描述

二、外部環境與企業定位分析

三、內部條件及競爭能力分析

四、整體情境分析

五、整體經營策略分析

六、企業功能計畫與方案評估

七、結論與報告撰述

8.3　個案研討架構

一、公司背景與現況瞭解（個案編輯及個案分析）

二、問題發掘與指認

三、原因診斷與剖析

四、提出解決方案

五、評估解決方案

六、決策建議與結論報告

8.1 個案編輯架構

實務專題製作流程中，針對研究個案公司經營現況分析，其個案公司的編輯架構（胡政源編著，2001），如〔圖 8-1〕所示。整體上大抵可細分為：

(1) 產業發展背景。

(2) 公司發展背景。

(3) 公司理念、目標與策略。

(4) 組織與人力資源管理。

(5) 產品與生產管理。

(6) 技術與研發管理。

(7) 行銷與業務管理。

(8) 財務與預算管理。

(9) 資訊與知識管理。

(10) 結論與報告撰述。

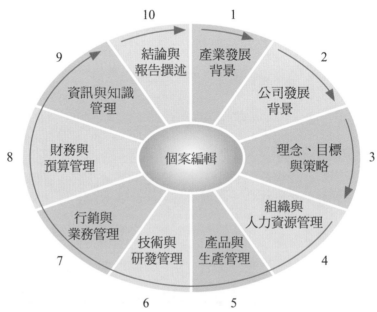

▲ 圖 8-1　個案公司之編輯架構

資料來源：參考修改自胡政源編著(2001)。

　　大抵編輯內容以企業組織內部各不同功能別為描述重點，予以有系統的整合性研究，期能在實務專題製作中，能對所研究的個案公司有更深入的瞭解，這對實務性專題研究特別重要。

一、產業發展背景

　　個案公司編輯架構及內容中，第一部分為產業發展背景，包含：

(1) 產業發展歷史沿革。

(2) 產業供需及競爭現況。

(3) 產業未來發展趨勢。

二、公司發展背景

　　個案公司編輯架構及內容中，第二部分為公司發展背景，包含：

(1) 公司發展歷史沿革。

(2) 公司經營管理現況。

(3) 公司未來發展規劃。

三、理念、目標與策略

　　個案公司編輯架構及內容中，第三部分為公司理念、目標與策略，包含：

(1) 公司理念、使命及宗旨。

(2) 公司經營目標。

(3) 公司經營策略。

四、組織與人力資源管理

　　個案公司編輯架構及內容中，第四部分為組織及人力資源管理，包含：

(1) 組織現況及組織圖、人力資源政策系統。

(2) 人事制度（任用、薪資、福利、考績、晉升、教育訓練）。

(3) 勞資關係。

(4) 人力資源盤點、工作輪調。

五、產品與生產管理

個案公司編輯架構及內容中，第五部分為產品與生產管理，包含：
(1) 產品介紹。
(2) 生產技術。
(3) 生產流程。
(4) 原料、成品管制。
(5) 品質控制。
(6) 環保及汙染防治。

六、技術與研發管理

個案公司編輯架構及內容中，第六部分為技術與研發管理，包含：
(1) 技術開發與管理。
(2) 研究發展。
(3) 智慧財產權。
(4) 研究發展經費。
(5) 研究發展組織流程與管理。
(6) 專利開發與擁有。

七、行銷與業務管理

個案公司編輯架構及內容中，第七部分為行銷與業務管理，包含：
(1) 市場狀況。
(2) 競爭狀況。
(3) 公司行銷、銷售、業務目標。
(4) 公司行銷策略。
(5) 公司產品策略與計畫。
(6) 公司價格策略與計畫。
(7) 公司通路策略與計畫。
(8) 公司促銷策略與計畫。
(9) 公司業務策略與計畫。
(10) 公司業績檢討與評估。

八、財務與預算管理

個案公司編輯架構及內容中，第八部分為財務與預算管理，包含：

(1) 財務報表分析。

(2) 資產負債表。

(3) 損益表。

(4) 盈餘分配表。

(5) 資金來源運用表。

(6) 現金流量表。

(7) 預算編列及執行。

(8) 財務來源運用管理。

(9) 財務報表分析與檢討。

九、資訊與知識管理

個案公司編輯架構及內容中，第八部分為資訊與知識管理，包含：

(1) 公司資訊管理組織（IT、IM 部門）。

(2) 公司資訊設施：硬體、軟體、其他配合設施。

(3) 公司管制制度、流程電腦化之狀況。

(4) 公司電子商務推展程度：B2B、B2C、ERP、EDI、EOS、POS。

(5) 公司知識管理的推行評估。

(6) 公司資訊與知識管理模式系統規劃整合能力。

十、結論與報告撰述

個案公司編輯架構及內容中，第十部分為結論與報告撰述，包含：

(1) 研究結論。

(2) 建議方案。

(3) 報告撰述（摘要、重點與結論）。

整體而言，個案公司整體編輯摘要，係以下列十個部分來描述之，而在實務專題製作報告中，可依個案介紹的實際需要來增減。

(1) 產業背景。

(2) 公司背景。

(3) 公司理念、目標與策略。

(4) 公司組織及人力資源管理。

(5) 公司產品與生產管理。

(6) 公司技術與研發管理。

(7) 公司行銷與業務管理。

(8) 公司財務與預算管理。

(9) 公司資訊與知識管理。

(10) 研究結論。

8.2　個案分析架構

在對研究個案依不同功能部門完成整體編輯描述後，緊接下來則是由幾個層面，如〔圖 8-2〕所示，來分析所研究的個案公司（胡政源編著，2001），其架構大抵包括：

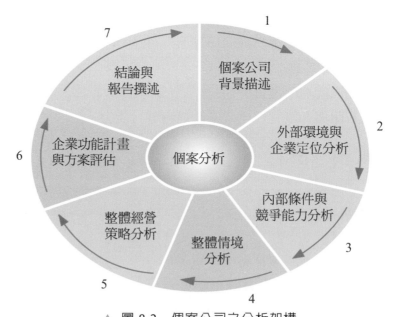

▲ 圖 8-2　個案公司之分析架構

資料來源：參考修改自胡政源編著(2001)。

(1) 個案公司背景描述。

(2) 外部環境與企業定位分析。

(3) 內部條件與競爭能力分析。

(4) 整體情境分析。

(5) 整體經營策略分析。

(6) 企業功能計畫與方案評估。

(7) 結論與報告撰述。

一、個案公司背景描述

個案公司分析架構及內容中，第一部分為個案公司背景描述，包含：

(1) 產業發展背景。

(2) 公司發展背景。

(3) 公司理念目標與策略。

(4) 公司組織與人力資源管理。

(5) 公司產品與生產管理。

(6) 公司技術與研發管理。

(7) 公司行銷與業務管理。

(8) 公司財務與預算管理。

(9) 公司資訊與知識管理。

(10) 研究小結。

二、外部環境與企業定位分析

個案公司分析架構及內容中，第二部分為外部環境與企業定位分析，包含：

(1) 一般環境（政治、法律、經濟、社會、人口、科技、風俗、自然）。

(2) 產業環境（國內、國際、原料供需、產品供需）。

(3) 個體環境（消費者、競爭者、供應商）。

(4) **環境威脅與機會剖析**（Environment Threats and Opportunities Profile，簡稱 ETOP）。

三、內部條件及競爭能力分析

個案公司分析架構及內容中，第三部分為內部條件及競爭能力分析，包含：

(1) 經營目標與策略。

(2) 組織條件與人力資源。

(3) 生產條件與產品評估。

(4) 技術條件與研發能力。

(5) 行銷條件與業務能力。

(6) 財務條件與預算能力。

(7) **策略強弱勢剖析**（Strategic Advantage Profile，簡稱 SAP）。

四、整體情境分析

個案公司分析架構及內容中，第四部分為整體情境分析，包含：

(1) 環境與機會。

(2) 條件與能力。

(3) SWOT 分析與 SWOT 競爭策略矩陣(SATTY)。

(4) 環境威脅與機會剖析、策略強弱勢剖析。

(5) 波特五力分析。

(6) 波特基本競爭策略。

(7) 成長／占有率矩陣（B.C.G.模式）。

(8) 其他分析。

(9) 研究小結。

五、整體經營策略分析

個案公司分析分析架構及內容中，第五部分為整體經營策略分析，包含有：

(1) 經營使命與宗旨。

(2) 經營目標。

(3) 經營策略。

(4) 經營目標評估。

(5) 經營策略評估。

(6) 研究小結。

六、企業功能計畫與方案評估

個案公司分析架構及內容中，第六部分為企業功能計畫與方案評估，包含有：

(1) 組織與人力資源管理。

(2) 產品與生產管理。

(3) 技術與研發管理。

(4) 業務與行銷管理。

(5) 預算與財務管理。

(6) 資訊與知識管理。

(7) 研究小結。

七、結論與報告撰述

個案公司分析架構及內容中，第七部分為結論與報告撰述，包含有：

(1) 研究結論。

(2) 建議方案。

(3) 報告撰述（摘要、重點與結論）。

整體而言，個案公司分析摘要，則以下列七個部分來描述之。

(1) 個案公司背景描述。

(2) 外部環境與企業定位分析。

(3) 內部條件與競爭能力分析。

(4) 整體情境分析。

(5) 整體經營策略分析。

(6) 企業功能計畫與方案評估。

(7) 研究結論。

8.3 個案研討架構

在完成個案編輯及個案分析後，隨即進入個案研討的程序（胡政源編著，2001），而其架構如〔圖 8-3〕所示，大抵包括：

(1) 公司背景與現況瞭解。
(2) 問題發掘與指認。
(3) 原因診斷與剖析。
(4) 提出解決方案。
(5) 評估解決方案。
(6) 決策建議與結論報告。

▲ 圖 8-3　個案公司之研討架構

資料來源：參考修改自胡政源編著(2001)。

一、公司背景與現況瞭解（個案編輯及個案分析）

個案公司研討架構及內容中，第一部分為公司背景與現況瞭解，包含：
(1) 個案編輯。
(2) 個案分析。
(3) 總結個案瞭解。

二、問題發掘與指認

個案公司研討架構及內容中，第二部分為問題發掘與指認，包含：
(1) 目標：生產、行銷、人資、研發、財務、資訊。
(2) 現況：生產、行銷、人資、研發、財務、資訊。
(3) 創造問題、發掘問題、解決問題、縮短差距。

三、原因診斷與剖析

　　個案公司研討架構及內容中，第三部分為原因診斷與剖析，包含：

(1) 原因搜尋。

(2) 原因類別。

(3) 原因剖析。

四、提出解決方案

　　個案公司研討架構及內容中，第四部分為提出解決方案，包含：

(1) 具體可行之方案。

(2) 針對原因解決問題之方案。

(3) 權變及替代之方案。

(4) 創意與視野之拓展。

(5) 風險之整體考慮。

五、評估解決方案

　　個案公司研討架構及內容中，第五部分為評估解決方案，包含：

(1) 優點、缺點之解析。

(2) 公司能力條件之評估。

(3) 外部環境之評估與調適。

(4) 整體策略之評估。

六、決策建議與結論報告

　　個案公司研討架構及內容中，第六部分為決策建議與結論報告，包含：

(1) 綜合整理、歸納與分析。

(2) 決策建議。

(3) 研究結論。

(4) 報告撰述（摘要、重點及結論撰述）。

1. 實務專題製作的進行，以個案研究的方式推行，是不錯的嘗試且難易適中，頗符合一般技職校院學生的程度。在資料適當的重組與編寫後，個案研究的成果可以成為一個或數個教學個案。

2. 個案公司的編輯架構，可細分為：(1)產業發展背景；(2)公司發展背景；(3)公司理念、目標與策略；(4)組織與人力資源管理；(5)產品與生產管理；(6)技術與研發管理；(7)行銷與業務管理；(8)財務與預算管理；(9)資訊與知識管理；(10)結論與報告撰述。

3. 個案公司的分析架構，大抵包括有：(1)個案公司背景描述；(2)外部環境與企業定位分析；(3)內部條件與競爭能力分析；(4)整體情境分析；(5)整體經營策略分析；(6)企業功能計畫與方案評估；(7)結論與報告撰述。

4. 個案公司的研討架構，大抵包括有：(1)公司背與現況瞭解；(2)問題發掘與指認；(3)原因診斷與剖析；(4)提出解決方案；(5)評估解決方案；(6)決策建議與結論報告。

1. 實務專題製作的進行，若以個案研究的方式推行，請問你的看法為何？試研析之。

2. 實務專題製作中，個案公司的編輯架構為何？試研析之。

3. 實務專題製作中，個案公司的分析架構為何？試研析之。

4. 實務專題製作中，個案公司的研討架構為何？試研析之。

章末題庫
PRACTICAL MONOGRAPH:
The Practice of Business Research Method

是非題

1. (　) 實務專題製作的進行，以個案研究的方式推行，是不錯的嘗試且難易適中，頗符合一般技職校院學生的程度。

2. (　) 即便個案資料適當重組與編寫後，個案研究的成果仍不適合當成一個或數個教學個案。

3. (　) 整體經營策略分析，是個案公司分析架構的一個部分。

4. (　) 企業功能計畫與方案評估，是個案公司研討架構的一個部分。

5. (　) 在個案公司的研討上，需要針對問題提出解決方案，進而評估解決方案，以利決策建議的提出。

選擇題

1. (　) 以下何者為個案公司的編輯架構： (1)公司理念、目標與策略 (2)公司發展背景 (3)組織與人力資源管理 (4)以上皆是。

2. (　) 以下何者非為個案公司的分析架構： (1)產業發展背景描述 (2)外部環境與企業定位分析 (3)內部條件與競爭能力分析 (4)整體情境分析。

3. (　) 以下何者為個案公司的研討架構： (1)公司背與現況瞭解 (2)問題發掘與指認 (3)原因診斷與剖析 (4)以上皆是。

4. (　) 以下何者非為個案公司的研討架構： (1)問題發掘與指認 (2)內部條件與外部環境分析 (3)原因診斷與剖析 (4)提出解決方案。

5. (　) 以下何者非為個案公司的編輯架構： (1)公司發展背景 (2)產品與生產管理 (3)問題發掘與指認 (4)財務與預算管理。

解答

1.(O)　2.(X)　3.(O)　4.(X)　5.(O)

1.(4)　2.(1)　3.(4)　4.(2)　5.(3)

生命的成長，不是一天做很多，而是每天多做一點；世界的改變，不是一個人做很多，而是很多人多做一點。

——楊政學

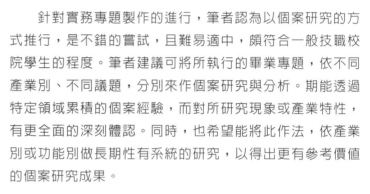

個案分析工具

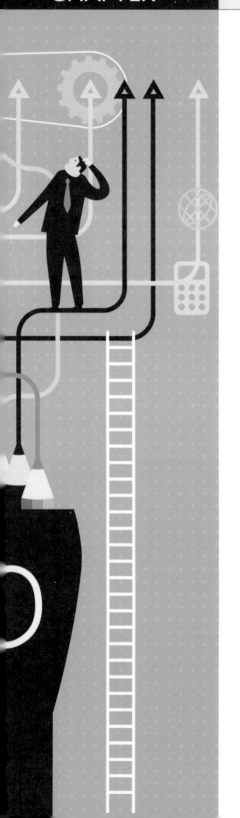

　　針對實務專題製作的進行，筆者認為以個案研究的方式推行，是不錯的嘗試，且難易適中，頗符合一般技職校院學生的程度。筆者建議可將所執行的畢業專題，依不同產業別、不同議題，分別來作個案研究與分析。期能透過特定領域累積的個案經驗，而對所研究現象或產業特性，有更全面的深刻體認。同時，也希望能將此作法，依產業別或功能別做長期性有系統的研究，以得出更有參考價值的個案研究成果。

　　實務專題製作所進行的個案公司，首先需要對其研究個案作一系列的探討與分析，尚能從其中獲得有系統的資訊，以便於專題小組成員在往後的研究中，能夠成就有系統的思維。本章節描述說明一些在個案研究中，專題小組成員執行實務專題製作時，最常使用的幾項分析工具，例如 SWOT 分析、SATTY 分析、成長策略、波特五力分析、波特基本競爭策略、成長／占有率矩陣等工具，以便學生對實務專題製作中的個案公司進行分析。

SUMMARY

9.1　SWOT 分析

一、SWOT 意涵

在企業管理專業學理上，所謂策略規劃是一種「優勢」與「劣勢」、「機會」與「威脅」的確認與考量，如〔表 9-1〕所示。其中，組織必須確認外部環境的機會與威脅，從機會尋找目標，同時避免威脅；惟所尋找的目標必須配合組織的優勢與劣勢，且考量企業體的本身任務，以確認組織所想要達到的未來願景，並找出未來願景與組織現狀間的差距，然後發展策略與拉近兩者差距。同時，也要針對本身內部條件進行分析，以瞭解其優缺點及競爭能力，以創造組織的高利潤價值。

▼ 表 9-1　SWOT 分析

優勢(Strengths)	劣勢(Weaknesses)
機會(Opportunities)	威脅(Threats)

資料來源：楊政學(2004)。

二、內部條件分析

SWOT 分析是以有利或不利，以及內部或外部這兩個構面，對實務專題所研究之個案公司，其擁有的內部**優勢**(strengths)與**劣勢**(weaknesses)，以及個案公司所面對的外部**機會**(opportunities)與**威脅**(threats)進行分析，如〔圖 9-1〕所示。內部優勢與劣勢，是指個案公司通常能夠加以控制的內部因素，諸如組織使命、財務資源、技術資

源、研究與發展能力、組織文化、人力資源、產品特色等。唯在進行
內部條件分析時，需要同時考量競爭對手的條件，是一個與競爭對手
相對比較的概念。

　　對一般以營利為主之企業體個案而言，任何優勢與劣勢的分析都
必須以顧客為焦點，由顧客的觀點去探討才有意義，因為只有能有利
於滿足顧客需要的優勢，才是真正的優勢；也只有會不利於滿足顧客
需要的劣勢，才是真正的劣勢。個案公司需要定期去評估他們擁有的
優勢與劣勢。例如，蘋果電腦(Apple Computer)的顧客忠誠度高，是他
的一項競爭優勢；但其作業系統不如微軟公司(Microsoft)的視窗作業
系統(Windows)，則是一項競爭劣勢。

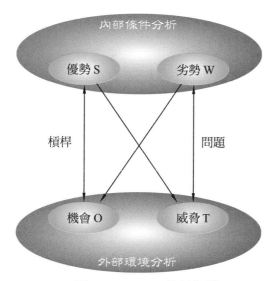

▲ 圖 9-1　SWOT 分析架構
資料來源：楊政學(2004)。

三、外部環境分析

　　外部機會與威脅，是指個案公司通常無法加以控制的外部因素，
包括競爭、政治、經濟、法律、社會、文化、科技與人口環境等。這
些外部因素雖非個案公司所能控制，但卻對個案公司的營運有重大的
影響。機會如能及時掌握，將有助於達成目標；威脅如不能及時防
範，將會阻礙目標的達成。唯在進行外部環境分析時，也需要同時檢
視自己準備好了沒有，如準備好了，威脅可能成為機會，如沒準備
好，則機會可能變成威脅。

例如：油價的上漲並非一般廠商所能左右，但卻會增加廠商的產銷成本，如未妥善因應，將成為廠商的一大威脅；而在全球環境意識高漲之際，對那些比競爭者更重視汙染防治與生態保育的廠商而言，將會是一個成長的機會。例如，中國鋼鐵公司對綠色環保的重視與投入，使中鋼公司相對其他競爭同業，保有更大的特色與優勢，同時藉以轉型本身企業體質。

四、SWOT 實例分析

在 SWOT 外部環境分析當中，包括有環境分析、消費者行為分析與政經趨勢分析等。在內部條件分析當中，包括有組織分析、高階主管分析與**價值鏈**(value chain)分析等，一般以〔圖 9-1〕所示 SWOT 分析架構說明。至於，實際研究個案的應用，可以〔表 9-2〕所列之新屋蓮園個案之 SWOT 分析結果來做為參考實例，以說明實際操作演練的流程與結論。

▼ 表 9-2　新屋蓮園 SWOT 分析

優勢(Strengths)	劣勢(Weaknesses)
1. 新屋蓮園位於新屋鄉北端，隔觀音、中壢，交通方便。 2. 新屋蓮園屬於鄉下地區，非常清靜而且離觀音鄉近，只要到其他農場參觀的遊客，勢必也會到新屋蓮園觀賞。 3. 農場土地是經營者的，可以節省租金。 4. 農場離業主家近，經營方便。	1. 蓮花有季節性，6～9 月是旺季，其餘時間，很少會有遊客。 2. 缺乏專業解說人員及行銷人員。 3. 產品促銷方式不足。 4. 只有產銷班未有正式牌照。 5. 沒有民宿，無法提供兩日遊。 6. 缺乏傳媒廣告。 7. 相關人員還處於學習階段，沒有足夠的相關知識。
機會(Opportunities)	威脅(Threats)
1. 因為 921 地震及 SARS 關係，遊客大多往鄉下跑，接近大自然。 2. 政府輔導舉辦蓮花季，設計各種活動或遊樂設施，吸引更多的遊客。 3. 東西向快速道路興建，交通便利。 4. 週休二日政策影響遊客增加。 5. 政府積極推動休閒農業。	1. 乾旱。 2. 蟲害。

資料來源：楊政學、陳佩君(2003)。

9.2 SATTY 分析

一、SATTY 意涵

　　延伸 SWOT 分析結果，小組成員可進一步探討競爭策略矩陣（SATTY 分析），如〔表 9-3〕所示，提出 SWOT 分析中的優勢與機會 (S+O:Maxi-Maxi)、劣勢與機會 (W+O:Mini-Maxi)、優勢與威脅 (S+T:Maxi-Mini)、劣勢與威脅(W+T:Mini-Mini)所歸結出具體的解決方案，以研擬出因應的競爭策略矩陣表。

延伸SWOT分析結果，小組成員可進一步探討競爭策略矩陣（SATTY分析），提出SWOT分析中的優勢與機會(S+O)、劣勢與機會(W+O)、優勢與威脅(S+T)、劣勢與威脅(W+T)所歸結出具體的解決方案，以研擬出因應的競爭策略矩陣表。

▼ 表 9-3　SWOT 競爭策略矩陣分析（SATTY 分析）

	S	W
O	S + O:Maxi-Maxi （使用優勢並利用機會） ※**主攻策略**	W + O:Mini-Maxi （減輕弱勢並利用機會） ※**改善策略**
T	S + T:Maxi-Mini （使用優勢並減輕威脅） ※**維持策略**	W + T:Mini-Mini （減輕弱勢並減輕威脅） ※**撤退策略**

資料來源：楊政學(2004)

二、SATTY 實例分析

　　同樣地，筆者延伸前述新屋蓮園 SWOT 分析結果，可進一步歸結出其競爭策略矩陣，即 SATTY 分析結果，如〔表 9-4〕所示參考實例。

▼ 表 9-4　新屋蓮園 SWOT 競爭策略矩陣分析

S：新屋鄉與觀音鄉眾多休閒農場 O：政府積極推動休閒農業 S+O：策略聯盟	W：沒有民宿，無法提供兩日遊 O：東西向快速道路完工，交通便利 W+O：異業結盟
S：農場離業主家近，經營方便 T：乾旱 S+T：引用大堀溪水	W：部分花卉無法長時間開花 T：蟲害 W+T：廣植花種且以螯蝦除害

資料來源：楊政學、陳佩君(2003)。

9.3　成長策略

　　情勢分析的結果可用來協助評估個案公司的成長策略,而個案公司的成長策略,如〔圖 9-2〕所示,可用(1)現有市場或新市場,以及(2)現有產品或新產品,這兩個構面將之分成四種類型,分別為(1)市場滲透;(2)市場開發;(3)產品開發;(4)多角化等成長策略。茲將不同成長策略之意涵,列示說明如下:

現有產品新產品

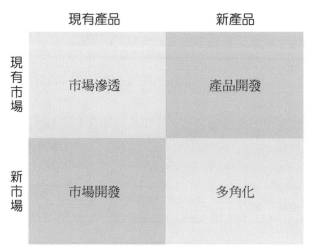

▲ 圖 9-2　成長策略的類型
資料來源:楊政學(2004)。

市場滲透

market penetration
在現有的市場中,以更積極的行銷措施,來增加現有產品的銷售量或市場占有率。

一、市場滲透

　　市場滲透(market penetration)是指在現有的市場中,以更積極的行銷措施,來增加現有產品的銷售量或市場占有率。譬如:可鼓勵現有的顧客增加他們的購買次數或購買數量;把競爭者的顧客爭取過來;或將目前的尚未使用者轉變為使用者。

市場開發

market development
將現有產品銷售到新的市場,以爭取新的顧客群體。

二、市場開發

　　市場開發(market development)是指將現有產品銷售到新的市場,以爭取新的顧客群體。譬如:可經由地區性、全國性或國際性的擴張

行動，打開新的地區市場；或進入新的分配通路，或在新興媒體上作廣告，以開發新的市場。

三、產品開發

產品開發(product development)是指為現有的顧客開發出新的產品或改良的產品，以增加銷售量。譬如：可經由改裝、修改、縮放、替換、重排或合併現有的產品特性，開發新的產品特性或內容。

四、多角化

多角化(diversification)是指針對新市場開發新產品。如果現有的行銷系統缺少繼續成長或獲利的機會，或在現有的行銷系統之外有更佳的成長或獲利機會，則可考慮採取多角化的成長策略。多角化策略又有以下三種型態：

(一) **垂直整合**(vertical integration)

個案公司可向前整合（如製造廠商取得其中間商的所有權或控制權），也可向後整合（如製造商取得其供應商的所有權或控制權）。

(二) **集中多角化**(concentric diversification)

集中多角化又稱「**關聯多角化**」(related diversification)，是指個案公司開發或外購的新產品與其原有的產品線，可產生技術上或行銷上的**綜效**(synergy)；同時，新產品是用來爭取新的顧客群體。

(三) **綜合多角化**(conglomerate diversification)

綜合多角化又稱「**非關聯多角化**」(unrelated diversification)，是指為新顧客群體開發或外購的新產品與原有的產品、技術或顧客並無關聯。當現有的事業面臨衰退或無利可圖的時候，個案公司會傾向採取綜合多角化策略；但綜合多角化不會產生綜效，會將注意力及資源由核心事業上移開，其風險與困難都較大。

產品開發
product development
為現有的顧客開發出新的產品或改良的產品，以增加銷售量。

多角化
diversification
是指針對新市場開發新產品。

五、成長策略實例分析

(一) 法國巴黎成長策略

若依法國巴黎婚紗的成長策略來看，屬於「市場滲透」、「產品開發」階段。

1. 市場滲透：在現有的市場中，法國巴黎積極的採取行銷措施，像是目前推出天空之城實景攝影，除了吸引現有的顧客增加他們的上門率，加上偶像劇明星爆紅後，各種「周邊產品」因應而生，初出道的模特兒婚紗照，全成了婚紗公司「活看板」，它的行銷方法是善用媒體的力量與其他異業結盟，成了最好的市場滲透路徑。

2. 綜合多角化：異業整合包括結合飯店、喜餅、蜜月等全套整合行銷，正是過去將攝影、婚紗、造型等整合發展的翻版，像法國巴黎婚紗與飯店業者、鑽石珠寶、西服業者合作。數位科技結合台灣的電子高科技優勢，將數位攝影運用到婚紗，在拍攝、後製處理上充分發揮迅速、多元、精緻的特性，數位由於比傳統技術有更大的創意空間，因此攝影師的素質更形重要。法國巴黎婚紗建立了結婚入口網站 wed168.com，在網路上實現婚紗異業整合的構想。

(二) 新娘物語成長策略

若依新娘物語皇室婚禮的成長策略來看，屬於「市場滲透」、「產品開發」階段。

1. 市場滲透：新娘物語目前是台灣首座新日式風格的婚紗店，會較積極做行銷策略，現下推出「新春總動員結婚享特權」優惠，除了吸引現有的顧客增加他們的上門率，更是帶領起與眾不同的日系時尚名品風潮，增加潛在顧客群。

2. 綜合多角化：異業整合包括結合飯店、喜餅、蜜月等全套整合行銷，而新狀物語就與崇軒粵式茶樓、鑽石珠寶、西服業者合作；數位科技結合台灣的電子高科技優勢，攝影手法更新設計，徵聘專業引進最新數位 2D、3D 視覺攝影，引領風潮。綜合以上，針對個案成長策略整理出〔表 9-5〕。

▼ 表 9-5　個案成長策略

	法國巴黎婚紗新概念	新娘物語皇家婚禮
市場滲透	1. 目前推出天空之城實景攝影。 2. 偶像劇明星爆紅，初出道的模特兒婚紗照，全成了婚紗公司「活看板」。	1. 台灣首座新日式風格的婚紗店，現下推出「新春總動員結婚享特權」優惠。
綜合多角化	1. 異業整合：與飯店業者、鑽路珠寶、喜餅、西服業者合作，建立了結婚入口網站 wed168.com，在網路上實現婚紗異業整合的構想。 2. 數位科技：世界第一座數位婚紗美學新概念，將數位攝影運用到婚紗，在拍攝、後製處理上充發揮迅速、多元、精緻的特性。	1. 異業整合：與崇軒粵式茶樓、鑽石珠寶、西服業者合作。 2. 徵聘專業引進昀新數位 2D、3D 視覺攝影，引領風潮。

9.4　波特五力分析

　　哈佛大學著名的管理策略學者麥克・波特(Michael Porter)曾在其名著：**《競爭性優勢》**(competitive advantage)書中，提出影響產業（或企業）發展與利潤之五種**競爭動力**(competitive forces)，而其五力分析架構，則如〔圖 9-3〕所示。茲依以下五個部分，條列說明如后：

(1) 現有廠商間的對抗。

(2) 新進入者的威脅。

(3) 替代品的壓力。

(4) 客戶的議價力量。

(5) 供應商的議價力量。

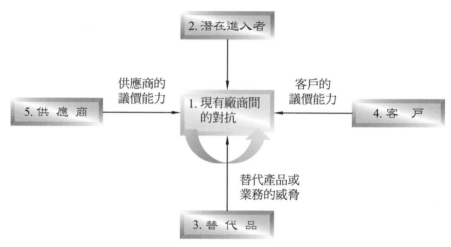

▲ 圖 9-3　Porter 五力分析
資料來源：楊政學(2004)。

一、現有廠商間的對抗(rivalry among existing firms)

現有廠商間的對抗，意即指同業爭食市場大餅，較常採用的手段有：

(1) 價格競爭：降（削）價。

(2) 非價格競爭：廣告戰、促銷戰。

(3) 造謠、夾攻、中傷。

二、新進入者的威脅(the threat of new entrants)

當產業之進入障礙很少時，在短期內將會有很多業者競相進入，爭食市場大餅，此將導致供過於求與價格競爭。因此，新進入者的威脅，端視其**進入障礙**(entry barrier)程度為何而定。至於，廠商的進入障礙，可能有以下情況：

(1) 規模經濟(economic of scale)。

(2) 產品差異化(product differentiation)。

(3) 資金需求(capital requirement)。

(4) 轉換成本(switch cost)。

(5) 配銷通路(distribution channels)。

(6) 政府政策(government policy)。

(7) 其他成本不利因素(cost disadvantage)。

三、替代品的壓力(pressure of substitute products)

替代品的產生將使原有產品快速老化其市場生命，而當其替代品很少時，對現有廠商則較有利。

四、客戶的議價力量(bargaining power of buyers)

如果客戶對廠商之成本來源、價格，有所瞭解且具有採購上之優勢時，將形成對供應廠商之議價壓力，意即要求降價的空間加大。

五、供應商的議價力量(bargaining power of suppliers)

供應廠商由於來源的多寡、替代品的競爭力、向下游整合之力量等強弱，形成對某一種產業廠商之議價力量。

六、五力分析實例分析

再者，實例的操作演練，則沿用上述實例，以新屋蓮園個案作參考實例，如〔圖 9-4〕所示，來說明 Porter 五力分析的應用。此外，我們亦可利用〔圖 9-5〕天和海洋開發公司的五力分析，來做為五力更為詳細分析的參考實例，以供學生實務製作參考之用。

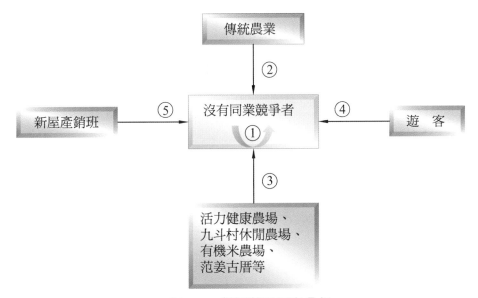

▲ 圖 9-4　新屋蓮園五力分析

資料來源：楊政學、陳佩君(2003)。

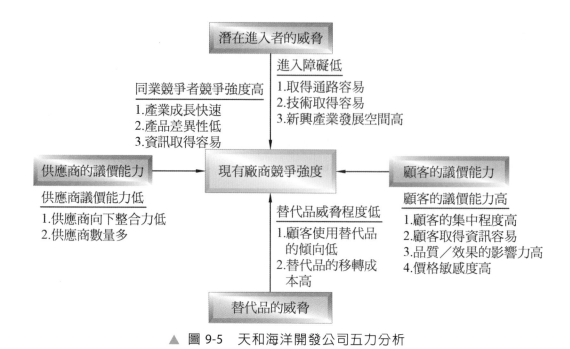

▲ 圖 9-5　天和海洋開發公司五力分析

資料來源：楊政學(2004)。

此外，行銷學者基根(Geegan)則認為，政府與總體環境的力量也應該考慮進去。因此，其另外以〔圖 9-6〕所示的方式及內容，表達出五種的競爭力量。

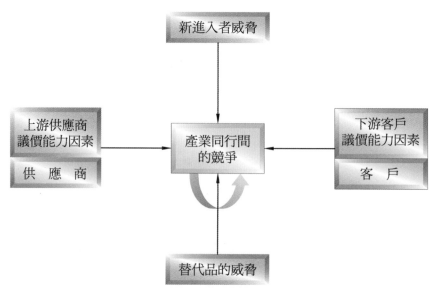

▲ 圖 9-6　供應商的議價力量

資料來源：楊政學、陳佩君(2003)。

9.5 波特基本競爭策略

根據前述的五種競爭力，Porter 進而提出廠商可以採行的三種**基本競爭策略**(generic competitive strategy)，如〔圖 9-7〕所示，競爭策略包括有：

(1) 全面成本優勢策略。

(2) 差異化策略。

(3) 專注經營策略。

在專注經營策略上，又可分為低成本與差異化專注經營，而圖中所謂競爭範圍狹窄，係指針對**區隔市場**(segment market)來經營。茲將各不同競爭策略之內涵，分別敘述如后：

一、全面成本優勢(cost leadership)

這種策略是要努力降低生產及配銷成本，使價格能比競爭者低，以贏得大的市場占有率。採用此策略的廠商必須專精於工程、採購、製造與實體分配，較不需要行銷方面的技能。此策略的問題是其他廠商可能以更低的成本出現，對專注於成本的廠商將造成很大的傷害。

二、差異化(differentiation)

採用此策略的事業集中全力於某項重要的顧客利益領域中，以獲得優越的績效。廠商可以努力成為服務的領導者、品質的領導者、造型的領導者、技術的領導者等，但要在各個領域中都表現突出是不可能的，廠商只能在一、二項利益上，獲得差異化的競爭優勢，並進而取得領導地位。

三、專注經營(focus)

採行這種策略的事業只全力爭取一個或多個狹窄的區隔市場，而非爭取一個廣大市場。廠商須瞭解這些區隔市場的需要，並在每一個區隔市場中，追求成本領導或某些型式的差異化。

全面成本優勢
cost leadership
這種策略是要努力降低生產及配銷成本，使價格能比競爭者低，以贏得大的市場占有率。

差異化
differentiation
採用此策略的事業集中全力於某項重要的顧客利益領域中，以獲得優越的績效。

專注經營
focus
採行這種策略的事業只全力爭取一個或多個狹窄的區隔市場，而非爭取一個廣大市場。廠商須瞭解這些區隔市場的需要，並在每一個區隔市場中，追求成本領導或某些型式的差異化。

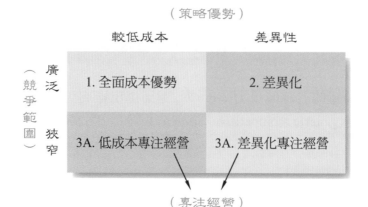

（策略優勢）

	較低成本	差異性
廣泛	1. 全面成本優勢	2. 差異化
狹窄	3A. 低成本專注經營	3A. 差異化專注經營

（專注經營）

▲ 圖 9-7　Porter 基本競爭策略

資料來源：楊政學(2004)。

9.6　成長／占有率矩陣

成長／占有率矩陣法
growth/share matrix
係由美國波士頓顧問集團所提出與採用，以相對市場占有率為橫軸，而以市場成長率為縱軸，形成四個區域，分別為：(1)問題人物型；(2)明星型；(3)搖錢樹型；(4)落水狗型。

　　成長／占有率矩陣法(growth/share matrix)係由美國波士頓顧問集團（Boston Consulting Group，簡稱 BCG）所提出與採用，如〔圖 9-8〕所示。圖中係以相對市場占有率為橫軸，而以市場成長率為縱軸，形成四個區域，分別為：

(1) 問題人物型(question child)。

(2) 明星型(rising star)。

(3) 搖錢樹型(cash cow)。

(4) 落水狗型(dog)。

　　圖中箭頭符號代表最適現金流動的方向。茲將各不同區域之意涵，列示說明如后：

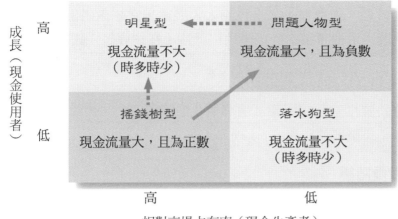

▲ 圖 9-8　成長／占有率矩陣
資料來源：楊政學(2004)。

一、問題人物型(question child)

　　此型產品是屬有高的市場成長率，但是公司的品牌在市場占有率卻很低，意謂公司宜思考是否應再投入資金以打開僵局，抑或迅速撤退以避免浪費。

二、明星型(rising star)

　　此型產品是屬於有高的市場成長率，而公司的品牌在市場占有率也很高，不過由於初期投入之資金相當鉅大，短期間尚未回收完成，但可肯定的是，未來將可替公司賺入可觀的盈餘。

三、搖錢樹型(cash cow)

　　此型產品屬於低度的市場成長率，但卻擁有高度市場占有率，意謂產品處於成熟期階段，公司已不再有大量資金投資，但卻享有較多的盈餘回收，是公司的一棵搖錢樹，可利用其所賺取之盈餘，來發展明星型產品，或挹注資金到問題人物型產品，協助其發展成明星型產品。

四、落水狗型(dog)

　　此型產品屬於低度的市場成長率，以及低度的市場占有率，說明此產品已步入衰退期階段，而公司品牌在此市場也沒有什麼地位，對

公司而言是一種負擔,未來也無太大展望,宜規劃退出市場,以避免資源浪費。這種事業由於競爭地位低落,往往會是「錢坑」。

五、BCG Model 實例分析

茲將資生堂公司開架式與專櫃化妝保養品的 BCG Model 分析,其所得結果整理如〔表 9-6〕所示:

(一) 戀愛魔鏡

日本資生堂總公司打破傳統設計概念,在 2004 年推出了全新的「戀愛魔鏡-MAJOLICA MAJORCA」系列,一上市就造成很大的討論,因為它的包裝設計,相當可愛精緻,帶點小華麗,配上具質感的金色起美 LOGO,典雅又高貴。「戀愛魔鏡」全系列商品皆以「能立刻看到效果」為研發重點,所以未來的銷售量是很可觀的。

(二) 紅色夢露

「EUDERMIN 紅色夢露」是全世界第一個擁醫藥背景的化妝品公司品牌,也是首支以藥妝劑型化妝水,名字源自希臘語,「好的皮膚」的意思,長銷了一個世紀,仍有許多愛用者,證實了資生堂化妝品理念的正確性與品質的可靠性,魅力歷久不衰。

(三) 惹我

資生堂集團了開發年輕客層而成立法徠麗,在 1999 年,從日本進口「惹我」指甲油,利用 7-ELEVEN 做為銷售通路,但卻是錯估台灣便利商店消費者習性,台灣年輕人並不像日本年輕人會到便利商店試用彩妝品,加上台灣便利商店的顧客男女比例為七比三。所以,由此可知產品銷售量很不好。

(四) 夢思嬌

資生堂的業績長紅,拉大與其他品牌業績差距,夢思嬌系列彩妝產品是重要關鍵。於 1979 年推出,當時資生堂以一支極端東方色彩,甚至帶點鬼魅般感受的廣告,令許多消費者印象深刻,這也從此拉抬了資生堂的彩妝業績,但現因年代久遠,資生堂也陸續推出新系列彩妝,而夢思嬌也逐漸被遺忘。

▼ 表 9-6　資生堂公司開架式及專櫃化妝保養品 BCG Model 分析

明星型	問題人物型
戀愛魔鏡-MAJOLICA MAJORCA 2004 年推出了全新的「戀愛魔鏡-MAJOLICAMAJORCA」系列，一推出就造成轟動。	惹我 從日本進口「惹我」指甲油，利用 7-ELEVEN 作為銷售通路。但卻是錯估台灣消費者習性，因此商品賣得並不好。
搖錢樹型	落水狗型
EUDERMIN 紅色夢露 市場上最早的高機能化妝水，從 1872 年販售至今。橫跨三個世紀，超過百年歷史。強調生化醣醛酸的保水性，讓肌膚水嫩。	夢思嬌 是重要關鍵的夢思嬌系列彩妝，但現因年代久遠，資生堂也陸續推出新系列彩妝，而夢思嬌也逐漸被遺忘。

資料來源：引用自楊政學(2007)。

1. SWOT 分析是以有利或不利，以及內部或外部這兩個構面，來對實務專題所研究之個案公司，其所擁有的內部優勢與劣勢，以及個案公司所面對的外部機會與威脅進行分析。

2. 延伸 SWOT 分析結果，專題小組成員可進一步探討競爭策略矩陣（SATTY 分析），提出優勢與機會 (S+O:Maxi-Maxi)、劣勢與機會 (W+O:Mini-Maxi)、優勢與威脅 (S+T:Maxi-Mini)及劣勢與威脅(W+T:Mini-Mini)所歸結的具體方案，以研擬因應的競爭策略矩陣表。

3. 個案公司的成長策略，可用(1)現有市場或新市場，以及(2)現有產品或新產品，這兩個構面將之分成四種類型，分別為市場滲透、市場開發、產品開發與多角化等成長策略。

4. 波特提出影響產業（或企業）發展與利潤之五種競爭動力，而其五力分析架構為：(1)現有廠商間的對抗；(2)新進入者的威脅；(3)替代品的壓力；(4)客戶的議價力量；(5)供應商的議價力量。

5. 波特競爭策略包括有：(1)全面成本優勢策略；(2)差異化策略；(3)專注經營策略，其中又可分為低成本與差異化專注經營。

6. 成長／占有率矩陣法由美國波士頓顧問集團(Boston Consulting Group, BCG)所提出與採用，係以相對市場占有率為橫軸，而以市場成長率為縱軸，形成四個區域：(1)問題人物型；(2)明星型；(3)搖錢樹型；(4)落水狗型。

問題與討論
PRACTICAL MONOGRAPH:
The Practice of Business Research Method

1. 個案分析工具中，SWOT 分析是很常被使用的方法之一，試說明其真正的意涵為何？

2. 延伸 SWOT 分析結果，可進一步探討競爭策略矩陣（SATTY 分析）所歸結的具體方案，以研擬因應的競爭策略矩陣表。試研析其真正意涵為何？

3. 情勢分析的結果，可用來協助評估個案公司的成長策略，而個案公司的成長策略，其分析的角度為何？試研析之。

4. 試說明波特五力分析架構為何？在實務專題製作上，五力分析應用的方式為何？試研析之。

5. 試說明波特競爭策略的內涵為何？在實務專題製作上，競爭策略應用的方式為何？試研析之。

6. 試說明 BCG 模式的架構為何？在實務專題製作上，BCG 模式應用的方式為何？試研析之。

章末題庫
PRACTICAL MONOGRAPH:
The Practice of Business Research Method

是非題

1.（　）SWOT 分析是以有利或不利，以及內部或外部這兩個構面，來對所研究之個案公司所擁有的優勢與劣勢，以及所面對的機會與威脅進行分析。

2.（　）延伸 SWOT 分析結果，專題製作可進一步探討競爭策略矩陣，以研擬因應的競爭策略矩陣表。

3.（　）個案公司的成長策略，是用現有市場或新市場，以及現有技術或新技術，這兩個構面來將之分成四種類型。

4.（　）客戶的議價力量是波特五力分析的架構，而供應商的議價力量則不是。

5.（　）波特競爭策略中的專注經營策略，又可分為低成本與差異化專注經營。

選擇題

1.（　）SWOT 分析中，針對所研究之個案公司的優勢與劣勢，是由什麼構面來進行分析：　(1)內部　(2)外部　(3)整體　(4)以上皆是。

2.（　）SWOT 分析中，針對所研究之個案公司的機會與威脅，是由什麼構面來進行分析：　(1)內部　(2)外部　(3)整體　(4)以上皆是。

3.（　）個案公司在研擬因應的競爭策略矩陣表時，最佳的競爭策略為何：　(1)優勢與威脅　(2)劣勢與威脅　(3)優勢與機會　(4)劣勢與機會。

4.（　）以下何者非為個案公司的成長策略：　(1)市場滲透　(2)市場開發　(3)產品開發　(4)差異化。

5.（　）以下何者非為波特五力分析的架構：　(1)現有廠商間的對抗　(2)新進入者的威脅　(3)互補品的壓力　(4)客戶的議價力量。

6.（　）以下何者為波特競爭策略：　(1)全面成本優勢策略　(2)差異化策略　(3)專注經營策略　(4)以上皆是。

7.（　）成長／占有率矩陣(BCG)，係以相對市場占有率，及什麼構面來劃分四個區域：　(1)市場成長率　(2)市場獲利率　(3)新產品開發率　(4)人員離職率。

8.(　　) 成長／占有率矩陣(BCG)中，資金主要挹注的部分或產品為何： 　(1)問題
人物型　 (2)明星型　 (3)搖錢樹型　 (4)落水狗型。

解答

1.(O)　 2.(O)　 3.(X)　 4.(X)　 5.(O)

1.(1)　 2.(2)　 3.(3)　 4.(4)　 5.(3)　 6.(4)　 7.(1)　 8.(2)

10

模式設計與應用

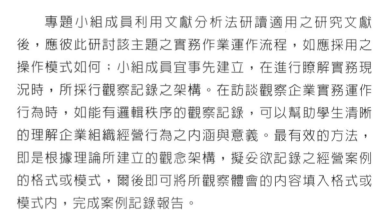

　　專題小組成員利用文獻分析法研讀適用之研究文獻後，應彼此研討該主題之實務作業運作流程，如應採用之操作模式如何；小組成員宜事先建立，在進行瞭解實務現況時，所採行觀察記錄之架構。在訪談觀察企業實務運作行為時，如能有邏輯秩序的觀察記錄，可以幫助學生清晰的理解企業組織經營行為之內涵與意義。最有效的方法，即是根據理論所建立的觀念架構，擬妥欲記錄之經營案例的格式或模式，爾後即可將所觀察體會的內容填入格式或模式內，完成案例記錄報告。

　　本章節首先，說明實務模式的設計理念，提出整合研究方法與資料蒐集的三角測定概念，意即將質化研究法的文獻分析與深度訪談，以及量化研究法的問卷調查一併整合到模式中；同時將初級資料與次級資料併同使用，以提供更完整且客觀的資料，用以做個案研究的實務運作分析。再者，延伸理念架構中，文獻分析、問卷調查及深度訪談方法，以實際應用的實例來說明過程中的實務操作流程。再以完整概略的研究個案，來作整合性說明，並予以實務運作的操作化定義，俾利執行實務專題製作的小組成員，能有更具體且可參酌的實例。

SUMMARY

10.1 實務模式設計理念

一、實務工作流程

專題小組成員在確定自己欲研習之實務主題後，且在進行該主題之深度訪談、觀察、實習或資料蒐集等活動前，專題小組成員應事先回溯溫習本主題可應用之理論、觀念或系統模式；理論學習目標是以在校修習課程，以及同等級之教科書內容為主，如仍有不足再向指導老師徵詢可增加研讀之期刊文章或專業書籍。專題小組成員利用**文獻分析法**(analyzing documentary realities)研讀適用之研究文獻後，應彼此研討該主題之實務作業運作流程，如依據理論所述，應採用之操作模式如何；小組成員宜事先建立，在進行瞭解實務現況時，所採行觀察記錄之架構。

在訪談觀察企業實務運作行為時，如能有邏輯秩序的觀察記錄，可以幫助學生清晰的理解企業組織經營行為之內涵與意義。最有效的方法，即是根據理論所建立的觀念架構，擬妥想要記錄之經營案例的格式或模式，爾後即可將所觀察體會的內容填入格式或模式內，完成案例記錄報告。專題小組成員針對研習主題，完成實務工作瞭解的流程上，大致有：

(1) 徵求企業主或該主題職務之負責主管，同意接受訪談或提供必要之說明教導。
(2) 實地觀察、紀錄、訪談或實習該項主題之作業。
(3) 完成該主題完整詳實的案例描述，並試圖建立目前實務運作下的經營模式。

二、模式設計理念

實務專題製作中，個案實務架構設計之學理概念，常是採用質走向量的研究型式，以定性研究做為開始，屬典型的探索性研究，經由對個人或**焦點團體**(focus groups)的觀察與開放式訪談，定義出概念與實務性命題。在研究的第二個階段，採取定量的方式，對由定性分析中，所產生的概念進行操作化定義，以及對實務命題進行驗證，其具體的模式設計架構，如〔圖 10-1〕所示。

> 專題小組成員利用文獻分析法研讀適用之研究文獻後，應彼此研討該主題之實務作業運作流程，如依據理論所述，應採用之操作模式如何。

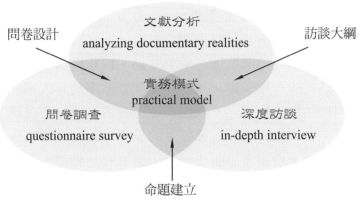

▲ 圖 10-1　實務專題製作中個案實務模式設計理念
資料來源：楊政學(2002a)。

　　模式設計流程上，首先，利用**文獻分析**(analyzing documentary realities)蒐集相關文獻檔案資料，以瞭解個案經營管理之定位與演變。再者，利用立意抽樣針對研究個案中，重要高階管理主管，採用**非結構深度訪談**(in-depth interview)，以實地瞭解其領導者角色實際運作之問題。最後，輔以個案中組織成員間**問卷調查**(questionnaire survey)之統計分析，來探討組織成員間對經營管理者的認知與滿意程度。

　　實務專題製作指導過程中，實務架構係以**個案研究**(case studies)的方式進行，在研究方法上，同時採用質化與量化研究的方法，意即同時採用文獻分析、深度訪談與問卷調查來設計流程；在資料蒐集上，同時採用初級資料與次級資料來交互使用驗證，是為**三角測定**(triangulation)程序的實務應用。

三、專題指導流程

　　在實務專題指導流程步驟上，在確立研究問題，設立研究目標與範圍後，即進行大量相關文獻之蒐集與整理的工作。再者，確認深度訪談及問卷調查對象，繼而將資料整合分析後，設計問卷內容及擬訂訪談大綱；而後發放問卷與回收追蹤，在此同時進行研究個案之深度訪談。最後依據問卷、訪談與次級資料，進行整理、分析與比較，且結合個案經營管理實務運作的架構，將學理概念套用於實務操作架構，以取得學理與實務相互驗證的管道，進而歸納研究結論與提出建議方案。以下就筆者指導學生從事實務專題製作的心得，加以過程中想去實踐的想法，做量化與質化研究方法的整合性探討。

實務專題製作指導過程中，實務架構係以個案研究的方式進行，在研究方法上，同時採用質化與量化研究的方法，意即同時採用文獻分析、深度訪談與問卷調查來設計流程；在資料蒐集上，同時採用初級資料與次級資料來交互使用驗證，是為三角測定程序的實務應用。

〔圖 10-1〕中所謂**實務模式**(practical model)的設計，在訪談大綱擬訂上，利用文獻分析法整理相關文獻中，有關研究個案經營管理議題的定義，再者納入相關管理之學理基礎，以建構個案研究中實務經營管理運作模式的學理基礎，並進而系統整理出訪談大綱。為使建構的模型能夠更加具有價值性，以便於往後實證研究之假設建立。問卷設計之目的，在於瞭解部屬對領導者的滿意度為何。依據學理基礎與文獻資料，加以整合及考慮組成架構因素的交互影響。每一環節在管理上都有必須注意的地方，每一環節都有它所面對的環境變化與機會，而彼此間的互動與配合，也是企業組織經營管理上的重要課題。

整合實務專題製作研究方法中，文獻分析與深度訪談（定性法），以及問卷調查（定量法）等方法的研究特質，同時在資料蒐集上，也統整了不同來源之初級資料（訪談記錄、問卷填答）與次級資料（研究文獻、企業內外部檔案資料），進而建構出企業組織個案經營實務的實務模式，以作為後續個案實證分析的基礎架構。同時，為使本章節後續的分析，能更為言之有物，而擬以實際案例的實務操作模式，來予以作深入性的探討與解析。

10.2 文獻分析應用實例

事前找尋適用之理論文獻研讀下列重點，例如：
(1) 相關觀念技能的文獻與理論研讀，建立理論上的經營模式以供學習。
(2) 建立理性運作模式。
(3) 與指導老師研討該模式的實用性作業方式。
(4) 理論模式與企業實際運作模式間之差異比對。

實務專題製作在主題確定之後，依照研習主題的深入觀察與訪談，可嘗試建構出實務模式，以做為實務專題製作的宗旨目標。學生需深入觀察、訪談研習企業之經營作業、資料蒐集，以建立實作模式，進而結合企業概況描述，完成能深入記錄與探討企業經營的個案與運作模式。

　　以非營利組織領導之實例而言，該實例旨在探討非營利組織領導角色之研究，根據專題小組成員，以文獻分析法將大量有關領導理論的文獻資料，綜整分析且運用領導行為理論概念，考慮有：(1)使命；(2)領導者；(3)部屬；(4)目標等四項因素的交互影響，進而建構該實務專題製作的研究架構，並形成研究假設的基礎。

　　茲將本書參考實例之實務專題研究的概念模式架構，圖示說明如〔圖 10-2〕，而模式中各組成要素的說明，則陳述說明如后。

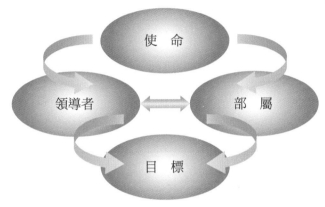

▲ 圖 10-2　非營利組織領導研究之概念模式架構
資料來源：楊政學(2002b)。

一、使命

　　使命(mission)是非營利組織重要的構成，是組織存在的理由，是成員間思想與行動的方向指引，得以促成員工集體的合作意識和協調，也是組織整體與員工成就評量之標準。它在於決定組織的經營方向、社會定位及目標的達成。使命是組織中有價值的一套系統，對非營利組織而言使命是不可或缺的。使命的存在決定了整個組織的價值，不是空談理想而已，因此必須與社會的需求結合，使命它負有神聖的任務，它是永續存在的。

二、領導者

　　領導者決定了非營利組織的使命與目標，促使資源之運作，引導了整個組織維持永續、創造與發展的一種歷程。領導者是組織中最瞭解組織內部價值的標準判斷者，具有說服及倡導作用，能界定每位成

員所扮演的角色，依循組織規範指派工作，深切關心部屬的福利與需要，提供成員更多參與決策的機會。領導是一種影響力，也是一種活動的過程，其最終目的在於協助組織或機構達成組織的目標，同時滿足個人需求兩層面，它是一種藝術，也是一種權力。

三、部屬

部屬是指非營利組織中之全職行政人員，非社工、義工。部屬之間相互支持合作，以每個人本身相輔相成的才能，共同為組織使命及相同的目標而努力。

四、目標

目標(goal)即是使組織得以存在的理由，它是由一群人、一個社會、或是一項人與物的安排，他們之所以構成一個組織，通常具有一定的**屬性**(attributes)或**成分**(ingredients)，目標即為屬性中之首要者。在非營利組織中主要目的為提供服務，其目標常是多重的、無形的，因此非營利組織應以目標為重，全心投入創造出視野、觀念、設想與服務，來點化人類改善環境。訂定目標的存在，藉以尋求組織存在之根本目的、能提供什麼利益、給那些對象等問題之解答，協助外界瞭解此一非營利組織的任務與性質，溝通內部人員之觀念，使其努力的方向、方案之抉擇判斷等，協調其一致的看法及做法，增進合作的效能與效率。

組織必須透過正式的過程，以界定組織要完成的使命，並將這使命清楚陳述的列示出來，讓組織各個成員充分知道、明白與接納。組織的領導者利用這使命陳述做基點，以訂定各具體可行的目標。目標反應了組織的使命，因此組織領導者必須將使命轉換成可達成與可測量的目標，如此組織成員才能確實明瞭所欲達成的任務，並且願意盡全力努力完成，而這些目標也將作為組織內部資源分配，以及方案評估的根據，兩者間有相互依存的關聯。

使命有可能維持長遠，但目標會因任務完成而改變，因此領導者必須回顧調整與結束，以及創新工作內容與方法。此四項因素，每一項管理上都有必須注意的地方，每一項都有它所面對的環境變化與機會，而彼此之間的互動與配合，也是非營利組織經營管理上的重要課

題。因此，在參考實例之概念模式架構上，筆者依文獻分析法萃取出使命、領導者、部屬與目標等四要素。文獻分析法萃取因素過程中，是需要大量閱讀相關的學理及文獻，由相關理論基礎與先前研究心得中整理歸納而獲取。

10.3 深度訪談應用實例

本節討論深度訪談的應用實例，援用非營利組織領導的實例，依深度訪談施行、訪談大綱擬訂、實務命題建立等三部分，來加以具體推演說明。

一、深度訪談施行

深度訪談係質化研究中，蒐集資料的一種基本方法，其不似量化研究強調假設的驗證，並希望找出變項或概念間因果關係與建立通則；而是希望在實際的場域中，發現一些事實的真相。深度訪談依其訪談方式可分成**非正式對話式訪談**(the informal interview)、**訪談指引法**(the in-terview guide approach)、**標準化開放式訪談**(the standardized open-ended interview)等三種類型。

深度訪談依其訪談方式可分成非正式對話式訪談、訪談指引法、標準化開放式訪談等三種類型。

訪談指引法其實是一種非結構性的訪談方式，因為一套標準化的問題將會窄化及限制研究者的觀點，所以用一種自然引領受訪者興趣的交談，將能促使受訪者進一步訴說；但非結構性的訪談，仍須建立在一個可供依循的架構上，方能使深度訪談兼具彈性與約束力。本書參考實例採訪談指引法進行深度訪談，其理由有二：

(1) 以其事前決定好主題，不至於像非正式對話式訪談之鬆散。

(2) 專題小組成員在訪談期間，可依據訪談當時的情境，自行決定問題的順序與遣字用語，可避免標準化開放式訪談，以相同的順序向受訪者發問相同問題，所產生雙方偏見之效應，因而使得訪談內容更具自然性與關聯性。

歸結該實例之研究目的，在於探討領導者的人格特質、領導型態、領導能力，以及探討領導者如何使組織達成使命，因此訪談問題皆環繞在領導的相關問題上。該深度訪談的訪問內容，包括三個主要部分：

(1) 領導者人格特質、領導能力及領導型態。
(2) 使命的實踐。
(3) 領導行為與組織發展。

二、訪談大綱擬訂

在訪談大綱擬訂上，利用文獻分析法整理相關文獻中，有關研究個案經營管理議題的定義，再者納入相關經營管理之學理基礎，以建構個案研究中實務運作模式的學理基礎，並進而系統性整理出訪談大綱。例如：在非營利組織領導實務研究中，可經由文獻檔案的回顧與分析，萃取出實務運作的主要因素，進而可供訪談大綱擬訂、實務命題建立與問卷設計題項的參考依據，期將學理基礎與概念，納入後續實務架構的建構與應用。專題小組成員在這個過程中是否認真研習，對研究個案實務運作的實證分析很重要，同時也可以讓參與的學生瞭解到文獻回顧、學理基礎與研究方法間，如何作緊密的整合與應用。

由於該實務專題製作之研究目的，在於探討領導者人格特質、領導型態、領導能力，以及探討領導者如何使組織達成使命，因此訪談問題皆環繞在領導的相關議題上，而所擬訂的訪談大綱，約略可概分為瞭解領導者如何達成組織使命，以及瞭解領導者人格特質、領導能力及領導型態等兩大部分，再個別衍生出較為細密的議題，如組織創設經過、使命建立分析、組織經營階段與使命落實，以及領導者人格特質、領導風格與對領導的理念等議題，來組構整個人員深度訪談進行的工作流程。

三、實務命題建立

為了使建構的模型能夠更加具有價值性，以便於往後實證研究之命題建立，本書參考實例依循：

(1) 領導者人格特質、領導能力及領導型態。
(2) 使命的實踐。

(3) 領導行為與組織發展等三個主要部分，整理出不同的實務性命題。

本節以下也同時說明實務命題推演過程中，命題本身與文獻回顧、學理基礎及訪談記錄間的關聯性。

(一) 領導者人格特質、領導能力及領導型態

在領導者人格特質、領導能力及領導型態上，根據文獻研究結果得知，不同的非營利組織領導者，有不同的人格特質，而這些不同的人格特質又會影響其與組織部屬間的關係。因此，由領導者之人格特質、領導能力及領導型態建立實務命題，來瞭解領導者之領導風格、職務權力運用的情形、以及與部屬之間的關係。

例如：〔命題 1〕：領導者個人風格是以人際關係至上。〔命題 2〕：領導者是充分授權的。〔命題 3〕：領導者會給部屬適時的激勵。〔命題 4〕：領導者對每個部屬很公平。〔命題 5〕：領導者兼顧任務的完成及人員的滿足。〔命題 6〕：領導者領導魅力來源是天生的。〔命題 7〕：領導者會適時給予部屬指引方向。〔命題 8〕：領導者通常在領導過程中遇到最大的困境在於專業知識不足。〔命題 9〕：領導者對領導的定義是相同的。

(二) 使命的實踐

在使命的實踐上，為瞭解組織內部屬對使命認知程度，以及其領導者的領導風格與組織使命落實之關係與衝突點，而研擬建立實務命題，來瞭解使命轉換成實際行動的過程。例如：〔命題 10〕：領導者讓部屬清楚瞭解使命。〔命題 11〕：領導者領導理念與組織使命成一致的方向。

(三) 領導行為與組織發展

在領導角色定位與組織發展上，領導者的領導角色定位會影響整個組織氣候，在決策與活動推展方式上也會有所差異，因此建立實務命題，來瞭解領導角色定位與組織發展之間的關聯。例如，〔命題 12〕：領導者的領導型態會影響組織發展。〔命題 13〕：領導者領導能力會影響組織決策。〔命題 14〕：領導者領導能力會影響組織活動推展。

10.4　問卷調查應用實例

　　本節說明問卷調查的應用實例，仍以先前非營利組織領導研究的實例，依問卷調查施行、問卷設計內容、問卷設計分析等三部分，來作具體的推演說明。

一、問卷調查施行

　　問卷調查法是資料蒐集最常被使用之技術，故在建構問卷前，專題小組成員必須對研究問題、研究假設、客觀事實、資料性質與研究模式等，有充份瞭解方可進行問卷設計。所謂抽象概念的**操作化**(operationalization)，就是將研究的某**構念**(construct)轉換成可以衡量之問卷題目，問卷設計好壞關係著研究工具的信度及效度。

　　問卷設計首重相關性與正確性，這是問卷達成研究目的必須做到的兩個基本準則。所謂相關性是指問卷所蒐集的資訊都不是不需要的，而且為解決企業問題所需要的資訊都已蒐集；而所謂正確性是指資訊是可靠並且有效的。

　　專題小組成員在建構調查問卷時，可依據以下幾個**邏輯**(logical)的步驟來發展問卷，如〔圖 10-3〕所示。調查問卷建構程序（吳萬益、林清河，2000）中，包括有：
(1) 計畫要衡量什麼？
(2) 藉由取得必須的資料來發展問卷。
(3) 決定問卷的順序與用字，並進一步規劃問卷的版面編排。
(4) 進行小型的抽樣來做問卷的預試，測試問卷是否有含糊不清及遺漏的地方。
(5) 進行信度分析，修正預試所發現不具有信度之題目，必要時再進行一次預試。

操作化
operationalization
就是將研究的某構念轉換成可以衡量之問卷題目，問卷設計好壞關係著研究工具的信度及效度。

所謂相關性是指問卷所蒐集的資訊都不是不需要的，而且為解決企業問題所需要的資訊都已蒐集；而所謂正確性是指資訊是可靠並且有效的。

▲ 圖 10-3 調查問卷建構的程序

資料來源：修改自吳萬益、林清河(2000)。

茲將建構問卷各項步驟之執行內容，列示說明如下幾點要項：

(一) 計畫要衡量什麼

此步驟一需要執行的內容，包括有：

(1) 再次檢視問卷調查之研究目的。

(2) 決定問卷的研究議題為何。

(3) 由次級資料或探索性研究中，取得有關於討論此議題的額外資料。

(4) 依研究議題決定問卷內容為何。

(二) 問卷的建構

此步驟二要執行的內容，包括有：

(1) 決定問卷每個構面的問項。

(2) 決定問卷每個問項的格式。

(三) 決定問卷中的用字

此步驟三需要執行的內容，包括有：

(1) 決定問卷中問題的遣詞用字。

(2) 衡量每個問題的可理解性，係以考量受測者的知識與能力，是否有意願去回答此問題而決定。

(四) 問卷排序與版面編排

此步驟四需要執行的內容，包含有：

(1) 將問卷問項以適當的順序呈現。

(2) 將所有的問項分成幾個次主題，用以組成一份單一的問卷。

(五) 預試與修訂問題

此步驟五需要執行的內容，包含有：

(1) 重新將整份問卷檢視一遍，看語意是否通順，是否所要衡量的項目都有衡量到，並檢查問卷是否有錯誤。

(2) 進行小規模抽樣來作問卷預試。

(3) 依預試結果修定問卷中，不具信度的問項或問題。

二、問卷設計內容

本書參考實例之問卷設計的目的，在於瞭解組織內員工對領導者的滿意度為何。根據前述有關領導行為文獻資料分析，在調查問卷設計內容的第一部分中，運用了領導行為理論的概念，包括有領導者人格特質與領導能力、領導類型、領導風格及領導特色，如〔圖 10-4〕所示。再者，考慮情境因素對有效領導方式的影響，其中含蓋上司是否對每個部屬都很公平，是否關心工作也關心部屬，是否充分授權，是否強調上對下的關係，是否會給予部屬適時的激勵，是否主管的領導方式會影響部屬的工作滿意度等。

第二部部分的個人基本資料中，除了所得水準外，部屬之性別、年齡、婚姻、教育程度、服務年資、畢業科系等變項，與主管之領導方式間，有無達到顯著相關。根據問卷調查研究所得到的結果，進一步進行統計檢定分析，以驗證該實務專題製作所欲探討的議題是否成立。

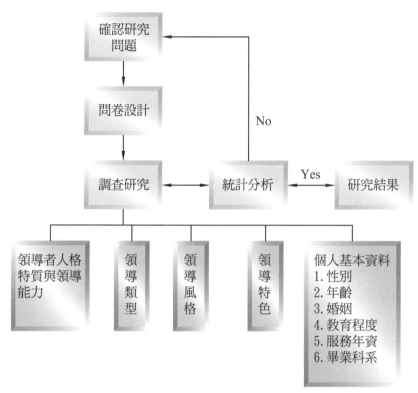

▲ 圖 10-4　非營利組織領導研究之問卷設計內容

資料來源：楊政學、紀佩君(2002)。

三、問卷統計分析

本書參考實例所採用之統計方法，將以次數分配為主，兼及卡方檢定、T 檢定及交叉分析等。茲將不同統計方法的特性，以及其在本參考實例中被應用的情況，列示說明如后。

(一) 次數分配及百分比

藉此描述性統計方法，瞭解社會福利機構領導角色之個人特質與員工對領導者之滿意度。

(二) T 檢定

T 檢定是一種顯著性檢定，可用以決定準則變數(Y)與每一個複測變數(Xi)之間，是否有顯著的直線關係存在。主要是在探討不同的變項，是否會因不同基金會的部屬而有所改變。

(三) 卡方檢定

當兩變項都是名目尺度(nominal scale)時，以卡方檢定的方法來檢定兩變項之間關係的顯著程度。主要是在探討不同的變項，是否會因部屬的性別、年齡、教育程度、婚姻狀況、服務年資、畢業科系不同，而有所改變。

當兩變項都是名目尺度時，以卡方檢定的方法來檢定兩變項之間關係的顯著程度。

10.5 實務模式建構實例

本節擬以筆者指導專題學生，從事非營利組織領導者經營管理實務運作之個案經驗，且配合本章第一節所提及〔圖 10-1〕之實務操作模式的設計理念，來作較為具體的個案實證研究之應用與說明。依據前述領導理論之文獻資料結論，加以整合領導行為理論概念，萃取出非營利組織中，組織使命、領導者、部屬與經營目標等四項因素，來建構彼此間在非營利組織內交互影響的實務運作模式。

一、實務模式架構

組織必須透過正式的過程，以界定其所要完成的使命，並將這使命清楚陳述列示，讓組織各個成員充分明瞭與接納。領導者利用組織使命做基點，以訂定各具體可行的經營目標。目標反應了組織的使命價值，因此組織領導者必須將使命轉換為可達成與可測量的目標，如此組織成員才能確實明瞭所欲達成的任務，同時也可作為組織內部資源分配及方案評估的根據。

組織使命有可能維持長遠，但經營目標會因任務完成而調整，因此領導者必須回顧檢討，甚或創新工作內容與方法。此四項因素，每一項在管理上都有必須注意的地方，每一項都有它所面對的環境變化與機會，而彼此之間的互動與配合，也是非營利組織經營管理上的重要課題。

　　整合本章節提及研究方法中，文獻分析、深度訪談與問卷調查等方法的特質，同時在資料蒐集上，也統整了不同來源之初級資料與次級資料，可進而建構出非營利組織個案領導研究的實務模式架構（楊政學、紀佩君，2002），如〔圖 10-5〕所示，以作為指導學生進行實務專題製作中，個案實證分析的流程架構，期能將研究方法與資料蒐集整合應用的理念，予以操作化定義並付諸實踐行動，在過程中建立起「**做中學**」(learn by doing)的學習模式。

期能將研究方法與資料蒐集整合應用的理念，予以操作化定義並付諸實踐行動，在過程中建立起「做中學」的學習模式。

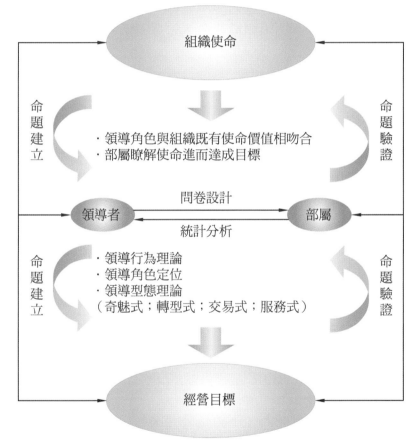

▲ 圖 10-5 非營利組織領導研究之實務模式架構
資料來源：修改自楊政學、紀佩君(2002)。

二、伊甸個案實務分析

(一) 領導實務模式

伊甸社會福利基金會（簡稱伊甸）認為，只要是在社會上被認為是弱勢者，無論他們是個人或是團體，都是伊甸所要服務的對象，而透過有效的服務以及福音的傳達，來滿足其服務對象的需求，這不但是伊甸最大的使命，也是伊甸存在的終極意義。這個使命與領導者的理念互相吻合，領導者利用這個使命陳述做基點，訂定出各具體的可行目標，並讓部屬確實明瞭組織使命，領導者同時協助組織與部屬，共同達成目標。

伊甸的領導者是會依部屬的不同屬性，而採不同的對待方式，也就是因材施教，所以看在部屬的眼中，會覺得此領導者不是一個很公平的人，故伊甸的部屬對其領導者只有中滿意度。伊甸的領導者屬於高體恤，高結構的領導方式，在領導型態這方面，若以魅力來源來看，是屬於奇魅式領導；若以組織成員方面來看，是屬於服務式領導，注重與部屬間的從屬關係。在領導角色定位上，偏向革新者的角色扮演（楊政學、盧雅芬，2002）。最後，領導者必須依循組織使命，帶領部屬達成最終的目標（國際化、專業化、本土化、社會化）。

茲將個案分析研討後，歸結得到之伊甸社會福利基金會領導實務模式，圖示說明如〔圖 10-6〕所示。該實務模式的研究結論，乃是經由研究方法與資料蒐集的多元化驗證所得，視為典型的方法與資料三角測定的整合應用的參考實例。

(二) 領導角色定位

本書所舉參考實例認為，不論是公共服務組織，或非營利組織之領導角色為何，都有其優缺點。領導者角色的定位是依組織架構、型態、職務性質等不同，而有所差異。個案分析之研究發現伊甸總幹事強調自己的角色偏向革新者，如〔圖 10-7〕所示，意謂其容易把握住對組織有利的發展機會，能適應變遷且洞悉未來，並以創新的方式來處理事務；但同時也易使組織有較大的風險（楊政學、盧雅芬，2002）。因此，建議伊甸總幹事在領導角色定位上，應適時予以合理且彈性化調整。

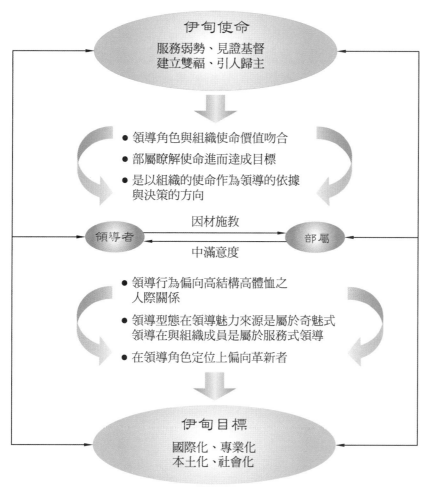

▲ 圖 10-6　伊甸社會福利基金會領導實務模式
資料來源：楊政學、盧雅芬(2002)。

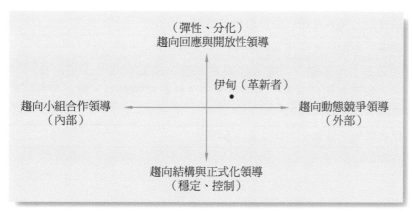

▲ 圖 10-7　伊甸總幹事之領導角色定位
資料來源：楊政學、盧雅芬(2002)。

(三) 領導實務分析

　　依前述建構之領導理論實務模型架構，探討其領導執行方式與要素，茲將深度訪談與問卷調查的分析結果，彙總如〔表 10-1〕所示。在伊甸使命方面，是服務弱勢、見證基督、建立雙福、引人歸主，基金會之領導者的領導理念與組織使命是相吻合的。在領導方面，依領導型態理論之魅力來源，可看出是奇魅式領導；而領導者與成員間關係，屬於服務式領導。另依領導行為理論模式，基金會屬高體恤、高結構之人際關係取向；領導者會因部屬的屬性不同，而給予不同的對待方式，其領導角色定位偏向革新者（楊政學、盧雅芬，2002）。

　　在部屬方面，伊甸的部屬對領導者是中度滿意的。基金會之部屬以女性居多，年齡偏向年輕化，具高學歷且素質整齊，教育背景皆為非相關科系畢業，專業知識也較為不足，工作年資一年以下居多，人員流動性偏高。組織目標為專業化、社會化、本土化、國際化（楊政學、盧雅芬，2002）。

▼ 表 10-1　伊甸基金會領導實務模式分析

要素	特點	伊甸社會福利基金會
使命		服務弱勢、見證基督、建立雙福、引人歸主；領導者之領導理念與組織使命是相吻合的。
領導者	領導行為	依領導行為理論模式，屬高體恤、高結構之人際關係取向；會因為部屬的屬性不同，給予不同的對待方式。
	領導型態	依領導型態理論之領導者與成員間關係，屬服務式領導；依領導型態理論之領導魅力來源來看，屬於奇魅式領導。
	角色定位	依領導角色定位，偏向革新者。
部屬		女性居多；年齡偏向年輕化；具高學歷、素質整齊；年資一年以下者居多，人員流動比例偏高；教育背景皆非社會相關科系，專業知識較不足；對領導者是中度滿意的。
目標		目標專業化、社會化、本土化、國際化

資料來源：楊政學、盧雅芬(2002)。

1. 專題小組成員利用文獻分析法研讀適用之研究文獻後，應彼此研討該主題之實務作業運作流程，如依據理論所述，應採用之操作模式如何；小組成員宜事先建立，在進行瞭解實務現況時，所採行觀察記錄之架構。

2. 專題小組成員針對研習主題，完成實務工作瞭解的流程，大致有：(1)徵求企業主或該主題職務之負責主管，同意接受訪談或提供必要之說明教導；(2)實地觀察、紀錄、訪談或實習該項主題之作業；(3)完成該主題完整詳實的案例描述，並試圖建立目前實務運作下的經營模式。

3. 實務專題製作指導過程中，實務架構係以個案研究的方式進行，在研究方法上，同時採用質化與量化研究的方法，亦即同時採用文獻分析、深度訪談與問卷調查來設計流程，在資料蒐集上，同時採用初級資料與次級資料來交互使用驗證，是為三角測定程序的實務應用。

4. 事前找尋適用之理論文獻研讀下列重點，例如：(1)相關觀念技能的文獻與理論研讀，建立理論上的經營模式以供學習；(2)建立理性運作模式；(3)與指導老師研討該模式的實用性作業方式；(4)理論模式與企業實際運作模式間之差異比對。

5. 實務專題製作中，個案實務架構設計之學理概念，常是採用質走向量的研究型式，以定性研究做為開始，經由對個人或焦點團體的觀察與開放式訪談，定義出概念與實務性命題。再採取定量的方式，對由定性分析中，所產生的概念進行操作化定義，以及對實務命題進行驗證。

6. 深度訪談係質化研究中，蒐集資料的一種基本方法，其不似量化研究強調假設的驗證，並希望找出變項或概念間因果關係與建立通則；而是希望在實際的場域中，發現一些事實的真相。

7. 深度訪談依其訪談方式可分成非正式對話式訪談、訪談指引法、標準化開放式訪談等三種類型。

8. 問卷調查法是資料蒐集最常被使用之技術，故在建構問卷前，專題小組成員必須對研究問題、研究假設、客觀事實、資料性質與研究模式等，有充份瞭解方可進行問卷設計。

9. 調查問卷建構程序中，包括有：(1)計畫要衡量什麼；(2)藉由取得必須的資料來發展問卷；(3)決定問卷的順序與用字，並進一步規劃問卷的版面編排；(4)進行小型的抽樣來做問卷的預試；(5)進行信度分析。

問題與討論
PRACTICAL MONOGRAPH:
THE PRACTICE OF BUSINESS RESEARCH METHOD

1. 專題小組成員利用文獻分析法，研討該主題之實務作業運作流程時，其秉持的態度為何？另在完成實務工作瞭解的流程為何？試研析之。

2. 在指導實務專題製作過程中，以個案研究的方式進行，頗適合大專學生的程度，你個人認同嗎？試研析之。

3. 實務專題製作上，本書一再強調以研究方法及資料蒐集的三角測定，來予以整合性應用的概念，你的看法如何？試研析之。

4. 專題小組成員事前找尋適用理論文獻，其研讀的重點為何？試研析之。

5. 專題小組成員採深度訪談法的意涵為何？深度訪談法又可分為哪三種類型？試研析之。

6. 專題小組成員採問卷調查法的意涵為何？在建構問卷前，專題小組成員必須有何準備工作？試研析之。

7. 專題小組成員在進行調查問卷建構時，其所需要的建構程序為何？試研析之。

8. 使用量表記錄來作觀察的問題之一，除無法提供有關互動過程的深入資訊外，也會同時遇到哪些問題？試研析之。

章末題庫
PRACTICAL MONOGRAPH:
THE PRACTICE OF BUSINESS RESEARCH METHOD

是非題

1. （　） 專題小組成員利用問卷調查法研讀適用之研究文獻後，應彼此研討該主題之實務作業運作流程，如應採用之操作模式如何

2. （　） 專題小組成員宜事先建立，在進行瞭解實務現況時，所採行觀察記錄之架構。

3. （　） 在資料蒐集上，雖同時採用初級與次級資料來交互驗證，但只有兩個來源，不構成三角測定的程序。

4. （　） 個案實務架構設計之學理概念，常是以定量研究做為開始，定義出概念與實務性命題。

5. （　） 深度訪談不似量化研究強調假設的驗證，而是希望找出變項或概念間因果關係與建立通則。

選擇題

1. （　） 何者為專題成員針對研習主題，完成實務工作瞭解所需的流程： (1)徵求企業主或該主題職務之負責主管同意接受訪談 (2)實地觀察、紀錄、訪談或實習該項主題之作業 (3)完成該主題完整詳實的案例描述 (4)以上皆是。

2. （　） 以下何者非為事前找尋適用之理論文獻研讀的重點： (1)建立實務上的經營模式以供學習 (2)建立理性運作模式 (3)與指導老師研討該模式的實用性作業方式 (4)理論模式與企業實際運作模式間之差異比對。

3. （　） 個案定義出實務性命題後，採取定性分析，將產生的概念進行何種定義，並對實務命題進行驗證： (1)概念化 (2)操作化 (3)學理化 (4)以上皆非。

4. （　） 以下何者為深度訪談的類型： (1)非正式對話式訪談 (2)訪談指引法 (3)標準化開放式訪談 (4)以上皆是。

5.（　） 以下何者非為進行問卷設計時，所需要瞭解的項目：　(1)研究假設　(2)主觀價值　(3)資料性質　(4)研究模式。

6.（　） 以下何者為調查問卷之首先建構程序：　(1)計畫要衡量什麼　(2)藉由取得資料來發展問卷　(3)決定問卷順序與用字　(4)進行小型抽樣來做問卷預試。

7.（　） 將研究的某構念轉換成可以衡量的問卷題目，即是將抽象概念進行何種方式的流程：　(1)學理化　(2)操作化　(3)實務化　(4)普遍化。

解答

1.(X)　　2.(O)　　3.(X)　　4.(X)　　5.(X)

1.(4)　　2.(1)　　3.(2)　　4.(4)　　5.(2)　　6.(1)　　7.(2)

11

操作架構與信效度

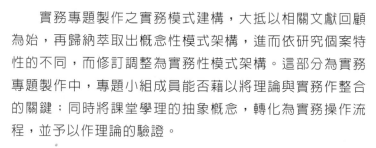

FOREWORD

　　實務專題製作之實務模式建構，大抵以相關文獻回顧為始，再歸納萃取出概念性模式架構，進而依研究個案特性的不同，而修訂調整為實務性模式架構。這部分為實務專題製作中，專題小組成員能否藉以將理論與實務作整合的關鍵；同時將課堂學理的抽象概念，轉化為實務操作流程，並予以作理論的驗證。

　　針對實務專題製作所使用的量表，時常是採用已發展成形的量表，該量表建構的研究人員也已經建立效度與信度，因此專題學生大可運用此現成的量表工具，無須大費周章地重新自己發展。惟在引用這些衡量工具時，必須客觀且詳實地標記資料來源，以利讀者在需要時，可進一步找到更原始與更多的相關資訊。

　　本章首先探討操作架構的意涵，再者進行信度與效度意涵的討論，最後檢討如何提升實務專題製作的信度與效度。

SUMMARY

11.1　操作架構意涵

一、研究設計與資料蒐集

　　在實務專題製作過程中，大抵以研究背景、研究目的、研究方法、研究步驟及研究範圍與對象等四部分，來說明實務專題製作的研究設計架構。這部分類似專題研究報告第一章緒論的撰寫與討論，期以非常精練的文辭，來說明實務專題製作的特點與預期貢獻，並釐清研究範圍與對象擇取的原因。

二、個案編輯與分析

專題小組成員，能否對所探討個案花時間去瞭解，涉及到日後研究成果的品質好壞，對研究結論的歸結，亦能有加成、不偏離實務管理意涵的作用。

　　當實務專題製作以個案研究為主時，過程中對於研究個案本身，乃至於所處產業環境，均要有所瞭解與認知。再者，透過課堂所學之個案分析工具，例如 SWOT 分析工具的外部環境與內部條件分析，對研究個案作初步的分析。個案編輯與分析的流程，對於後續不論是質化研究的訪談大綱擬訂，量化研究的問卷題項設計，均能有釐清學理概念、不偏離產業實務運作的意涵。筆者認為專題小組成員，能否對所探討個案花時間去瞭解，涉及到日後研究成果的品質好壞，對研究結論的歸結，亦能有加成、不偏離實務管理意涵的作用。

三、實務模式建構

實務專題製作之實務模式建構，大抵以相關文獻回顧為始，再歸納萃取出概念性模式架構，進而依研究個案特性的不同，而修訂調整為實務性模式架構。

　　實務專題製作之實務模式建構，大抵以相關文獻回顧為始，再歸納萃取出概念性模式架構，進而依研究個案特性的不同，而修訂調整為實務性模式架構。這部分為實務專題製作中，專題小組成員能否藉以將理論與實務作整合的關鍵；同時將課堂學理的抽象概念，轉化為實務操作流程，並予以作理論的驗證。

四、實證分析與回饋

　　在完成實務專題之實務模式架構後，隨即進入個案的實證分析。過程中專題小組成員可以對所推演的實務命題加以驗證；可以對所建立的研究假設加以檢定；或是兩者交互採用進行，將研究個案的實務

操作流程加以演練。研究結論與建議方案,係為實務專題製作對所探
討個案的回饋,對研究過程中所歸結的心得,提供給個案公司參考。

11.2 信度與效度的意涵

一、信度與效度的測量

　　信度是檢測測量工具的**穩定性**(stability),效度是檢測測量工具的
真實性(truth)。效度著重測量對象是否正確,信度著重測量的穩定性
及**一致性**(consistency);測量的效度與信度為研究的科學精密度佐證。
〔圖 11-1〕說明**衡量合適度**(goodness of measures)的檢驗,其中包括
有信度與效度檢驗的各種型式。至於,不同效度類別所代表的意涵,
則列示說明如〔表 11-1〕所示。

> 信度是檢測測量工具的穩定
> 性,效度是檢測測量工具的
> 真實性。效度著重測量對象
> 是否正確,信度著重測量的
> 穩定性及一致性。

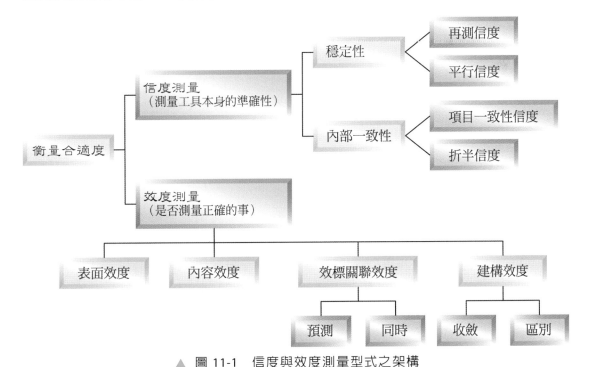

▲ 圖 11-1　信度與效度測量型式之架構
資料來源:Cavana, Delahaye & Sekaran (2001)。

二、效度類別的內涵

〔表 11-1〕說明效度可由各種不同方式來建立，而效度形成的方法可經由：

(1) 因素分析來達成，是為多變量分析的技術，其確認概念的構面已被操作化定義，同時顯示每個構面最適合的項目（建立建構效度）。

(2) 相關分析（建立同時與預測效度，或是收斂與區別效度）。

(3) 多重特質、多重方法矩陣的相關性，來自於利用不同型式方法測量概念而來，同時也建立衡量的效度。

▼ 表 11-1　不同效度類別的內涵說明

效度	說明
表面效度	樣本受訪者是否明確瞭解問題？
內容效度	度量是否基於相關文獻、前人研究或專家意見精密測量概念？
效標關聯效度	量表的差異性是否有助於預測效標變項？
同時效度	量表的差異性是否有助於同時預測效標變項？
預測效度	分別個體的量表是否有助於預測未來效標變項？
建構效度	工具是否基於理論定義概念？
收斂效度	測量概念的兩種工具是否有高度相關性？
區別效度	預期應與該變項無相關的變項是否與度量為低度相關？

資料來源：Cavana, Delahaye & Sekaran(2001)。

三、量表記錄的偏誤

總之，實務專題製作時量表的應用與衡量，必須符合理論架構概念的衡量合適性，並且要使用良好效度與信度的衡量工具，以確保正在進行的研究是科學的。針對實務專題製作所使用的量表，時常是採用已發展成形的量表，該量表建構的研究人員也已經建立效度與信度，因此專題學生大可運用此現成的量表工具，無須大費周章地重新自己發展。惟在引用這些衡量工具時，必須客觀且詳實地標記資料來源，以利讀者在需要時，可進一步找到更原始與更多的相關資訊。

有時一些觀察人員希望能發展出量表，用以評量互動過程或現象的多重面向。量表記錄乃由觀察人員或研究人員予以發展；量表可能

針對實務專題製作所使用的量表，時常是採用已發展成形的量表，該量表建構的研究人員也已經建立效度與信度，因此專題學生大可運用此現成的量表工具，無須大費周章地重新自己發展。

是一、二或三個**向度**(dimension)，此由觀察之目的而定。例如：用以記錄某團體互動的本質，即可能有三個向度：正向、負向與中立。使用量表記錄來作觀察的問題之一，即是無法提供有關互動過程的深入資訊。此外，也會遇到下列問題：

(一) 趨中傾向的繆誤(error of central tendency)

除非觀察者對其接近互動過程的能力具有極大的信心，否則其會傾向避免在量表上選取極端值，而大多選擇趨中的項目，此類傾向所造成的錯誤，稱為「趨中傾向的繆誤」。

(二) 仰角效應(elevation effect)

一些觀察者會偏好勾選量表中的固定部分。如有些老師傾向嚴格的評分，而有些老師則否。當觀察者在記錄互動過程中，具有使用量表特定部分的傾向時，此現象稱為「仰角效應」。

(三) 月暈效應(halo effect)

另一類型的繆誤乃發生於，當觀察者評定一對象在互動中之某一面向所得之結果，影響了其評定該對象於互動中的其他面向的標準與方式。類似的情形發生在教學中，當老師於一主題上對學生表現所做的評量，將會影響該老師對學生於其他方面表現的評量與看法，此種效應稱為「月暈效應」。

趨中傾向的繆誤

error of central tendency
除非觀察者對其接近互動過程的能力具有極大的信心，否則其會傾向避免在量表上選取極端值，而大多選擇趨中的項目，此類傾向所造成的錯誤，稱為「趨中傾向的繆誤」。

仰角效應

elevation effect
當觀察者在記錄互動過程中，具有使用量表特定部分的傾向時，此現象稱為「仰角效應」。

月暈效應

halo effect
當觀察者評定一對象在互動中之某一面向所得之結果，影響了其評定該對象於互動中的其他面向的標準與方式。

11.3 信度與效度的討論

一、研究信度的討論

在進行量化研究時，專題小組會對問卷進行信度的計算，用以瞭解問卷的可靠程度，即問卷的一致性或穩定性。信度分析(reliability analysis)是檢視在同一構面下各題項是否具有一致性，所採用的信度指標為 Cronbach's α 值。Cronbach's α 值越大，表示該構面內各細項間，具有真實的相關性存在，以及代表衡量結果越趨一致，意即內部

一致性越高，問卷的信度也越高。一般我們希望實務專題研究的信度分析，α值可以超過0.7的水平，這會是較佳的結果。

另一方面，在進行質性的研究中，因為小組成員本身即是蒐集資料的「研究工具」，很難避免與研究對象間互動及涉入的影響，所以如何避免過度主觀所產生的偏見，以提高質性研究的信度，對小組成員是很重要的課題。

如何避免過度主觀所產生的偏見，以提高質性研究的信度，對小組成員是很重要的課題。

質性研究的信度，是指不同參與者透過互動、資料蒐集、記錄與分析，其對結果詮釋的一致性，且質性研究是高度個人化，每一個個案都有其特殊的脈絡，使信度不容易達到（林重新， 2001）。質性研究較重視研究的整體性，致力於觀察後完整地記錄各種對情境及事件的潛藏含義及特質時，必須以相同的方式加以詮釋。換句話說，研究者記錄資料與自然背景中實際發生事物的吻合程度，視為質性研究之信度。

研究者記錄資料與自然背景中實際發生事物的吻合程度，視為質性研究之信度。

質性研究信度可分為：**內在信度**(internal reliability)與**外在信度**(external reliability)。內在信度係指對相同的條件，蒐集、分析與解釋資料的一致程度。至於，外在信度則在處理獨立的研究者，能否在相同或類似的情境中，複製研究的問題。如果該項研究結果是具有信度的，則研究者使用與前一項研究相同的方法、條件等，會獲致相關的結果（王文科，2000）。

內在信度
internal reliability
內在信度係指對相同的條件，蒐集、分析與解釋資料的一致程度。

外在信度
external reliability
外在信度則在處理獨立的研究者，能否在相同或類似的情境中，複製研究的問題。

綜觀質性研究的信度，如何用適當的方式設計及進行研究很重要，在整個研究過程中都需要提出相關的問題，Ritchie 與Lewis(2003)提出以下幾點進行檢視（藍毓仁譯，2008）：

(1) 樣本的設計、挑選：是否偏見？是否「象徵性地」代表了目標人口群？是否全面涵蓋了已知的區域？

(2) 實地考察：在執行上是否一致？是否讓受訪者有足夠時間涵蓋相關的範疇及描繪他們的經驗？

(3) 分析：是否有系統、全面的方式進行？分級與類型是否經過多重評量的確認？

(4) 詮釋：是否有證據強力支持？

為確保質性研究是可信賴的，可由兩個層面去檢視，第一是對資料的品質與詮釋進行內部檢查，以確使研究盡可能完善的必要性。第二是提供關於研究過程的資訊，讓研究的讀者或查詢者放心的必要性。

二、研究效度的討論

一般討論質性研究的效度時，多指其研究結果是否可接受的、可信賴的或是可靠的。因此，對於可能影響結果的多項因素需加以考量，其中頗為重要且具有影響的因素為**研究者偏見**(researcher bias)。由於質性研究多傾向於探索性的分析，常採取開放式、較少結構性的設計，因而研究者經常出自於選擇性的觀察與資料記錄，甚至以個人的觀點及見解，來解釋所蒐集的資料，此即研究者寫出他所欲發現的結果，因而造成研究的偏失。

Hammersley(1992)主張質性研究的效度，應該用結果的**可信度**(confidence)來取代**確實度**(certainty)，因為事實不受研究者的主張所支配，所以其評論只對個別的事實具代表性，而無法對此事實的複製加以評論。

質性研究的效度，也分為**內在效度**(internal validity)與**外在效度**(external validity)兩部分，是對現象的科學解釋與世界真相配合的程度。其涉及兩個問題：(1) 專題小組成員是否真正觀察到他們認為他們所觀察的東西（內在效度）；(2)由其他專題小組產生、改進或延伸的抽樣概括及構念，可跨組應用的程度（外在效度）。

其中，內在效度想證明的，係指在研究中各環節對特定事件、議題或某組資料所做出的解釋，是否能被所獲得的實際資料所支持。就某種程度而言，可將其視為研究的準確度，即研究發現必須能精確地描述所研究的現象（徐振邦、梁文蓁、吳曉青、陳儒晰譯，2006）。輔以**三角測定**(triangulation)也是質性研究中，提高內在效度不可或缺的重要方法。

此外，外在效度是研究結果的通則性，是指研究結果可概括較廣的母體、個案或情境的程度。換句話說，外在效度是由其他研究者產生、改造或延伸的抽樣概括及構念，可以跨組應用的程度（朱柔若譯，1996）。

質性研究時常是屬於個案研究的性質，對結果的運用不似一般量化機率樣本的方式來處理，也無法進行複製以檢查其結果的正確性。因此，質性研究經常不概括研究結果，而以擴充瞭解為目的，經由擴充理解，後續的小組成員可以在類似的情境中再產生知識。

內在效度
internal validity
內在效度想證明的，係指在研究中各環節對特定事件、議題或某組資料所做出的解釋，是否能被所獲得的實際資料所支持。

外在效度
external validity
外在效度是研究結果的通則性，是指研究結果可概括較廣的母體、個案或情境的程度。

質性研究經常不概括研究結果，而以擴充瞭解為目的，經由擴充理解，後續的小組成員可以在類似的情境中再產生知識。

Ritchie 與 Lewis(2003)也提出以下幾點，進行檢視質性研究的效度（藍毓仁譯，2008）：

(1) 樣本範圍：樣本架構是否含有任何已知的偏見？選擇標準是否包含已知的重要區域或想法？

(2) 現象的捕捉：尋問的環境、品質是否充分有效地讓參與者完整表達、探討他們的看法？

(3) 指認或標記：指認、分類、命名現象的方式，是否有反映出研究參與者所指定的意義？

(4) 詮釋：內部證據是否足以支持已經發展出來的解釋報告？

(5) 呈現：描繪結果的方式是否「忠實」呈現原始資料，並讓他人得以檢視出現的分析結構？

11.4 信度與效度的提升

在實務專題製作中，質性研究之信度與效度，分為內在信度與外在信度；內在效度與外在效度，對於如何提高這些信度與效度，一般可以採取下列做法，來提高信度及效度。

一、內在信度

為提升研究的內在信度，可以採用以下四種做法：

(1) 訪談逐字稿、校內文件及自我評鑑結果記錄採用原始資料，避免過度解讀與推論。

(2) 訪談逐字稿完成初稿與研究參與者共同討論，以減少蒐集資料誤用情形，降低研究者的先入為主或主觀意見。

(3) 與訪談參與者事前充分溝通，使其充分瞭解本研究目的。

(4) 使用錄音筆錄下訪談的資料，並整理成逐字稿，呈現出真實的研究情境。

二、外在信度

為提高研究的外在信度，可以採用以下的方法：

(1) 研究者明確交待在研究現場中所扮演的角色。

(2) 研究者會詳細描述研究參與者提供資料採用的理由。

(3) 研究者會明確的描述蒐集資料的時間、地點等。

(4) 研究者對資料分析與探討的方法說明清楚。

三、內在效度

為提升研究的內在效度，可以採用以下做法：

(1) 從文件分析、訪談調查等蒐集的資料，予以分類建檔，確保資料的完整性。

(2) 對於資料呈現重視時效性、正確性及適切性，避免引用錯誤的資料，造成偏失的內容。

(3) 選取研究參與者，考量組織的認同、行政工作屬性、資經歷的不同，使研究結果能達成預期目標。

(4) 確實遵守誠信原則，保持與研究參與者良好的關係，讓資料蒐集能不被干擾且完整。

(5) 對訪談的逐字稿或文件資料，避免小組成員的主觀意識與預設立場的期待，始能獲得較為真實的結果。

四、外在效度

為提高研究的外在效度，可以採以下幾項做法：

(1) 對於個案背景與相關受訪人員，結合蒐集文件資料，能有深入的瞭解。

(2) 藉由自我省思，避免因為自己的偏見而影響資料分析與探討的結果。

(3) 對於訪談的情境安排，讓研究對象能在不受干擾的環境下詳細說明，使小組成員能正確的瞭解事件的真實脈絡。

小組成員在問卷設計或訪談大綱擬訂上，應多參酌相關文獻及專家意見，以提升問卷本身及訪談大綱的內容效度。

在調查或訪談的進行過程中，小組成員也要確認受訪者是在完全瞭解受訪題目的意義下，來回答小組成員所提出的問題，以提升研究的表面效度。

　　總之，專題小組成員也要時常進行自我省思，對原始資料不過度解讀，避免對於資料詮釋太過於自己的主觀認知，因而影響研究資料的真實性，同時提升研究資料的可靠性。此外，小組成員在問卷設計或訪談大綱擬訂上，應多參酌相關文獻及專家意見，以提升問卷本身及訪談大綱的內容效度。而在調查或訪談的進行過程中，小組成員也要確認受訪者是在完全瞭解受訪題目的意義下，來回答小組成員所提出的問題，以提升研究的表面效度。

1. 專題報告首章的撰寫與討論，大抵以研究背景、研究目的、研究方法、研究步驟及研究範圍與對象等四部分，來說明實務專題製作的研究設計架構；期以非常精練的文辭，來說明專題製作的特點與預期貢獻，並釐清研究範圍與對象擇取的原因。

2. 專題小組成員能否對所探討個案花時間去瞭解，涉及到日後研究成果的品質好壞，對研究結論的歸結，也能有加成、不偏離實務管理意涵的作用。

3. 實務專題製作之實務模式建構，大抵以相關文獻回顧為始，再歸納萃取出概念性模式架構，進而依研究個案特性的不同，而修訂調整為實務性模式架構，是專題小組成員能否藉以將理論與實務作整合的關鍵。

4. 在完成實務專題模式架構後，隨即進入個案的實證分析。過程中專題小組成員可以對所推演的實務命題加以驗證；可以對所建立的研究假設加以檢定；或是兩者交互採用進行，將研究個案的實務操作流程加以演練。

5. 實務專題製作之研究結論與建議方案，係為實務專題製作對所探討個案的回饋，對研究過程中所歸結的心得，提供給個案公司參考。

6. 信度是檢測測量工具的穩定性，效度是檢測測量工具的真實性。效度著重測量對象是否正確，信度著重測量的穩定性及一致性。

7. 使用量表記錄來作觀察的問題之一，即是無法提供有關互動過程的深入資訊。此外，亦會遇到：(1)趨中傾向的繆誤；(2)仰角效應；(3)月暈效應等問題。

8. 研究者記錄資料與自然背景中實際發生事物的吻合程度，視為質性研究之信度。

9. 內在信度係指對相同的條件，蒐集、分析與解釋資料的一致程度。

10. 外在信度則在處理獨立的研究者，能否在相同或類似的情境中，複製研究的問題。

11. 內在效度想證明的，係指在研究中各環節對特定事件、議題或某組資料所做出的解釋，是否能被所獲得的實際資料所支持。

12. 外在效度是研究結果的通則性，是指研究結果可概括較廣的母體、個案或情境的程度。

13. 質性研究經常不概括研究結果,而以擴充瞭解為目的,經由擴充理解,後續的小組成員可以在類似的情境中再產生知識。

14. 小組成員在問卷設計或訪談大綱擬訂上,應多參酌相關文獻及專家意見,以提升問卷本身及訪談大綱的內容效度。

15. 在調查或訪談的進行過程中,小組成員也要確認受訪者是在完全瞭解受訪題目的意義下,來回答小組成員所提出的問題,以提升研究的表面效度。

1. 實務專題報告第一章緒論的撰寫與討論，應該涵蓋哪些部分來說明研究設計的架構？並期能表達出何種目的？試研析之。

2. 實務專題製作過程中，實務模式建構能否成功建構，是為理論與實務能否整合的關鍵，而其步驟流程為何？試研析之。

3. 進入實務專題的個案實證分析，其實務操作流程為何？最後的研究結論與建議方案，其代表的意涵又為何？試研析之。

4. 何謂內在信度？外在信度？試研析之。

5. 何謂內在效度？外在效度？試研析之。

6. 小組成員在問卷調查或訪談過程中，如何提升研究的內容效度或表面效度？試研析之。

是非題

1. （　） 專題報告第二章的撰寫，宜說明專題特點與預期貢獻，並釐清研究範圍與對象擇取的原因。

2. （　） 專題小組成員能否對所探討個案花時間去瞭解，涉及到日後研究成果的品質好壞。

3. （　） 在個案的實證分析上，專題小組成員可以對所推演的研究假設進行檢定。

4. （　） 實務專題製作之研究結論與建議方案，係對所探討個案的回饋，可提供給個案公司參考。

5. （　） 信度著重測量對象是否正確；效度著重測量的穩定性及一致性。

6. （　） 記錄資料與自然背景中實際發生事物的吻合程度，視為質性研究之信度。

7. （　） 質性研究經常不概括研究結果，而以擴充瞭解為目的。

選擇題

1. （　） 以下何者為專題報告首章的撰寫與討論的要項：　(1)研究背景　(2)研究目的　(3)研究步驟　(4)以上皆是。

2. （　） 實務模式的建構，大抵以何者為開始，再歸納萃取出概念性模式，進而修訂為實務性模式：　(1)資料分析　(2)文獻回顧　(3)問卷調查　(4)深度訪談。

3. （　） 在個案的實證分析上，專題小組成員可以對所推演的實務命題進行何項流程：　(1)驗證　(2)檢定　(3)實驗　(4)歸納。

4. （　） 以下何者是檢測測量工具的穩定性：　(1)標準度　(2)信度　(3)效度　(4)離散度。

5. （　） 以下何者是檢測測量工具的真實性：　(1)標準度　(2)信度　(3)效度　(4)離散度。

6. （　） 使用量表記錄來作觀察，會遇到什麼問題：　(1)趨中傾向的繆誤　(2)仰角效應　(3)月暈效應　(4)以上皆是。

7. （　） 以下何者是指對相同的條件，蒐集、分析與解釋資料的一致程度：　(1)內在信度　(2)內在效度　(3)外在信度　(4)外在效度。

8. （　） 以下何者是在處理獨立的研究者，能否在相同或類似的情境中，複製研究的問題：　(1)內在信度　(2)內在效度　(3)外在信度　(4)外在效度。

9. （　） 以下何者是指在研究中各環節對特定事件、議題或某組資料所做出的解釋，是否能被所獲得的實際資料所支持：　(1)內在信度　(2)內在效度　(3)外在信度　(4)外在效度。

10. （　） 以下何者是指研究結果可概括較廣的母體、個案或情境的程度：　(1)內在信度　(2)內在效度　(3)外在信度　(4)外在效度。

11. （　） 在問卷設計上，應多參酌相關文獻及專家意見，以提升問卷本身的什麼：(1)表面效度　(2)內容效度　(3)外在信度　(4)以上皆是。

12. （　） 在調查進行過程中，小組成員也要確認受訪者是在完全瞭解受訪題目的意義下，來回答所提出的問題，以提升研究的什麼：　(1)表面效度　(2)內容效度　(3)外在信度　(4)以上皆是。

解答

1.(X)	2.(O)	3.(O)	4.(O)	5.(X)	6.(O)	7.(O)

1.(4)	2.(2)	3.(1)	4.(2)	5.(3)	6.(4)	7.(1)	8.(3)	9.(2)	10.(4)

11.(2)　12.(1)

14

CHAPTER

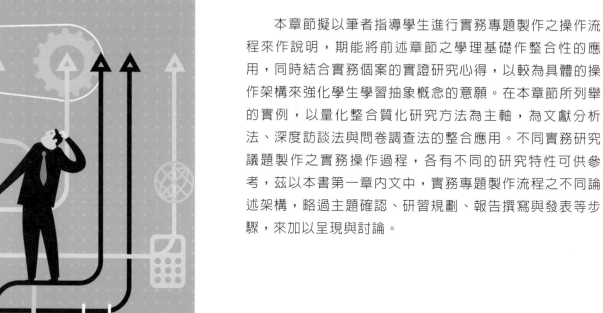

觀光業個案

FOREWORD

　　本章節擬以筆者指導學生進行實務專題製作之操作流程來作說明，期能將前述章節之學理基礎作整合性的應用，同時結合實務個案的實證研究心得，以較為具體的操作架構來強化學生學習抽象概念的意願。在本章節所列舉的實例，以量化整合質化研究方法為主軸，為文獻分析法、深度訪談法與問卷調查法的整合應用。不同實務研究議題製作之實務操作過程，各有不同的研究特性可供參考，茲以本書第一章內文中，實務專題製作流程之不同論述架構，略過主題確認、研習規劃、報告撰寫與發表等步驟，來加以呈現與討論。

SUMMARY

　　參考實例三：台鐵觀光行銷研究實例，係以整合量化與質化研究方法為主軸，整合文獻分析法、深度訪談法及問卷調查法的應用實例。本節內容架構上，如同前二個章節的討論流程，以研究設計與資料蒐集、個案編輯與分析、實務模式架構、個案實證分析、結論與建議等部分來加以具體說明。

14.1　研究設計與資料蒐集

一、研究背景

　　台灣自然環境優越，擁有各種地形變化，蘊藏豐富天然資源，早具有觀光遊憩發展之優勢。觀光遊憩乃人類的基本需要，其需求量決定於地區人口總數、國民所得、休閒時間及交通情形等因素。台灣地區近年來由於產業結構升級，往日的農業社會轉換成工商業社會，國民生活水準提升及休閒時間增長，人們在滿足物質需求之餘，對精神層次的需求更為殷切，相對促使國民對觀光遊憩資源需求與日俱增。

　　台灣的觀光事業發展已有一段相當長的歷史，追溯至 1985 年三月政府為積極推展地方之觀光建設，像是阿里山小火車開發觀光風景遊樂區的興起。在休閒風潮帶動下，引發近年來觀光資源產業異軍突起，其豐厚的利潤吸引了各界投資者的興趣，使得各式各樣的觀光產業如雨後春筍般的接連成立，對「無煙囪工業」的觀光遊憩事業之發展及觀光遊憩資源之開發，都十分熱衷。甚至連一些在台灣經濟成長上，扮演著舉足輕重的其它產業，也想藉由本身過去累積的競爭優勢及資源，而紛紛跨足加入這個競爭激烈的戰局。

　　由於經濟發展加上週休二日的推動，以及政府休假法規更改等，使大部分民眾增加了休閒時間，開始尋找自己喜歡的休閒活動。觀光遊憩資源性質會決定休閒型態，故一個觀光遊憩區必須有足夠的資源，才能作為吸引遊客的首要條件。台灣在短短的幾十年內，經過農業與工業，如今則轉化成以服務業創造高附加價值的時代。所以，未

來我們發展事業的方向，也將會有所不同。如果不能趕上時代潮流的變化，很可能就會被潮流所淘汰。現在人們消費的主要項目，已經轉變到以娛樂為主，其次則是飲食與海外旅行等。未來發展事業也必須鎖定這樣的潮流趨勢，意謂未來具有成長性的兩個主流事業，一是 high-tech，為高科技產業；另外則是 high-touch，也即能和人們感情相通，能夠抒發、宣洩人類感情的服務事業。

此外，大陸加工製造業的快速成長，近年來幾乎已經具備成為全球性加工製造中心的實力，或許會以發展台灣本島休閒娛樂產業為主要未來事業的重心。面對此一困境，台灣本島產業應轉行為「無煙囪」之觀光產業才能使產業永續發展。本專題研究針對找出三支線的觀光價值來加以探討，瞭解消費者與當地住民之需求及心態，分析出各台鐵支線之競爭優勢，創造觀光產業的新契機。

二、研究目的

行銷研究是以科學方法蒐集與分析行銷資訊的一門科學，現今行銷研究日趨成熟，其應用範圍也不斷擴張，不論是營利性的工商企業或非營利性組織，都經常利用行銷研究來蒐集分析所需的行銷資訊，對行銷研究的依賴程度與日俱增。因此，本專題研究將從台鐵三支線觀光資源價值直接切入，並利用**質化研究**(qualitative research)深入瞭解研究標的之特性，且較常運用在探求人生特殊經驗的深層意義上，達到深入瞭解人文發展、觀光人群心態對地方發展之影響；加上**量化研究**(quantitative research)方法，採用 SPSS 軟體檢定分析，探討消費者對於當地之觀光型態的滿意程度及重視程度。

本專題研究將對於台鐵三支線觀光遊憩資源作整體分析，以預估未來台鐵三支線觀光遊憩資源的發展潛力，提供相關發展單位規畫與經營之參考。基於上述動機，本專題研究藉由現有文獻蒐集、深度訪談與問卷調查等方式，達成以下較為具體的研究目的：

(1) 瞭解當地住民對當地觀光資源價值看法，以及其對遊客來訪之心理反應。
(2) 探討遊客對三支線目前觀光遊憩環境的重視程度與滿意程度。
(3) 探討台鐵三支線觀光阻礙停滯的潛在問題，發掘其觀光資源之競爭力。

三、研究方法

　　首先，將蒐集、整理現有文獻及資料，利用 SWOT 及核心資源理論加以分析，整理歸納出地方發展建設之現況、地方觀光活動，以及地方觀光資源價值，作為研究中實地訪談的事前準備資料。配合實務研究的需要，專題研究也鎖定符合研究目的之研究對象，以**深度訪談法**(in-depth interview)及**問卷調查法**(questionnaire survey)對研究對象進行訪問，以及蒐集研究所需要的初級資料，針對地方發展及運作，加以深入探討與比較。

　　深度訪談以三支線當地的公務人員、店家，與當地住民為主，做面對面式之深度訪談，問卷調查以在三支線之遊客採隨機抽樣方式填寫問卷，其目的找出阻礙地方觀光發展之因素，以及探究出有價值的觀光資源，並期能對個案提出研究與建議，意即透過多種資料的蒐集方式，來對所研究之個案做多元化的檢視與比較。

　　為瞭解台鐵三支線觀光遊憩資源發展的狀況，採用文獻回顧蒐集次級資料，並利用問卷調查與深度訪談方式收集初級資料。使用質化性之研究在於能深入瞭解研究標的特性，運用在探求人生特殊經驗的深層意義上；而量化研究方法，則是將市場區隔開來，強調準確性與統計上的結構性。同時採用質化與量化研究方法，來探究台鐵三支線之觀光資源價值；將台鐵三支線的現況及未來發展，透過資料整理與分析，歸納得出最後實證結論。

四、研究步驟

　　本專題研究步驟流程，如〔圖 14-1〕所示。首先確定研究問題，確立本研究之研究方向，進而搜尋相關文獻設計研究架構，並利用所蒐集之現有書籍、期刊，整理出三支線歷史背景，分文獻分析、深度訪談及問卷調查三大方向去執行。利用文獻分析法，找出其觀光資源重心及優勢，以 SWOT 分析及核心資源理論做依據。採用深度訪談法，拜訪三個觀光遊憩地之長者、公務人員及商家做面對面訪談，將訪談紀錄整合後加以分析。問卷調查之對象以三支線觀光遊客隨機抽樣而來，整合問卷調查所蒐集資料後，以 SPSS 軟體進行統計檢定分析，最後整合觀光遊憩區評估矩陣，建構出專題研究之實務操作模式，進行不同個案間之比較，歸結得出研究個案之結論與建議。

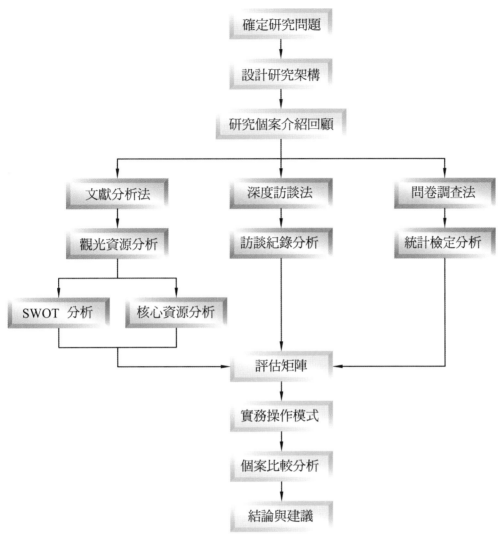

▲ 圖 14-1　參考實例三研究步驟流程

資料來源：李孟秋等(2003)。

五、研究範圍與對象

觀光遊憩活動目前已為國人所重視，尤其在工商業發達，經濟繁榮地區，遊憩活動早已成為國人生活的一部分。國人對於精神層面的需求日增，而台鐵三支線擁有豐富的人文資產，留下大量足以代表台灣本土歷史的文物，加上交通便利，自然而然就形成了人們觀光遊憩的好去處。本專題研究調查之地理範圍，只限於平溪、內灣、集集附

近熱鬧的街道及火車站。而問卷調查與實地訪談進行之對象，以當地之遊客、在當地具貢獻瞭解、土生土長的住民為主。

14.2 個案編輯與分析

一、發展歷程回顧

台鐵平溪線連接大華到菁桐，鐵路全長約 12.92 公里，沿線有隧道六座、橋樑十五座，在當時是重要的運煤專用鐵路，地方產業的經濟命脈。台鐵支線中，以平溪線最早興建完工。平溪鄉山勢陡峭，交通閉塞，不僅是運煤重要鐵路，也是最主要的運輸動脈和對外交通樞紐。然運煤量逐年減少，慢慢回復為儉樸的農村，在 1992 年平溪被選定為觀光鐵路，由交通功能逐漸轉為觀光功能。

內灣位處於油羅溪北岸，三面環山，因地形封閉，故稱之為「內灣」。鐵路以九讚頭為起站，全長有 27.9 公里，共設有八個車站。內灣為桃竹苗客家人之大本營，隸屬新竹縣的內灣支線居民，大多為客家鄉親；小鎮上人文、建築的史蹟頗豐。

集集線鐵路之開闢、新高郡役所之設置及香蕉之盛產，使集集再度繁榮。然而外界逐漸遷入者遽增，居民日漸散布，將墾殖收穫集中固定場所，相互交易生活必需品，故得名「集集」。在台灣光復後，人口不斷外流，為本省人口最少之迷你鎮。集集鎮內早期為日式建築居多，後因道路拓寬及 921 地震過後，日式建築已不復多見。

二、台鐵三支線核心資源分析

透過文獻探討與深度訪談，建立三支線之核心能力，本專題研究以吳思華(1997)資源為基礎的「由內向外型」策略分析架構。找出其認為應具備或欲展現的核心能力為何，並作為參考指標，如〔表 14-2〕所示。

　　以核心資源理論來分析三支線八大資源，從〔表 14-1〕中，可知平溪鄉的天燈祈福活動，以及內灣的客家文化均為其獨特之處，其不可模仿、單一且獨特，這樣特殊的文化相對於競爭者而言存有競爭優勢。此一類型的觀光產業，可提供文化再生產的消費型態。集集線旅遊腹地大，為強化觀光，以集集火車站為起點，建設環鎮小火車，創造其另一觀光景點。

▼ 表 14-1　台鐵三支線之核心資源分析

分類／地點	平溪線	內灣線	集集線
天然觀光遊憩資源	文山茶、十分瀑布、楓紅等。	內灣山城、東窩溪「星海」、百年櫻花等。	綠色隧道、集集瀑布、集集大山、大樟樹等。
人工性觀光遊憩資源	十分風景管理所、十分吊橋等。	內灣吊橋、內灣車站、內灣形象商圈等。	集集隧道、攔河堰、集集小火車等。
歷史性觀光遊憩資源	礦坑、運煤台車道、洗煤場、太子賓館、十分老街等。	內灣傳統街屋、貨車地磅站遺址等。	明新書院等。
文化、宗教性觀光遊憩資源	菁桐煤礦紀念博物館、觀音巖、三界公廟等。	建中藥局、內灣村廣濟宮等。	生物保育中心等。
教育性觀光遊憩資源	菁桐國小、鄉民活動中心及圖書館等。	內灣國民小學。	添興窯陶藝中心、生物保育中心。
特殊觀光遊憩資源	天燈教學、台灣最老平溪郵筒等。	折返式車站、九芎坪隧道等。	十三日仔窯等。
風土民情觀光遊憩資源	天燈祈福活動、茶葉文化、地方純樸等。	客家美食、地方純樸、七月份的廟會等。	地方純樸等。

資料來源：楊政學、李孟秋(2003)。

三、台鐵三支線 SWOT 分析

　　本專題研究將三支線以 SWOT 為觀點，找出其優勢、劣勢、機會與競爭。在平溪線方面，可發現平溪線的優勢，如〔表 14-2〕所示，是以自然資源、天燈及老舊的房舍為其觀光資源之重心。其次，研究發現內灣線主要特色，在於深厚的客家文化，加上螢火蟲故鄉之盛名，交通發達等因素，如〔表 14-3〕所示，且內灣的發展已被政府編列為 2008 年國建觀光客倍增計畫中。最後，研究發現集集線為三支線中，位處台灣心臟位置，腹地廣大，四面環山，加上氣候宜人，有台灣南來北往交通便利之因素，如〔表 14-4〕所示。

▼ 表 14-2 平溪線之 SWOT 分析表

優勢(S)	劣勢(W)
1. 位於台北市郊，公路路線完整。 2. 景點多，自然資源豐富，先天條件佳，少汙染，溪谷清澈。 3. 元宵天燈活動。 4. 煤礦、老舊平房均保留完整，適合做尋鄉之旅，是很好的鄉土教材，也可成為歷史探究之旅。 5. 茶葉開發背景及農業品多。 6. 平溪線為台鐵各支線中最蜿蜒的鐵路線，且為縣境內礦業最具代表性的地方。	1. 人口流失嚴重，居民安於現狀，無有力之推廣觀光人員，不願配合政府開發。 2. 景點雖多，但不集中，且路標不明。 3. 屬東北季風區，長年處於陰雨天。 4. 公共交通不便（公車、火車車次少）。 5. 政府觀光用地被業者占據，門票昂貴。 6. 經費短缺。 7. 溪谷復育工作加強，增加餐飲、觀光的經濟價值。
機會(O)	威脅(T)
1. 現今懷舊觀念興起，平溪之純樸為優。 2. 元宵天燈活動為特色文化，吸引大批人潮。 3. 基福公路的完工，有利交通。 4. 鄰近東北角觀光區。	1. 鄰近深坑老街，易使遊客在深坑駐足。 2. 茶葉、山藥為高經濟作物，為當地主要農產品。

資料來源：楊政學、李孟秋(2003)。

▼ 表 14-3 內灣線之 SWOT 分析表

優勢(S)	劣勢(W)
1. 交通便利。 2. 擁有國內規模最大之螢火蟲故鄉。 3. 原始生態資源蘊藏豐富。 4. 歷史遺跡保留完整。 5. 內灣線火車為彩繪火車。 6. 客家文化發展顯著。	1. 形象商圈過於商業化。 2. 店家大多為外來生意人，屬利益導向，缺少無文化傳承之觀念，且無助當地人生計。 3. 公共設施建設不完善。 4. 老街道路狹窄，停車場不足。 5. 觀光發展後，生態保育不易，徒增居民困擾。 6. 螢火蟲季節時間短。
機會(O)	威脅(T)
1. 都市計畫計畫拓寬內灣線，往後可由台鐵、高鐵分站轉乘，不需經竹中站轉車。 2. 阿三哥與大嬸婆為內灣指標。 3. 台鐵與新竹縣政府合作推行鐵路觀光活動。 4. 行政院將其納入觀光客倍增計畫。	1. 形象商圈尚未完整規劃，整體性較九份差。 2. 阿里山、集集規劃完整。 3. 新竹地區遊覽名勝甚多。

資料來源：楊政學、李孟秋(2003)。

▼ 表 14-4　集集線之 SWOT 分析表

優勢(S)	劣勢(W)
1. 鄰近火車站的向日葵農場。 2. 車站旁設有鐵路文物博覽館。 3. 彩繪小火車的行駛於支線。 4. 腹地大，且景點多。 5. 集集鎮網頁建構完善。	1. 民宿無特色。 2. 集集鎮街道內停車不便。 3. 店家無地方特色。 4. 解說員過少。 5. 自行車道建置尚未完成。
機會(O)	**威脅(T)**
1. 環鎮小火車全面開發完工。 2. 引進大型休閒旅遊企業。 3. 鎮公所規劃設置泛舟碼頭。 4. 2003 年 6 月自行車道完工。 5. 台鐵推行火車旅遊配套措施。	1. 形象商圈不清楚。 2. 無一突出代表性文化。 3. 附近交通幹線發達可通往各地。

資料來源：楊政學、李孟秋(2003)。

14.3 實務模式架構

一、實務命題推演

　　深度訪談之訪談對象是以三支線當地住民為主，訪談內容分為二大部分：基本資料與主題。依其大綱分為六大主題：交通、文化、設施、遊客、活動及建議而得八大題項。

　　本專題研究實務命題共建立有八題，其推演過程如下：

(1) 在交通工具的方便性，是決定於是否來此地遊玩的重要因素。在訪談時為瞭解當地住民對交通的認知，而建立〔命題 1〕：任何交通工具都方便來此地遊玩。

(2) 為瞭解當地住民對文化的認知，建立〔命題 2〕：三支線各有各的特殊文化。

(3) 為瞭解硬體設施影響其設施之完善，與遊客之滿意和其所感受到的服務品質，對其遊客再度光臨為重要因素之一，建立〔命

題 3〕：此地的公共設施是完善，以及〔命題 4〕：道路指標是清楚的。

(4) 欲得知在此地的花費，使遊客無價格之顧慮，對其效用是高的，因而建立〔命題 5〕：遊玩的花費是非常省的。

(5) 考慮當地住民對遊客之看法，而建立〔命題 6〕：來此地的遊客水準不高。

(6) 在活動方面，針對遊客的需求，而建立〔命題 7〕：此地要有定期的活動。

(7) 當地住民欲想瞭解遊客是否需要深入探訪此地，而建立〔命提 8〕：此地需要提供解說人員。

二、問卷內容設計

在設計相關問項時，先後經過 15 至 20 位有經驗者的問卷預試，再經由討論修訂完成。問卷內容架構共分五大部分：

(1) 調查遊客的遊憩行為。
(2) 遊客生活型態的衡量。
(3) 遊客對當地屬性滿意度的衡量。
(4) 遊客對當地屬性重要性的衡量。
(5) 遊客的人口統計資料。

茲將問卷調查之內容結構，列示如〔表 14-5〕所示。

▼ 表 14-5　問卷調查之內容結構

類別	衡量變數	題項與題數	衡量尺度
第 1 部分	購買行為	題項 1 內含 8 題	名目尺度
第 2 部分	生活型態量表	題項 2 內含 11 小題	等距尺度
第 3 部分	服務、設施項目之滿意程度評分	題項 3 內含 13 小題	等距尺度
第 4 部分	服務、設施項目之重要程度評分	題項 3 內含 13 小題	等距尺度
第 5 部分	人口統計變數	題項 4 內含 5 小題	名目尺度

資料來源：楊政學、邱桂春(2003)。

三、遊憩區評估矩陣

　　觀光遊憩地區分法有許多不同的呈現方式，綜合遊憩地區評估矩陣。其評估矩陣分為兩個構面，縱軸評估構面為吸引力；橫軸評估構面為觀光地區服務內容之妥善性。此二類資源都是觀光地區發展成功的關鍵因素，其原因為兩變數對於旅遊行為的影響途徑不同，但又為觀光地區供給面的必要因素。可見在矩陣四個座標內，就單一地區的開發決策上各有不同意義；並可分析目前之優劣勢，對相關規劃單位可根據此評估，提出改造經營管理或行銷策略。

四、實務操作模式

　　台鐵觀光行銷研究之實務操作模式架構，如〔圖 14-2〕所示。依據文獻回顧瞭解三支線的資源價值及競爭之優劣勢；並利用問卷調查的方式，分析出遊客的人格特質及訪問當地住民，並將資料整合後，回饋給相關單位，讓他們瞭解自身的觀光資源價值及競爭力，來滿足遊客之需求，提高觀光之收入。

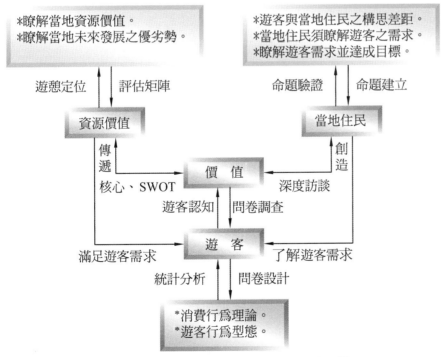

▲ 圖 14-2　參考實例三實務操作模式架構
資料來源：修改自李孟秋等(2003)。

14.4 個案實證分析

一、個案訪談

本專題研究在 2002 年 8 月至 9 月期間，分成兩組人員分頭前往三支線進行深度訪談與問卷調查的部分。本節以下依三支線個案訪談為軸，來陳述歸結得出的研究發現。首先，在平溪線方面，受訪者認為平溪的交通不方便，來此以開車為佳。受訪者皆認為平溪線最大文化資產為礦業遺跡、天燈文化與自然景觀，還有爬山與放天燈等活動，而且來此地遊玩消費低廉；但公廁與停車場的不足為一大問題。

其次，在內灣線方面，受訪者皆認為內灣線的交通方便。加上內灣留下早期的戲院、旅館之舊巷等遺跡，適合發展文化再生。此外，受訪者認為原有的公有廁與垃圾桶不足，應增設及加強維護。在內灣的花費，大多以數百元為主，店家以賣小東西、紀念品及美食居多。在解說員方面，村長也協調幾位對內灣有深入瞭解的解說員，為集體前來之遊客提供解說的服務。

最後，在集集線可遊玩的景點，有明新書院、永興土地公廟及集集吊橋等古蹟，而且在農曆 8 月 23 日有大拜拜，經常吸引大批人潮前往。在 921 大地震之後，重建委員會針對集集觀光特性，對於公廁及停車場方面皆做了規劃，使集集往後在推廣觀光上更加具優勢。目前集集火車站及集集火車博物館的完工，使得遊客回復到以往的人潮。集集鄉公所也提供解說的服務，提供給遊客申請。

二、問卷分析

(一) 基本資料分析

利用次數分配表，將所回收問卷之基本資料做整理。整體而言，男女生人數比例差異不大，但平溪以男生多於女生；來此地遊玩為 21~30 歲人居多；以住在北部的人到平溪線與內灣線最多，但在集集線以居住在中部的人比例也比平溪線和內灣線多；來此地遊客為學生最多，其次是工業的人數，其中，有一個特殊的狀況，在服務業與工

業的人數比例，內灣與平溪的比例是類似的，卻與集集的人數比例是相反的；到此地遊玩每月收入以 20,000 元以下最多。

(二) 旅遊型態分析

研究發現遊客皆以報紙、雜誌獲得資訊最多；來此地次數以第一次為居多。大部分遊客來此地，都以自用車為主；而且只在此地停留一天。大部分的遊客都希望住民宿。一起來此地遊玩，都以同事或朋友為主。一天花費都是在 1,000 元以下為主；其來此地遊玩之動機，以休憩散心為主。

(三) 基本資料與旅遊型態交叉分析

利用卡方(χ^2)將所有回收問卷之基本資料與旅遊型態二部分，做交叉分析共有四十組交叉分析統計檢定結果，彙整其中存有顯著關聯性質的統計值，列示如〔表 14-6〕所示。茲將遊客基本資料與旅遊型態彼此間互動關聯的情形，討論說明如下。

由〔表 14-6〕列示之統計數值，可說明台鐵三支線遊客基本資料與旅遊型態交叉分析結果：

(1) 假設 H1 中，平溪線來過幾次以男生來說，以第一、四次以上為主，女生以第一、二次為主，內灣線與集集線無顯著關聯性。

(2) 假設 H2 中，第一次來平溪線以年齡在 21~30 歲間為主，內灣線與集集線則無顯著關聯性。

(3) 假設 H3 中，平溪線交通工具不論男、女生都以自用車為主，內灣線與集集線則無顯著關聯性。

(4) 假設 H4 中，內灣線居住地在北部的交通工具是自用車為主，平溪線與集集線則無顯著關聯性。

(5) 假設 H5 中，內灣與集集線旅遊天數為一天是以北部為主，平溪線無顯著關聯性。

(6) 假設 H6 中，內灣線與集集線男生過夜地方以民宿、露營為主，女生以民宿為主，平溪線則無顯著關聯性。

(7) 假設 H7 中，內灣線與集集線居住地為北部，過夜地方以民宿、露營、飯店為主，平溪線則無顯著關聯性。

▼ 表 14-6　台鐵三支線遊客基本資料與旅遊型態交叉分析

假設	平溪	內灣	集集
H1：來過幾次不會因性別不同而有所改變	19.982 0.00 ※	7.401 0.06	4.921 0.178
H2：假設來過幾次不會因年齡不同而有所改變	28.81 0.017 ※	11.089 0.521	16.593 0.344
H3：假設交通工具不會因性別不同而有所改變	6.893 0.032 ※	2.37 0.668	1.818 2.611
H4：假設交通工具不會因居住地不同而有所改變	3.6 0.463	32.74 0.001 ※	15.753 0.072
H5：假設旅遊天數不會因居住地不同而有所改變	8.821 0.066	27.515 0 ※	35.864 0 ※
H6：假設過夜地方不會因性別不同而有所改變	3.685 0.45	11.462 0.022	10.395 0.034 ※
H7：假設過夜地方不會因居住地不同而有所改變	4.676 0.792	32.746 0.001 ※	22.152 0.036 ※
H8：假設與誰同遊不會因年齡不同而有所改變	62.599 0 ※	31.886 0.001 ※	9.943 0.823
H9：假設與誰同遊不會因居住地不同而有所改變	3.706 0.883	31.892 0 ※	13.609 0.137
H10：假設一天花費不會因年齡不同而有所改變	34.708 0.003 ※	23.987 0.02 ※	22.142 0.104
H11：假設一天花費不會因居住地不同而有所改變	6.62 0.357	3.272 0.953	18.949 0.026 ※
H12：假設旅遊動機不會因年齡不同而有所改變	88.606 0 ※	32.788 0.036 ※	8.055 0.991

註：1. 第一行數值是 χ^2；第二行數值是 P-value 值。
　　2. ※代表在顯著水準 0.05 檢定下存有顯著差異。
資料來源：李孟秋等(2003)。

(8) 假設 H8 中，平溪線與內灣線 21~30 歲的人，大多都是與同事或朋友來此地遊玩為主，集集線則無顯著關聯性。

(9) 假設 H9 中，在內灣線遊玩居住地為北部，是以同事與朋友、親戚與家人為主，平溪線與集集線則無顯著關聯性。

(10) 假設 H10 中，在平溪線與內灣線一天花費在 1,000 元以下的年齡層以 21~30 歲為主，集集線則無顯著關聯性。

(11) 假設 H11 中，在集集線居住地在北、中部的一天花費是以 1,000 元以下和 1,001~2,000 元為主，平溪線與內灣線則無顯著關聯性。

(12) 假設 H12 中，在平溪線與內灣線的旅遊動機主要為散心，其以 21~30 歲為主，其次是 31~40 歲為次之，集集線則無顯著關聯性。

(四) 觀光地印象分析

1. 遊客遊憩行為分析

將所回收問卷之遊客遊憩重要度與滿意度部分，利用李克特五點量表加以評分，評分為 1 分，非常不重要（非常不滿意）為 1 分，不重要（不滿意）為 2 分，普通為 3 分，重要（滿意）為 4 分，非常重要（非常滿意）為 5 分，評分之後加以累計計算平均數，其結果列示如〔表 14-7〕與〔表 14-8〕。藉以得知遊客對於台鐵三支線之重要度與滿意度排名，意即利用多元屬性衡量法，來衡量台鐵三支線（平溪、內灣、集集）旅遊地的印象。

綜合三支線遊客遊憩重要度與滿意度，可歸結以下研究發現：在遊客遊憩重要度方面，平溪線及內灣線排名頗為相近，但與集集線差異卻很大。在遊客遊憩滿意度方面，平溪線及內灣線排名頗為相近，但集集線差異卻很大。

2. 實務命題驗證結果

本研究針對深度訪談與問卷調查內容作實務命題驗證，過程中以研究發現及訪談內容撰寫，並以問卷分析結果予以佐證，以強化命題成立與否的客觀性，如〔表 14-9〕所列，即為研究個案實務命題之驗證結果。

▼ 表 14-7　台鐵三支線遊客遊憩之重要度統計表

題目	平溪			內灣			集集		
	總計	平均	排名	總計	平均	排名	總計	平均	排名
地方小吃	299	3.74	13	411	3.74	13	398	3.79	6
風景優美	353	4.41	3	471	4.28	5	398	3.79	6
環境安全	349	4.36	5	475	4.32	3	393	3.74	10
交通便利	349	4.36	5	475	4.32	3	407	3.88	2
停車方便	340	4.25	7	469	4.26	7	412	3.92	1
餐飲衛生	360	4.50	1	482	4.38	2	404	3.85	3
公共設施	351	4.39	4	495	4.5	1	404	3.85	3
古蹟文化	333	4.16	8	443	4.03	8	397	3.78	5
解說服務	313	3.91	10	426	3.87	10	386	3.68	12
路標指引	355	4.44	2	471	4.28	5	394	3.75	9
住宿方便	322	4.03	9	431	3.92	9	392	3.73	11
花費低廉	311	3.89	11	418	3.8	11	395	3.76	8
廣告資訊	310	3.88	12	417	3.79	12	382	3.64	13

資料來源：李孟秋等(2003)。

▼ 表 14-8　台鐵三支線遊客遊憩滿意度之統計表

題目	平溪			內灣			集集		
	總計	平均	排名	總計	平均	排名	總計	平均	排名
地方小吃	256	3.2	9	372	3.38	4	346	3.3	13
風景優美	324	4.05	1	411	3.74	1	362	3.45	12
環境安全	288	3.6	2	367	3.34	5	363	3.46	11
交通便利	264	3.3	8	381	3.46	3	380	3.62	5
停車方便	278	3.48	3	351	3.19	9	386	3.68	4
餐飲衛生	253	3.16	10	353	3.21	7	380	3.62	5
公共設施	278	3.48	3	324	2.95	12	379	3.61	7
古蹟文化	277	3.46	5	361	3.28	6	387	3.69	3
解說服務	244	3.05	12	302	2.75	13	366	3.49	10
路標指引	274	3.43	6	352	3.2	8	377	3.59	8
住宿方便	241	3.01	13	344	3.13	10	377	3.59	8
花費低廉	273	3.41	7	382	3.47	2	398	3.79	2
廣告資訊	248	3.1	11	338	3.07	11	404	3.85	1

資料來源：李孟秋等(2003)。

▼ 表 14-9　台鐵三支線實務命題驗證結果

題目	平溪		內灣		集集	
	訪談	問卷	訪談	問卷	訪談	問卷
1. 任何交通工具都方便來此地遊玩。	□	●	□	●	●	●
2. 三支線各有各的特殊文化。	●	●	●	●	●	●
3. 此地的公共設施是完善。	□	□	□	□	●	●
4. 道路指標是清楚的。	□	●	●	□	□	□
5. 遊玩的花費是非常省的。	●	●	●	●	●	●
6. 來此地的遊客水準不高。	●	●	□	●	●	●
7. 此地要有定期的活動。	●	□	●	□	●	●
8. 此地需要提供解說人員。	□	□	□	□	□	□

註：●表示驗證成立；□表示驗證不成立。
資料來源：楊政學、李孟秋(2003)。

3. 台鐵支線評估矩陣分析

　　根據觀光遊憩區評估矩陣之分析，乃將三支線遊憩區之質化分析及遊客滿意度作分析，進而為三支線三個遊憩區在觀光評估矩陣上作定位，如〔圖 14-3〕所示。由〔圖 14-3〕中可以發現，平溪線、內灣線、集集線分別落在不同的象限上，其改善重點為，內灣線屬「今日紅人」階段，其增加風景美化，河道整頓，改善停車問題，並維持原有之地方小吃與解說服務，提供給遊客再次遊憩機會。

　　集集線屬「明日之星」的階段，集集線原本在觀光產業上之發展程度已相當成熟，但歷經 921 地震過後，其重建尚未全數完工。目前政府相關單位需加緊腳步，對於尚未完工之設施加快其速度，方便遊客遊憩上的方便性。平溪線落在「未來領袖」的階段，地區自然觀光資源豐富，但無一整體性的規劃，加上人力資源的不足，是平溪線發展觀光之弱點。以地區性發展觀光之觀點，每一觀光遊憩地區應透過地區內各遊憩景點之結合，以成為吸引遊客觀光的競爭優勢。

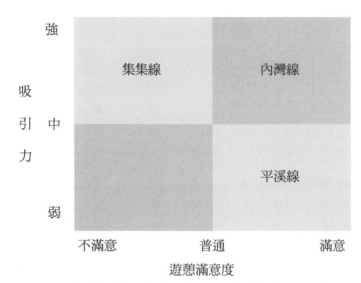

▲ 圖 14-3　台鐵三支線遊憩區評估相對位置

資料來源：李孟秋等(2003)。

4. 遊客人格特質因素分析

　　遊客人格特質部分，測試問題共為十一題，將其選項「非常同意」、「同意」、「沒意見」、「不同意」、「非常不同意」設置分數為 5~1 之間，並使用統計軟體 SPSS 進行因子分析。由於，本研究測試題較少，其特徵大於 1 的值太少，故以抽取出前累積變異量百分之六十以上為其因素。茲將遊客人格特質萃取分析結果，列示如〔表 14-10〕所示；而不同因素之變項內容，則列示如〔表 14-11〕所示。本研究萃取方法是以主成分分析，並採最大變異法，將各因素加以轉軸，以利於因素內涵的解釋與命名。茲將本研究各因素所包含之內容、命名及因素負荷量，逐一說明如下：

* 因素一命名為「懷舊型」：由〔表 14-11〕可知，共有四個題項歸於因素一，且因素負荷量均為正值，故將該因素命名為懷舊型。

* 因素二命名為「雅痞型」：由〔表 14-11〕可知，共有四個題項歸於因素二，且因素負荷量為正值，故命名為雅痞型。

- 因素三命名為「自我主義型」：由〔表 14-11〕可知，共有二個題項歸於因素三，且因素負荷量為正值，故命名為自我主義型。

- 因素四命名為「冀求方便型」：由〔表 14-11〕可知，就一個題項為其主相關，其內容顯示與冀求方便有關，且因素負荷量為正值，故命名為冀求方便型。

▼ 表 14-10　遊客人格特質萃取之因素

因素別	因素命名	變數數目	特徵值	累積變異數
因素 1	懷舊型	4	3.847	34.968
因素 2	雅痞型	4	1.545	49.016
因素 3	自我主義型	2	1.064	58.687
因素 4	冀求方便型	1	0.83	66.236

資料來源：楊政學、邱桂春(2003)。

▼ 表 14-11　不同因素之變項內容

題號	變項內容	因素負荷量
	懷舊型	
8	我認為去旅遊可和朋友、親戚聯絡感情	0.677
9	我認為旅遊可遠離都市和人群	0.801
10	我認為旅遊可藉此瞭解當地發展與價值	0.751
11	我認為旅遊可改變單調的生活	0.651
	雅痞型	
3	新奇的事物我總喜歡嘗試	0.577
4	對事情我總嘉歡以最有效率的方式完成	0.682
5	旅遊品質好不好是我的最大考量，價格其次	0.715
7	我是個很重視生活品質的人	0.694
	自我主義型	
2	旅遊費用高表示旅遊品質較佳	0.76
6	我重視自己勝於對家人關心	0.794
	冀求方便型	
1	凡是旅遊我喜歡冀求方便	0.893

資料來源：楊政學、邱桂春(2003)。

5. 遊客市場區隔分析

　　群集分析(cluster analysis)在不同領域可能使用不同名稱，在各種領域的研究者都面臨一個問題，是如何將看到的資料分成幾個有「意義的」組別，也就是群集分析是做「分類」的工作。本研究採用 **K 平均數法**(K-mean)做為分群之方法，以〔表 14-11〕所得的四個人格特質因素構面作為分群變數，將有效樣本 295 份區別為三大集群，集群觀察值個數如下〔表 14-12〕所示。至於，台鐵不同支線在三集群所占比例，以及不同集群在台鐵三支線的分配情形，則列示如〔表 14-13〕。

▼ 表 14-12　不同集群之觀察值個數

集群名稱	集群觀察個數
小我型	125
麥當勞	46
自我型	124

資料來源：楊政學、邱桂春(2003)。

▼ 表 14-13　不同集群與台鐵三支線交叉分配情形

台鐵三支線[%]	集群(%)		
	小我型	麥當勞型	自我型
平溪線	[60.0] (38.4)	[13.8] (23.9)	[26.3] (16.9)
內灣線	[65.5] (57.6)	[8.2] (19.6)	[26.4] (23.4)
集集線	[4.8] (4.0)	[24.8] (56.5)	[70.5] (59.7)

註：[　]內數值為不同支線在三級群所占比例；(　)內數值為不同集群在三支線所占比例。
資料來源：楊政學、邱桂春(2003)。

　　表中說明不同支線在三集群分配上，平溪線遊客以小我型占多數，內灣線遊客也以小我型占多數，兩者約在六成以上；而集集線遊客以自我型占七成最為多數。若以不同集群在台鐵三支線的分配而言，小我型遊客以內灣線占多數，約有六成左右；麥當勞型遊客以集

集線為多數，約有六成左右；自我型遊客也以集集線為多數，約占六成左右。綜合交叉結果可知，內灣線遊客以小我型特質為主，集集線遊客以自我型特質為主；平溪線就單向而言是以小我型遊客為主。

根據不同集群於各因素構面平均值的結果，如〔表 14-14〕比較後，將各集群之特徵描述命名如下：

· 集群一命名為「小我型」：此群在自我主義上的因素得分值為負，故將之命名為小我型。

· 集群二命名為「麥當勞型」：此群在考量方便第一之因素分數上為之冠，故將之命名為麥當勞型。

· 集群三命名為「自我型」：此群在自我享受上為之冠，正好與集群一相反，故將之命名自我型。

▼ 表 14-14　不同集群之因素分數表

因素	集群		
	小我型	麥當勞型	自我型
懷舊型	0.17775	-0.44359	-0.01462
雅痞型	0.15707	0.59116	0.06097
自我主義型	-0.87448	-0.10748	0.92140
冀求方便型	0.25980	-1.51638	0.30063

資料來源：楊政學、邱桂春(2003)。

6. 遊客基本資料差異分析

本研究以各市場區隔集群，即小我型、麥當勞型、自我型客，在遊客基本資料變數上的差異分析，列示如〔表 14-15〕所示。茲將本研究所發現之不同集群遊客之基本資料差異分析結果，陳述說明要項如下：

· 在小我型遊客特質上：性別偏向男性，年齡在 21~30 歲，多居住在北部，職業以工、學生為主，收入以 30,001~40,000 元為多，20,000 元以下居次。

- 在麥當勞型遊客特質上：性別以男性或女性各半，年齡在 21~30 歲，多居住在北部，職業以學生、服務業為主，收入以 20,000 元 以下為多，30,001~40,000 元居次。

- 在自我型遊客特質上：性別偏向女性，年齡在 21~30 歲，多居住 在北部，職業以學生、軍公教為主，收入以 20,000 元以下為多， 20,001~30,000 元居次。

▼ 表 14-15　不同市場區隔集群遊客基本資料交叉表

基本資料	集群(%)		
	小我型	麥當勞型	自我型
性別	男性，52.0 女性，48.0	男性，50.0 女性，50.0	女性，54.0 男性，46.0
年齡	21~30 歲，52.0 31~40 歲，25.6	21~30 歲，65.2 31~40、20 歲以下，13.0	21~30 歲，43.5 31~40、20 歲以下，14.5
居住地	北部，86.4 中部，8.0	北部，63.0 中部，21.7	北部，64.5 中部，22.6
職業	工，28.0 學生，21.6	學生，37.0 服務業，28.3	學生，25.8 軍公教，18.5
收入	30,001~40,000 元，26.4 20,000 元以下，24.8	20,000 元以下，34.8 30,001~40,000 元，23.9	20,000 元以下，29.8 20,001~30,000 元，26.6

註：表中所示數值分別代表各級群遊客之遊憩行為中，占第一位及第二位要項的比例。
資料來源：楊政學、邱桂春(2003)。

7. 遊客遊憩行為差異分析

本研究以各市場區隔集群，即小我型、麥當勞型、自我型客，在 遊客遊憩行為變數上的差異分析，列示如〔表 14-16〕所示。茲將本 研究所發現之不同集群遊客之遊憩行為差異分析結果，陳述說明要項 如下：

▼ 表 14-16　不同市場區隔集群遊客遊憩行為交叉表

遊憩行為	集群(%)		
	小我型	麥當勞型	自我型
來過幾次	第一次，48.8 第四次以上，28.0	第二次，34.8 第一次，32.6	第一次，43.5 第二次，28.2
交通工具	自用車，52.8 火車，35.2	自用車，50.0 火車，28.3 13.0	自用車，52.4 火車，33.1 14.5
旅遊天數	民宿，50.4 露營，18.4	一天，71.7 二天，13.0	一天，82.3 二天，14.5
過夜地方	工，28.0 學生，21.6	民宿，28.3 飯店、露營，各 19.6	民宿，37.1 飯店，25.0
與誰同遊	同事或朋友，53.6 家人或親戚，41.6	同事或朋友，54.3 家人或親戚，28.3	同事或朋友，43.5 家人或親戚，42.7
一天花費	1,000 元以下，65.6 1,001~2,000 元，25.6	1,000 元以下，45.7 1,001~2,000 元，26.1	1,000 元以下，59.7 1,001~2,000 元，19.4
旅遊動機	散心，66.4 增進情感，16.8	散心，39.1 增進情感，19.6	散心，40.3 增進情感，33.1

註：表中所示數值分別代表各級群遊客之遊憩行為中，占第一位及第二位要項的比例。
資料來源：楊政學、邱梓春(2003)。

- 在小我型遊客特質上：以第一次到訪居多，第四次以上居次；交通工具以自用車為主，其次為搭火車到訪，約有三成五；旅遊天數多為一天；過夜地方以民宿為主，其次為露營；與誰同遊上，則以同事或朋友居多，家人或親戚居次；一天的花費多為 1,000 元以下，其次為 1,001~2,000 元；旅遊動機上，以散心為主，其次為增進感情。

- 在麥當勞型遊客特質上：以第二次到訪居多，第一次到訪居次；交通工具以自用車為主，其次為搭火車到訪，約有二成八；旅遊天數多為一天；過夜地方以民宿為主，其次為露營或飯店；與誰同遊上，則以同事或朋友居多，家人或親戚居次；一天的花費多為 1,000 元以下，其次為 1,001~2,000 元；旅遊動機上，以散心為主，其次為增進感情。

- 在自我型遊客特質上：以第一次到訪居多，第二次到訪居次；交通工具以自用車為主，其次為搭火車到訪，約有三成三；旅

遊天數多為一天；過夜地方以民宿為主，其次為飯店；與誰同遊上，則以同事或朋友居多，家人或親戚居次；一天的花費多為 1,000 元以下，其次為 1,001~2,000 元；旅遊動機上，以散心為主，其次為增進感情。

14.5 結論與建議

一、研究結論

整合核心資源與遊客特質的分析結果，可發現以下幾點結論：

(1) 平溪線及內灣線適合發展歷史懷舊回顧，加上自然生態非常豐富，可有很好的發展，但在硬體設施方面，須再加強建設。

(2) 集集線則適合創造形象商圈，可以親子休閒活動為主。

(3) 以平溪線來說人為破壞較少加上早期此地為煤礦開發的年代，尚保留許多舊式建築物。除了適合發展礦業遺跡，尚可有天燈文化、自然生態之教學及健行等活動，但公車及火車之班次過少，若能改善，則可增加平溪之觀光收入。

(4) 內灣線早期遺留的文化具有當地特色，又以客家文化為主，又有螢火蟲故鄉之盛名，加上交通的便利、原始生態資源豐富及有「阿三哥與大嬸婆」為地標，可是缺少深入瞭解內灣文化的解說員。

(5) 集集線擁有廣大腹地、四面環山，氣候宜人適合動、靜態的活動，但必須創造出具當地特色之文化活動。

二、研究建議

(一) 平溪線

針對平溪線的建議如下：

(1) 平溪線之競爭機會有需要規劃老街，以天燈和煤礦文化為主題，並增加旅遊資訊和文化特色之解說。

(2) 加強硬體設施，如公廁、路標指示。

(3) 可將部分經濟農作物做成當地特色美食，並搭配具文化特色之民宿及其他商家之套裝行程。

(4) 可發展回顧平溪歷史之活動－礦業文化及天燈文化。

(5) 利用自然資源之優勢，可發展登山、溯溪、生態教學活動及觀星等活動。

(二) 內灣線

針對內灣線的建議如下：

(1) 內灣線之競爭機會有內灣民宿應創新，具特殊風格或傳統文化，若能強調客家文化之形象商圈、設立劉興欽漫畫博物館，且解說員必須深入瞭解內灣之風土民情，再結合商家之採用套裝行程並提供傳統餐飲及規劃景點參觀，必能增加觀光收入。

(2) 重新開放內灣戲院、美化內灣車站並提供拍照及設服務處，介紹當地文化深度旅遊之資訊，以及印製導覽手冊。

(3) 在硬體設施，要增添停車場、公廁及垃圾桶，導覽解說圖，應設人行步道及招牌美化，或設車廂販賣館－專賣內灣特色之產品，風景區規劃與道路規劃也須改善。

(4) 內灣線可發展較具引吸之活動，有回顧木馬歷史文化及回溯歷史記綠之活動。

(5) 天然資源豐富可發展親子或團體活動（油羅溪與內灣吊橋下烤肉戲水）、野營求生訓練、登山、觀星、生態教學或體驗原住民生活等活動。

(三) 集集線

針對集集線的建議如下：

(1) 以集集線之競爭機會來說，必須規劃形象商圈、加強規劃腳踏車路線及行車安全，以及可增加解說服務。

(2) 適合發展休閒農場、古蹟尋禮等活動，並可加入創新且具特色的親子或團體動態活動。

(四) 整體台鐵三支線

　　就整體台鐵三支線的共同特性來說，三支線的共同特點是在擁有豐富的資源，若能提供完整的旅遊、當地文化背景之資訊，且當地能提高自身的核心資源之優勢，並能創造極大之觀光價值。如：平溪線在於加強以天燈祈福活動、自然生態教學、人工觀光區（如老街）、登山活動等；內灣線在於加強生態復育、自然景觀的保護、歷史舊址的文化等；集集線則是加強腳踏車路線、休閒農場、古蹟尋禮等活動。

1. 利用 SWOT 及核心資源理論加以分析，整理歸納出地方發展建設之現況、地方觀光活動，以及地方觀光資源價值，作為研究中實地訪談的事前準備資料。

2. 深度訪談以三支線當地的公務人員、店家，與當地住民為主，做面對面式之深度訪談，問卷調查以在三支線之遊客採隨機抽樣方式填寫問卷，其目的找出阻礙地方觀光發展之因素，以及探究出有價值的觀光資源，並期能對個案提出研究與建議。

3. 同時採用質化與量化研究方法，來探究台鐵三支線之觀光資源價值；將台鐵三支線的現況及未來發展，透過資料整理與分析，歸納得出最後實證結論。

問題與討論
PRACTICAL MONOGRAPH:
The Practice of Business Research Method

1. 本章所列「台鐵觀光行銷研究」實例，其研究方法的應用意涵為何？你對該個案的實務推演過程，有何個人的心得與看法？

2. 在實務專題製作中，同時採用質化與量化研究方法，有何特色或優點？是否意味符合三角測定程序的精神？

3. 針對本章實例中，遊客對台鐵三支線旅遊意見的調查，以現場遊客，或以曾經到過該支線遊客為抽樣對象，有何不同的考量需求？你會如何取捨？

別人可以拿掉你的頭銜，

騙取你的金錢，

拿走你認為擁有的一切；

但拿不走你做事的能力，為人的智慧，

這些別人拿不走的，

才是你真正的財富。

──楊政學

15

報告撰寫與發表

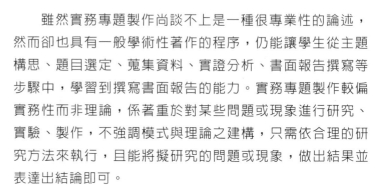

FOREWORD

　　雖然實務專題製作尚談不上是一種很專業性的論述，然而卻也具有一般學術性著作的程序，仍能讓學生從主題構思、題目選定、蒐集資料、實證分析、書面報告撰寫等步驟中，學習到撰寫書面報告的能力。實務專題製作較偏實務性而非理論，係著重於對某些問題或現象進行研究、實驗、製作，不強調模式與理論之建構，只需依合理的研究方法來執行，且能將擬研究的問題或現象，做出結果並表達出結論即可。

　　然而，無論實務專題製作的題目為何，製作內容為何，製作方式是實驗的設計，電腦軟體系統的開發，或社會問題的探討與研究，最後總是要以書面報告來呈現，而該書面報告的架構與格式，相對專業論文並無太大差異，也需要將主題作一系列且有組織地陳述。除了書面報告之外，實務專題製作也如同碩士論文一般，必須以口試的形式向指導老師及系上老師、同學作口頭報告。因此，本章將分別依實務專題製作之書面報告內容、書面報告撰述、口頭發表內容、簡報資料製作、報告撰寫倫理等五部分，來說明實務專題製作之報告撰寫與發表。

SUMMARY

15.1 書面報告內容

實務專題製作書面報告之內容，大致包含三大部分，意即**主文前部分**(front matter)、**主文**(text)及**主文後部分**(back matter)。該三部分內容於報告中出現的順序，最先是主文前的部分，接著是主文，最後是主文後的部分（碩士論文亦同），而主文部分則是整個書面報告內容的論述菁華。至於，實務專題製作書面報告所包含這三部分的項目，則與碩士論文內容略有差異，兩者各分項之比較，如〔表 15-1〕所示。

一、主文前部分

由〔表 15-1〕所示內容可知，實務專題製作主文前的部分，主要包括有封面、摘要、目錄、表目錄與圖目錄，各項均應重新另起一頁為原則。其中摘要、目錄、表目錄與圖目錄，均應分別寫出標題，並於該標題下方空行。至於，其他組成要項之個別注意事項，則列示說明於后。

(一) 封面

封面依順序由上而下應包括：

(1) 院校名稱（校銜）。

(2) 系科名稱（系科銜）。

(3) 實務專題名稱（實務專題製作題目）。

(4) 指導老師名銜。

(5) 專題小組成員學號、姓名。

(6) 完成日期。

(二) 摘要

摘要內容通常包括問題的描述、使用的方法、執行的程序，以及所得到的研究結果。

摘要為實務專題製作書面報告的精簡概要，需要以最精簡的方式來呈現，其目的在於透過簡短的敘述，使讀者在尚未閱讀全文前，就能大致瞭解整篇實務專題報告的內容。摘要內容通常包括問題的描述、使用的方法、執行的程序，以及所得到的研究結果。一般而言，摘要的字數在二百至五百字之間都是可被接受的，其內容可分段，但

▼ 表 15-1　實務專題製作書面報告與碩士論文內容比較

項目	實務專題製作書面報告	碩士論文
一、主文前部分		
1. 封面(cover)	✓	✓
2. 標題頁(title page)	✕	✓
3. 簽名頁(signatory page)	✕	✓
4. 摘要(abstract)	✓	✓
5. 序(preface)	✕	✕（專書則有）
6. 誌謝(acknowledgement)	（大部分是沒有）	✓
7. 目錄(table of contents)	✓	✓
8. 表目錄(list of tables)	✓	✓
9. 圖目錄(list of figures)	✓	✓
二、主文		
1. 緒論(introduction)	✓	✓
2. 文獻探討(literatures review)	✓	✓
3. 報告主題(issues of report)	✓	✓
4. 結論與建議(conclusion and suggestion)	✓	✓
三、主文後部分		
1. 參考文獻(reference)	✓（或稱參考書目）	✓
2. 附錄(appendix)	●	●
3. 符號彙整(glossary of notation)	●	●
4. 索引(index)	✕	（專書一般有）
5. 作者簡介(vita)	✕	▲

註：✓表示必須具備；✕表示不需具備；▲表示可有可無；●表示視內容而定。
資料來源：修改自盧昆宏(2003)。

不可分節，並盡可能不要引用參考文獻。若必須引用參考文獻，則應
將其來源清楚地註明。另外，摘要內容中不要使用表格與圖形。

　　由於摘要目的是讓讀者在未看到全文前，能對報告的內容有概括
性瞭解，同時摘要的篇幅又相當有限，因此在寫作上便顯得相當重
要。摘要內容的表達方式，大致上可以分為以下兩種：

1. 概括說明

　　這種方式是對實務專題製作的進行，作簡單且概括性說明，而不加以詳細描述內容與細節。

2. 內容彙總

　　這種方式是將整個實務專題製作之內容、進行方式、具體成果與貢獻，作詳細地說明，有點像將整份專題計畫書濃縮而成。

　　無論是以何種方式表達，摘要的內容應透過下列四項來呈現：
(1) 簡要陳述問題。
(2) 扼要說明製作專題時所用的研究方法。
(3) 解決問題的過程。
(4) 研究發現。

(三) 目錄

　　目錄主要是將報告中，所包含的項目、內容、順序及各項目所在的頁數，作概括性介紹，包括摘要、目錄、表目錄、圖目錄、緒論、章節名稱、參考文獻與附錄等，這些皆須與正文中出現的各章節標題完全一致。目錄的最後定稿，要在整篇報告完成後才能編定頁次，主文前部分的編頁通常是以小寫的羅馬數字符號標示（如：i, ii, iii…），本文的各章節以及篇後部分，均應於目錄中記載其起始頁數。

　　各章若有小節標題，通常比主章節向右退兩格（即縮排，indent），以突顯出報告的結構大綱。若在各節之後尚有更細的小節，也依此方式再向右退兩格。在目錄中，主文前的部分、各章及主文後的部分均不縮格，若標題太長超過一行時，第二行以後則應縮格。起始頁數一般放在各行的最右側，並在標題與頁次之間使用**引導點**(leader)；或是將起始頁數直接放在標題後，再將中間給予適當的空格，也是常見的方式。

(四) 表目錄與圖目錄

　　表目錄與圖目錄之目的在於便利讀者查閱，即指出某張圖或表分別出現在第幾頁。不少學者認為表目錄與圖目錄是否列出，係由作者自行決定。若圖表很多則以列出為宜，否則可以省略。然而，在此筆

者建議專題小組成員，不論實務專題製作書面內容中圖表的多寡，還是將圖表目錄列出為宜。

二、主文

主文係構成整個實務專題製作書面報告最重要的部分，舉凡研究背景、動機、目的、研究方法、相關理論、事實的陳述、製作過程、實證分析、研究結果，都在這部分以合理、簡明，且有系統、有組織的方式進行撰寫。

一般主文又包括緒論、報告主體與結論等三部分；雖然主文是以報告主體最為重要，然而這三部分皆不可偏廢，因為不少讀者於閱讀一份報告時，為節省時間，即探究是否為其所要的內容，通常會先看緒論與結論兩部分，再判斷是否值得繼續閱讀報告主體，故主文所包括的三個部分皆應謹慎撰寫。

(一) 緒論

緒論的目的在於將問題的來龍去脈、研究動機、擬製作之研究方法與研究目的，透過有系統的陳述，促使讀者瞭解該實務專題製作，甚而引起閱讀的興趣。

大致上，緒論應包括以下五個部分：

1. 研究背景。研究背景的陳述在於說明，實務專題製作所欲解決問題的相關環境與背景，明確地將問題背景表達出來。

2. 研究動機。闡述進行該實務專題製作題目的緣由，藉由執行中的實務專題製作，可以解決那些問題，且達到理論與實務結合之目的。

3. 研究目的。先行說明實務專題製作欲達成的研究目標，再以具體條列的方式，列出明確之研究目的。

4. 研究方法。說明與實務專題製作相關的研究方法，另外也陳述資料來源、資料取得方法與程序、模式架構、統計分析等。

5. 研究範圍。界定實務專題製作所欲探討的研究領域、研究時間與研究範圍，以及是否有限制條件存在。

至於文獻探討的部分，是依據專題題目設定範圍，調查、研讀與主題相關的文章與著作。此部分資料往往甚多，所以一般都是另立專章（第二章）探討，而獨立於緒論（第一章）部分來呈現。

整體而言，實務專題製作之書面報告，在主文尚未進入報告主題前的緒論部分，往往分為兩個章節來撰寫，第一章包含研究背景、研究動機、研究目的、研究方法與研究範圍等項目；而第二章則為文獻探討的系統性整理，並提出本實務專題製作不同於以往研究文獻貢獻所在，以凸顯實務專題製作的價值性。

> 第一章包含研究背景、研究動機、研究目的、研究方法與研究範圍等項目。
>
> 第二章則為文獻探討的系統性整理，並提出本實務專題製作不同於以往研究文獻貢獻所在，以凸顯實務專題製作的價值性。

(二) 報告主題

報告主題是整份實務專題製作的精華，也是該份專題貢獻、價值之所在。報告主題一般是由若干「**章**」(chapter)所構成，每章可再分為若干「**節**」(section)，節也可在細分成若干小節，惟各小節、節、章均需要給予主題或內容。大致上，每一章可能是專題研究的一個子題，或擬處理的一個問題，利用一至三章闡述製作過程，解決該子題或呈現問題的結果，且以實務專題書面報告的第三章，做為整個書面報告主題的開始。

關於報告主題的撰寫，需掌握下列幾項原則：

(1) 整個製作過程所涉及的實作、實驗、分析，乃至求解、實驗、分析所發現的結果或論證，皆應該以合理且有系統的方式加以闡述，且一定要與緒論中所提及的研究目的建立起邏輯性的關聯。

(2) 專題的貢獻、發現與其他文獻（較佳的部分）之比較，予以強調式的陳述，彰顯異於他人研究的探討角度，或突破性研究方法。

(3) 較為次要資料的解說（如個案公司發展歷史、知識管理系統作業平台、調查問卷的設計內容等），可移至報告後的附錄，避免本文太過於冗長雜亂。

此外，在報告主題中，尚可能會使用到「**註**」（footnote，又稱註解或註腳）。其使用方式是在需要「註」出現的文字，或句子的右上方標示數字（其標示數字可依出現在研究報告中的順序依序編號，也可於每頁或每章自行編號），並將註解的內容寫在當頁下方，在註解上方

畫一條橫線與當頁的本文隔開。至於，註解內容字體的大小，一般都是比本文字體稍小，當然也可以相同；內容往往是需要更進一步詳細說明的事項，所以經常需要再利用參考文獻做為註解。

(三) 結論

緊接在報告主體之後的則是結論，是書面報告必須具備的，其功能係將整篇報告作扼要且重新整理過的陳述與總結，期盼可留給讀者明確且具體的印象。若製作過程中有較明顯的發現、具體的貢獻或比以往文獻更好的成果，則可再次予以強化簡略描述。另外，於製作期間所碰到的不在研究含蓋範圍內，但值得探討的問題也應予以逐一列出。例如：實務專題製作中沒有處理的假設條件、研究限制等。

若有具體解決此類問題的方法或指引方向，則可做成末尾建議事項提出，提出方式則以條列式為宜。這部分的陳述，可留給後續學弟妹從事實務專題製作的題目擇取參考，常可提供良好適切的研究建議與方向。

三、主文後部分

實務專題製作書面報告主文後部分，大致可包括：參考文獻、附錄與符號彙整等三項。由於專題內容不同，有的專題報告沒有任何數學式，就不需要符號彙整或附錄。這三項的開始均應重新另起一頁，並以

該項名稱作為標題。一般參考文獻的列示，以及格式的統一，在實務專題製作中時常是被輕忽的，而學生專題書面報告中，參考文獻的列示，也時常呈現凌亂無序或缺無的現象。一般造成的狀況，係為執行實務專題製作過程中，對相關文獻的引述不夠確實記載，或對文獻檔案資料欠缺管理所致，使日後在資料來源還原出處及登錄上出現困難。

(一) 參考文獻

參考文獻是主文後最重要且不可缺少的一部分，其排放位置應列在主文後的第一頁，以註明引用資料的來源。一般都將中文參考文獻，列於英文參考文獻之前。至於參考文獻如何引註，由於期刊不同

而有不同的格式規定，然而一定包括：作者、文章題目、期刊名稱或書籍名稱、卷數、冊數、頁數、年代、出版社等要項。以下僅列舉期刊論文、會議論文等，較常使用的編排格式，並分別說明其應注意之事項。

1. 期刊論文

作者、出版年代、文章題目、期刊名、卷數、冊數、頁數。例如：楊政學(2003)，台灣加入 WTO 後液態乳進口衝擊之量化評估，台灣銀行季刊，第 54 卷，第 2 期，頁 172-201。

2. 會議論文

作者、文章題目、論文及名稱、城市名、國名、出版年代、頁數。例如：楊政學、紀佩君，永續發展管理下非營利組織領導實務模式探討：以公共服務組織個案為例，第四屆(2002)永續發展管理研討會論文集，台灣：屏東：國立屏東科技大學，2002，頁 60-67。至於，參考文獻中所列注意事項之細部撰寫說明，則分別條列陳述於后。

(1) 作者部分中文參考文獻的作者姓名應按作者的姓氏筆劃由少至多排列（即筆劃序），但也有以在文章中的出現先後作為排序（即出場序），若有多位作者，則依在文獻中的排名先後次序編排，並以頓號將作者姓名分開。英文參考文獻中，若僅有一位作者時，先寫作者的姓(Last Name)，加上逗點後，再寫作者的名（含 Middle Name 與 First Name，往往都是縮寫其第一個字母）；當有多位作者時，第一位作者先寫姓、再寫名，其餘作者則先寫名、再寫姓。在參考文獻中，當有四位以上的作者時，可將所有作者列出，也可僅列出第一位作者，其餘則以「et al.」表示之。當英文參考文現有兩位作者時，以「and」將兩位作者連接；有三位以上的作者時，最後一位作者之前加上「and」，其餘作者的姓名後僅加上逗點。若參考文獻為書籍，且無作者僅有編輯者或譯者時，則以該編輯者為作者，但須於其後分別加上「編輯」(ed./eds.)、「譯」(trans.)等字。若中文書為編著時，也應將「編著」二字加在作者姓名之後。若書籍同時有作者以及編輯者或譯者時，建議應先寫作者，至於編輯者

或譯者則應寫在書名後。若作者為某機構（政府機構、基金會、協會、公司等，例如：依前述原則予以列示行政院主計處、董氏基金會、台灣電力公司），則將此名稱視為作者姓名，依前述原則予以列示。

(2) 文章題目一般都將文章題目置於引號內。文章題目的撰寫方式有二種：字首大寫（但介系詞、冠詞不大寫），或僅第一個字的字首大寫。

例如：

Managing Security in a Distributed Database Environment

Managing security in a distributed database environment

若文章題目中已有雙引號時，應將該雙引號改為單引號。

(3) 期刊名英文期刊的寫法採各字首大寫方式為之，唯不少英文期刊有其特定的縮寫方式，若讀者擬使用縮寫方式時，應參考該期刊的刊名縮寫方式，不得自行任意縮寫。另外在字型方面，也經常規定使用義大利字型排版。以下列舉一些著名期刊之縮寫為例：

例如：

Management Sci.

Computers Opns Res.

J.Amer.　　Statist.

Assoc.　　IE Solutions

中文期刊刊名不宜縮寫，需全名書寫之，字型則建議以楷書或標楷體排版。例如：管理學報、商管科技季刊、輔仁管理評論。

(4) 會議論文若參考文獻是一篇會議論文，則應註明舉行會議的城市、州名及國名（中文文獻若為中華民國，則可省略）。因為已有年代，所以會議的屆數寫與不寫均可。若為出版的**會議論文集**(proceedings)，則需註明頁數；會議或論文集名稱一般以羅馬字型（而非義大利字型）編排。

(5) 書名通常英文書名以義大利字型、中文書名以標楷書自行撰打排版，且英文書名以每字字首大寫方式為之。若英文書名具有副標題，應以冒號將標題與副標題分開；中文標題與副標題間，則應使用破折號將兩者分開，而此規定亦是用於文章的題目。

(6) 卷數、冊數、版面期刊的卷數、冊數通常使用縮寫字，數目以阿拉伯數字表示，或直接用黑粗體字的阿拉伯數字表示。例如：Management Sci., Vol.26, No.9 或 Management Sci., 26(9)。若外文期刊的卷數是採一年一卷的方式，即其頁數是由每卷重新起算，那麼參考文獻中的期刊部分一般僅需註明卷數即可，不一定要寫期數。若參考書籍為含數冊的套書，則應將總冊數註明於書名後，英文冊數的「volumes」應使用縮寫（即：Vols.）。書籍的版次應放在書名之後，版次可置於括號內，也可不使用括號；英文版次的「edition」應使用縮寫（即：ed.或 Ed.）。

(7) 出版者若參考文獻是國外書籍，其出版者以公司縮寫稱之。例如：Macmillan Publishing Co., Inc.由於國內較著名的出版者有限，可以不必寫出全名。例如：「新文京開發出版股份有限公司」可寫成「新文京」即可。若參考文獻係作者、組織或政府機構自行出版，應在出版者處註明「自行出版」，惟政府機構可不必註明。

(8) 出版地出版地的寫法有兩種：一為寫在出版者之後，另一種寫在出版者之前，並於出版地後加上冒號。例如：Wiley and Sons, New York 或 New York: Wiley and Sons；新文京，台北或台北：新文京。

(9) 頁數參考文獻的頁數應以連字符號連接起迄頁數，且連字符號前後不可空格。其呈現方式有二：僅出現頁數，或在頁數之前加上 pp.。

(10) 出版年代無論中、英文文獻，建議皆用西元紀年表示之，其排版位置可在作者後面並置於括號內，也可在頁數之前或在最後面。

(二) 附錄

俟專題學生整理資料、研究設計、個案分析及實證研究，得到研究目的擬達成的成果後，就要進行報告初稿的撰寫。由於書面報告的目的，在於將研究動機、研究方法，乃至成果的獲得等眾多繁雜的內容，加以有系統、有組織地撰寫成有結構、有創見，且能正確表達出經自己努力而成的作品。因此，初稿除需要符合前節所介紹的實務專

題製作書面報告，所應包含的三大內容：主文前部分、主文及主文後部分外，尚有一些撰寫書面報告應注意的原則，以及寫作時文字修辭應注意的事項。以下將列出寫作時應注意的事項，如下所列要項，並提供檢查書面報告初稿的檢核表，如〔表 15-2〕所示。

(1) 需要掌握主題所涵蓋的範圍與觀念。

(2) 問題陳述與各章內容的說明、製作、分析需具一貫性，前後思緒需要一致，前後各章需有所連貫。

(3) 為了不使思路中斷，最好能保持寫作的持續進行狀態，一鼓作氣、集中火力、減少過多旁騖；建議先寫出一個完整的大綱，再作後續相關資料的補充說明。

(4) 第一章的緒論與最後一章的結論與建議應相互呼應。因此，建議緒論與結論，宜留待最後再重新檢視及撰述，且確認報告章節順序架構是否正確。

(5) 將所欲強調的重點、結構，做正確且凸顯的陳述。內容需客觀表達，有多少資料就作多少分析、說多少是多少，不宜加油添醋。

(6) 引述別人的論著時，應避免斷章取義；用字淺詞宜淺顯易懂、易讀，不必刻意追求詞藻華麗。

(7) 注意標點符號的正確性；圖表應置於正確的相關位置；應多次檢查是否有錯別字；應設計出較優美的版面。

▼ 表 15-2　實務專題製作書面報告初稿檢核表

專題名稱：台鐵三支線之觀光行銷－以平溪、內灣、集集三支線為例			
項目	已完成	待加強	備註
1. 封面			
校銜、系科銜			
實務專題題目			
專題小組成員			
指導老師名銜			
完成日期			
2. 目錄			
圖目錄			
表目錄			
3. 摘要			
4. 緒論			
研究背景			
研究動機			
研究目的			
研究方法與步驟			
研究範圍與對象			
內文架構			
5. 文獻探討（第二章）			
6. 報告主體			
第三章			
第四章			
7. 結論與建議			
研究發現			
建議事項			
限制條件探討			
未來研究方向			
8. 參考文獻			
9. 附錄			
附錄 A			
附錄 B			
10. 符號彙整			
校稿			
排版			

資料來源：修改自盧昆宏(2003)。

　　至於，針對實務專題製作報告繳交的說明暨檢核表，則列示如
〔表 15-3〕所示，以供專題小組成員作參考。

▼ 表 15-3　實務專題製作報告繳交說明暨檢核表

103 學年度實務專題製作報告繳交說明暨檢核表

103 學年度畢業專題將於 2014/12/08（一）～2014/12/10（三）進行繳交（一份），屆時將有工讀生於本系專題研討室進行格式檢查，同時各組應先透過 FTP 繳交專題全文電子檔（FTP 的 User Name 及 Password 已交由各畢業班導師代為轉達，FTP 方式請見專題製作網站說明），合於標準者請於 2014/12/11（四）24:00PM~5:00PM 繳交專題三份（都要指導老師親筆簽名）至〇〇管理系專題研討室，由系上統一裝訂。

專題製作網站：http://genius.mba.mhit.edu.tw/roject/ 或
　　　　　　　http://genius.mba.must.edu.tw/roject/

請攜帶本表進行專題繳交，否則不予受理！

項目	自我檢核	專題委員檢核	不合格原因
封面	□OK　□NG	□OK　□NG	
審定書	□OK　□NG	□OK　□NG	
指導老師及口試老師簽名	□OK　□NG	□OK　□NG	
授權書	□OK　□NG	□OK　□NG	
摘要	□OK　□NG	□OK　□NG	
誌謝	□OK　□NG	□OK　□NG	
目錄	□OK　□NG	□OK　□NG	
表目錄	□OK　□NG	□OK　□NG	
圖目錄	□OK　□NG	□OK　□NG	
內文及標題格式	□OK　□NG	□OK　□NG	
版面邊界設定	□OK　□NG	□OK　□NG	
參考文獻	□OK　□NG	□OK　□NG	
全文電子檔已經 FTP 至指定位置	□OK　□NG	□OK　□NG	

※本實務專題製作合於標準，專題製作委員認可簽章＿＿＿＿＿＿＿＿＿＿＿＿＿＿＿＿＿＿

資料來源：修改自楊政學(2004)。

15.2 書面報告撰述

　　文字陳述與口語表達，是研究人類想法以及歷史傳承的兩項重要媒介，其中又以文字陳述來得更為重要、正式且源遠流長。任何研究成果的呈現，最後總是見諸文字，實務專題製作的研究成果報告也不例外。在介紹完實務專題製作書面報告內容架構後，接著說明如何有組織、符合制式型態，且清楚流暢地以文字呈現報告內容。畢竟，一份好的書面報告，除有豐富的內容與架構外，外表的包裝與修飾，例如：順版面排版、標點符號、數學式及圖表等格式設定的問題等，也是另一項重要的工作。

一、文字

　　書面報告係以文字呈現為主，文字的字型、字體大小、字距與行距，十分影響書面報告的美觀與易讀性。本節所指的「文字」係包含：字型、字體大小、字距、行距、數字的呈現等，以下將分別就上述要項重點陳述之。

(一) 字型

1. 在實務專題製作書面報告中，中文字最常使用的字型為：細明體、標楷體、楷書及粗明體。這四種字體又以細明體最普遍，其次為標楷體，且千萬不宜使用隸書與行書。

2. 在實務專題製作書面報告中，英文字最常使用的字型為：羅馬字型(Time New Roman)、打字機字型(Typewriter)或粗體(Boldface)。至於義大利字型(Italic)，則常被用於標題、書名、期刊名等。

(二) 字體大小

1. 實務專題製作書面報告中的字型大小，建議以 **14 點**(points)為宜（不少有關報告格式的書籍也會建議 12 點）。

2. 實務專題製作書面報告的題目、主標題、子標題等，可使用較大的字型或黑粗字型，並建議每階層以不超過下一階層的 14 倍為原則。一般而言，主標題可用 22 點黑粗、子標題可用 18 點黑粗字體。

3. 若同一行出現不同大小的字型時，建議皆以底線對齊。

(三) 字距與行距

1. 中文字距係指字與字之間的距離，一般字距建議以字寬的十分之一為原則。

2. 所謂**行高**(spacing)係指兩行底線之間的距離，行距的設定一般是以字的高度為準（或幾倍行距），一般而言，中文的**單行距**(single spacing)就是字高的 1.5 倍。至於，實務專題製作書面報告，則建議採 1.5 倍行距；換言之，14 點的字型宜配合 21 點的行距。

3. 若同一行文字中有中、英文時，應以字較高的中文字為行距設定作為標準。然而，整段為英文或整段為中文，則各段分別採用各自適當的行距。

4. 有時圖標題、表標題、表內容文字、附錄或註解，可使用單行距以避免圖表過於鬆散。

(四) 數字

1. 在實務專題製作書面報告中，若以中文呈現零至九的數字，則宜用中文數字（即一、二、…、九），不宜使用阿拉伯數字。同理，若以英文數字亦應用英文拼字（即 one、two…）。若一句話同時出現個位數與十位數的描述，則前後應一致。

2. 若數字位於句首，則不論是幾位數，中、英文均應使用中文數字或英文拼字。

3. 以下情形應使用阿拉伯數字：時間、日期、地址、有小數點的數字、比例、符號與縮字連用（惟該符號需用半形，且中間不空格，但數字與縮字連用之間需空格）。

4. 純分數宜使用中文數字或英文拼字，但帶分數則應使用阿拉伯數字。

二、版面排版

　　若一篇好的文章再加上令人悅目的版面排版，則可提高閱讀者的意願及興趣；反之，一篇內容充實、研究具體的報告，若其版面不經修飾，勢必令讀者大打折扣。所謂版面則包括：**整版**(justification)、

邊緣留白、頁數碼、裝訂、內文式列舉、文獻引述等，以下將分述之。

(一) 整版

1. 所謂整版就是將整個版面的文字，統一採列尾對齊、列首對齊或置中對齊的方式來排列，一般整列有三種方式：齊頭、齊尾、向中對齊。文章一定要經過整版，否則版面勢必凌亂，給讀者看不下去的感覺。一般而言，實務專題製作報告建議採列尾對齊的整版。

2. 各段均需採開頭縮格編排，中文縮兩個中文字，英文則縮四個英文字母為原則，如此段落才分明。

3. 標點符號不宜出現在每一列的開頭。

(二) 邊緣留白

1. 每頁版面四周的邊緣留白，通常作如下之建議：每頁左側邊緣應空 1.5 英吋（約 3.81 公分），右側邊緣應空 1.0 英吋（約 2.54 公分），上、下邊緣由於為頁碼所在，應空 1.1 英吋（約 2.79 公分）。

2.若頁數碼在中下方，則頁數碼距下邊為 0.75 英吋。

(三) 頁數碼

1. 實務專題製作書面報告的頁數碼，可置於每頁下方中央或右上方編排頁數，惟大部分將頁數碼置於下方正中央較普遍。

2. 主文前的部分係以小寫羅馬字（如：i, ii, iii…）編碼，從主文起則以阿拉伯數字編頁數。

3. 編頁數千萬不宜畫蛇添足，在頁碼前後加上符號、括號或句點皆為多此一舉，小寫羅馬數字或阿拉伯數字即可。

(四) 裝訂

1. 實務專題製作報告用紙建議用 A4 尺寸(21cm×27.9cm)、白色、 70 或 80 磅紙為原則，不宜使用 LS 尺寸(Letter Size, 81/2 inch×11inch)的紙張。

2. 可採單面列印或雙面列印，視個別實務專題製作需求而定。

3. 實務專題製作報告的裝訂方式，建議採固定裝訂（即俗稱書面裝訂），由於目前膠裝技術已很成熟不至於會掉頁，所以不建議用線裝。

4. 裝訂時，建議宜各邊切齊。

(五) 列舉

所謂列舉是指在報告中必須使用若干要項說明，來描述、解釋某事或某種特性，有必要將這些說明逐項列舉。列舉可分為內文式列舉與陳列式列舉，這兩種列舉的方式可編號也可不編號。實務專題製作報告使用列舉時，需留意下列幾項原則。

1. 內文式列舉一般使用阿拉伯數字置於括號內的形式，即(1)、(2)等。在中文報告中，若所有（或部分）列舉項目為完整的句子，則應以分號將各項分開；若列舉項目均非完整句子，則應以逗號分開。若採不編號方式，且各項均非完整句子，則應以頓號將各項分開。

2. 陳列式列舉可採**段落式列舉**(paragraph style)與**懸掛式列舉**(hanging style)兩種縮格的方式。一般而言，段落式列舉適用於各列舉項目的內容較長時，懸掛式列舉則適用於各列舉項目的內容較短時。

3. 使用陳列式列舉時，若所有（或部分）列舉項目為完整的句子，則各項後應使用句號；若列舉項目均非完整的句子，則各項後一般不加任何標點符號。

4. 採陳列式列舉時，各項可有一適當的標題，標題可用不同於內文的字型（如：粗體字型）與內文作區別，也可使用冒號（在中文研究報告中）或句點（在英文研究報告中）。為使列舉的項目更為明顯，第一項上方與最後一項下方可多空一列的行距，各項間則可空半列的行距，編號亦可使用黑粗字型。

5. 陳列式列舉一般會使用小括號，依阿拉伯數字編號，於句尾加句點方式呈現；若不編號則經常使用圓黑點（‧）來陳列。

6. 報告往往會有多階層的列舉項目，為使各層能明顯區分，每層應予適當縮格。

(六) 文獻引述

在報告中若提及他人的著作內容或引用他人的觀念時，都應交待資料的來源。一般而言，交待資料來源的方式，可分為三類來加以說明。

1. 文獻編號法

採用文獻編號的方式來引述文獻，有兩種方式：在引述外將編號置於方形括號內，或直接在引述外的右上方寫上編號。

2. 作者年代法

若在句子中提及所引述之作者姓名，則於姓名後用小括號註明此篇文獻的出版年份。若在句中為提及所引述之作者姓名，則於引述處用小括號註明此篇文獻的作者姓名及出版年份，此為一般較普遍的用法。

3. 註腳法

該法的使用方式就是在引述處右上方標示數字，然後在當頁下方用一橫線隔開，直接說明或註解。

三、中文標點符號

報告中的標點符號亦有幾點需留意之處，簡列如下幾項：

1. 所有中文標點符號均使用全形。

2. 句子中混和有中、英文時，應使用中文的標點符號。

3. 中文的句號是「。」而不是「‧」，後者是英文的句號，在中文符號中代表音界號。

4. 頓號用在同類對等且平列的文辭之間，而分號則用於數個不同意思的複合子句之間。該兩符號最常被學生混用，造成文辭閱讀的困擾。

5. 英文沒有頓號，所以在英文中是用逗號，來分開對等的字、片語或句子。

四、數學式的陳述

實務專題製作報告中偶有數學函數或方程式出現，建議於排版時應參考以下八點事項（盧昆宏，2003），以使版面看起來較為整齊。

1. 數學函數或方程式的變數，建議使用數學義大利字型(Math Italic)或義大利字型。

2. 為配合數學式的高度，所使用的括號亦應隨數學式高度而變。

3. 數學式的陳述方式有兩種：字裡行間的數學式與獨立陳列的數學式。前者是將數學式書寫在一般字裡行間內；後者則是將數學式自成一行或數行，且將其置於中央位置，並於其上下多個空一行的行距。

4. 獨立陳列的數學式式末，不加任何標點符號。

5. 為使字裡行間的數學式，不會遠大於一般文字的高度，而產生與文字不協調的情況，可視情況而將該數學式使用較小的字體。至於，獨立陳列的數學式因自成一行，故可使用一般正常的字體。

6. 若是推導（或證明）某公式時，會產生多行的陳列式數學式，宜將關係符號$(=, \leq, \geq)$上、下各式對齊。

7. 若數學式太長時，應將其分成兩行以上編排，且第二行以後應以運算符號（如：＋、－等）開頭。運算符號前建議空一個中文字的寬度。

8. 為便於文章的述說與再提及，應將數學式予以編號，但不再被提及或不重要的數學式不應編號，以免編號太多而過於複雜與混亂。數學式的編號，建議放在該行最後，若有數行時，編號應放在最後一行後面。

五、圖與表

任何一份實務專題製作報告鮮少不出現圖或表，所以圖表的編排亦需受到重視。以下陳述一些圖表排版時，宜注意的事項：

1. 視排版或圖表大小等實際狀況,圖表中的文字可略小於本文中的文字,但至少要大於(等於)8 點字級。

2. 圖表建議已向中央對齊為原則,每個圖表皆須有一簡潔的標題,該標題的大小應與主文相同,不宜縮小,且表的標題應置於表的上方、圖的標題應置於圖的下方。

3. 圖與表有兩種編號方式:一為不分章,從第一章開始依序編到最後章節圖表(例如:圖 1,圖 2…);另一種方式係按其所在的章節依序編排,到了另一章節就另起序號(例如:圖 4-3 即表示第四章的第三個圖)。

4. 若圖表已超過半頁以上,則建議應單獨放一頁,並置於當頁的中央位置。未滿半頁的圖表一般與本文共同排版於同頁,視情況也可單獨放一頁。

5. 圖表(含其標題)與本文相接處應多空一行的行距;相鄰兩個圖表間也應多空一行的行距。

15.3 口頭發表內容

　　實務專題製作的教育目的之一,在於培養報告撰述及口頭發表的能力,實務專題製作於書面報告完成之際,也需透過口頭發表向師長及同學們,說明專題製作過程、內容與成果。所以,口頭發表也是訓練學生口頭報告其實務專題製作成果,不可或缺與重要的一環。

　　口頭發表易於書面報告之處,在於兩者的表達方式不同,口頭發表係向聽眾(師長、同學)直接陳述,且受時間的限制。口頭發表者除需於很短的時間內(通常是 15 至 20 分鐘),將所製作之實務專題製作內容作一全盤報告外,更需接受聽眾的詢問。因此,口頭發表對大多數實務專題製作的學生而言,確實是一較大項考驗。

　　本章節將闡述口頭發表的意涵與功能,說明口頭發表應包含的內容,而後再行介紹如何製作簡報資料。

一、口頭發表意涵

在國內的教育體制下，往往都是以老師講授、學生聽講的方式來進行教學。雖然逐漸有些老師在某些適合的課程中，也讓學生上台作口頭報告，但那種方式的報告，是不同於實務專題製作期末的口頭發表。課堂上的報告是屬於較片段的、較局部的，較屬於整理式的報告；而實務專題製作的口頭發表，則有其架構性、有系統，且是創作後的成果報告（不同於只是資料蒐集及整理式的報告）。一般而言，實務專題製作之口頭發表，至少應具有以下兩項意涵。

課堂上的報告是屬於較片段的、較局部的，較屬於整理式的報告；而實務專題製作的口頭發表，則有其架構性、有系統，且是創作後的成果報告。

(一) 陳述自我成果訓練之意涵

口頭發表需在短時間內，陳述製作過程、製作方法、製作成果等。除報告內容外，尚須接受別人（老師或同學們）的臨場提問且即席回答，這種場合的訓練，除實務專題製作成果的口頭發表外，實在少有其他課程具備此種訓練的機會。此外，由於實務專題製作口頭發表在形式上，也比一般上課時的隨堂報告來得慎重許多，因此在儀態、衣著、表達技巧上，也需加以注意與重視。換言之，實務專題製作的口頭發表，在訓練學生準備陳述自我成果的意義相當濃厚。

(二) 給予學生進度與成果考核之意涵

經過一學年（或一學期）的實務專題製作後，正式讓諸位老師及各組專題學生群聚一堂，透過口頭發表，聆聽各組學生發表其作品的好時機，老師們正可檢視各組的成果、品質，也可作為考核、比較各組學生製作時投入程度之用。另外，更可藉此機會相互修正實務專題製作有瑕疵或偏差之處，也可讓不同組別學生相互觀摩，達到彼此仿效、比較與改進之目的。同儕間的相互切磋學習，包含組內與組間成員的交互討論，可使得實務專題製作有加成的效果。

二、口頭發表功能

口頭發表具有陳述自我成果的訓練意義，這也是實務專題製作口頭發表的功能之一。該項訓練提供學生限時內陳述報告，接受即席臨場回答問題的雙向溝通，實有助於學生爾後陳述問題與回答問題的能力，更是日後學生進入研究所畢業論文口試時的提前練習。此外，口

口頭發表上具有提升資料彙整能力、培養團隊合作精神，以及改善報告儀態與技巧等功能，這對學生日後進入工作職場前的面試有莫大助益。

頭發表上具有提升資料彙整能力、培養團隊合作精神，以及改善報告儀態與技巧等功能，這對學生日後進入工作職場前的面試有莫大助益。

(一) 提升資料整理與彙整能力

由於口頭發表通常被要求在二十分鐘內報告完畢，所以學生如何將整個製作過程，以及成果扼要地整理、彙整成二十分鐘左右的報告，且不失其完整性，當然有賴專題小組成員對資料的正確整理。

(二) 培養團隊合作精神

整個實務專題製作的每個過程都十分強調團隊合作，當然口頭發表亦不例外，也是採整組參與的方式進行。透過團隊合作，有人彙總資料，有人製作報告資料、作投影片，或透過 PowerPoint 軟體製作簡報文書檔，有人負責口頭發表。發表時更應安排數人輪流上台，俾可讓口才較差的同學得以獲得訓練，口才較好的同學，則得以更加成長。

(三) 改善報告儀態與技巧

實務專題製作的口頭發表是為正式的報告，指導老師均會要求學生的穿著與儀態，而在正式口頭發表前，也會先行「預演」，藉以調整並改善報告儀態與技巧。筆者認為此訓練可提升學生日後就業職場上，作相關商業簡報的技巧，同時也能形塑其上台報告的儀態台風。因此，安排較為正式的研究成果口頭發表會，讓學生很正面地嘗試與接受，是個不錯且立意良善的要求。

三、口頭發表內容架構

口頭發表之目的在於，讓學生試著將自己實務專題製作執行的成果，作簡單扼要的報告，以訓練其表達專業知識的能力。為使簡報效果達到較佳的境界，一般而言，可將口頭發表之內容，分為主題簡介、製作方法、研究結果及心得檢討等四個項目，分別簡述如下。

(一) 主題簡介

簡單說明製作此實務專題的動機？主要探討的內容、主題是什麼？如何進行且完成此實務專題製作？

(二) 製作方法

報告此實務專題製作所採行的理論（原理）是什麼？透過什麼研究設計？利用什麼分析工具？使用何種研究方法？整個實務專題製作進行的步驟流程為何？

(三) 研究結果

研究結果也可以是成果、作品；由理論推導或數理、統計分析後，所獲得的數值結果，或對某些人文、社會或管理現象，假說的驗證而獲得的結論，或實際完成某些成品，或改善、增加某些產品的功能等。

(四) 心得檢討

對整個實務專題製作做檢討，例如：它具有那些優點？那些缺點？如何改進？對結論有何建議？有何心得？未來的可能計畫為何？以及對未來的學弟妹提出一些製作時的參考意見等。

四、口頭發表注意事項

為讓實務專題報告進行時更可發揮效果，建議專題小組成員應該注意以下事項。

(一) 儀態方面

在儀態方面，口頭發表的學生應注意下列事項，包括有：
(1) 穿著得體。
(2) 儀態端莊、慎重。
(3) 口齒清晰。
(4) 音量、速度快慢宜控制適中。
(5) 留意聽眾的反應，切勿念稿式的報告。
(6) 宜事先排練、預演。
(7) 正確地掌控時間。

(二) 報告內容

在報告內容方面，口頭發表的學生應注意之事項，包括有：
(1) 內容務必扼要、簡潔，但是完整且清晰。

(2) 使用易懂、明確的名詞與定義。

(3) 內容需連貫（整份報告僅被允許於二十分鐘內報告完畢，因此，不少學生會精簡或刪除某些內容，造成內容不連貫）。

(4) 盡量條列式講述重點，使聽眾能進入狀況。

(5) 盡量使用圖表陳述。

(6) 務必製作投影片或 PowerPoint 簡報資料。

(三) 答問方面

在答問方面，口頭發表的學生應注意的事項，包括有：

(1) 回答問題宜誠懇，遇到不懂的問題不宜敷衍或勉強回答。

(2) 解說語氣不迂迴。

(3) 聽從主持人或指導老師的指示。

(4) 切忌在細節部分打轉。

(四) 其他方面

在其他方面，口頭發表的學生尚應注意的事項，包括有：

(1) 輔助設備宜事前備妥，如：雷射筆、筆記型電腦、投影機、單槍投影機、備用燈泡等。

(2) 報告資料宜事前備妥，分呈諸位指導及與會老師。

(3) 發揮分工報告，顯示出有備而來的企圖。

(4) 詳細記錄問題或要點，俾使報告完畢後修訂或正確地答覆。

15.4 簡報資料製作

針對口頭發表格式的探討，本節擬以 PowerPoint 簡報檔內文，先行對簡報資料製作原則作說明，再者，以實際研究個案為參考範例，加以綜合陳述之。

一、簡報資料製作原則

　　為使實務專題製作的成果報告，呈現更生動、有系統且簡明的表達，著實有必要配合視聽設備及媒體的運用，來達到最佳的效果，如：投影片、幻燈片、照片、實體、錄影帶、 PowerPoint 簡報文書檔等，切勿用手寫或臨場在黑板上書寫，如此會令聽眾感到不慎重且太浪費時間。

　　口頭簡報資料的製作，依難易程度及成本考量，建議實務專題製作成果使用投影片（需打字、複印、不宜手寫）。若簡報會場可準備單槍投影機及筆記型電腦的話，則建議學生利用 PowerPoint 軟體來撰打簡報資料，如此一來在成本、色彩、活潑、生動等各方面，都可達到最佳效果（至少會很省錢，連投影片製作費用都可免除）。

　　至於，如何製作簡報資料，本節著重於投影片的製作、PowerPoint 簡報檔的設計等介紹。同時，也說明投影片的使用原則及應避免的事項（傅祖慧，1980），如〔表 15-4〕所示。

　　傅祖慧(1980)所提的某些原則，若使用 PowerPoint 來製作簡報檔就可避免，而使用 PowerPoint 軟體編制簡報資料，雖然容易呈現插圖、加邊框、加底色、漸層、字體旋轉出現活潑的畫面，可也有些小細節應加以注意，才不至於弄巧成拙。專題小組成員在進行簡報檔報告時，宜注意下列要項。

(1) 每頁字體不宜太多，且用黑粗字體會較清楚；切勿底色太深、字體太淺，會看不到簡報內容文字。

(2) 若加框線，不宜太複雜，反將欲呈現的內容文字變成配角。實務專題口頭發表不宜有太花俏的插圖，宜盡量與當頁內容相關。

(3) 標題及小標題除可使用黑粗字、不同顏色區別外，也可透過陰影來呈現其重要性。

(4) 注意每頁框線不要太粗或向內擠到文字內容。除非必要，否則盡量少使用浮水印。

(5) 利用漸層不宜太複雜；版面盡量少用文繞圖的形式呈現。

▼ 表 15-4　投影片應採用原則及應避免錯誤一覽表

應採用的原則	應避免的錯誤
設計 1. 每片預定放映一分鐘。 2. 預備換片的時間。 3. 萬一發生意外時仍能繼續發表。 4. 投影片附有標題。 5. 計畫對每片都加以簡單說明。	**設計** 1. 每片的要點太多。 2. 在預定時間內放太多的片子。 3. 使用圖的效果較佳時，仍用表代表圖。 4. 在一張圖上畫過多線條。 5. 圖上未畫出軸線。
製片 1. 選用標準尺寸（2×2 或 3.25×4 英吋）。 2. 將資料畫在長方形範圍中。 3. 字體大小適當，字數不多，僅寫大綱，以便一目了然。 4. 以符號或橫線指出重點。	**製片** 1. 用正方形或直立的片子（萬不得以時才採用）。 2. 黑底上書寫白字。 3. 採用看不清楚的小數目字。 4. 使用品質低劣的幻燈片。
放映 1. 確保放映順序不亂，沒有倒置情形。 2. 開講前準備好投影機。 3. 每次用完，關掉投影機。 4. 放映時間適當，讓聽眾聽懂。	**放映** 1. 使聽眾一直處在黑暗中。 2. 放映燈光時明時滅。 3. 不需要時仍一直放映。 4. 念投影片上的每一個字。 5. 指揮棒指錯地方。

資料來源：修改自傅祖慧(1980)。

二、簡報資料製作範例

　　關於簡報資料參考範例，擬延續本書中第十二章所提及參考實例中，旅館業知識管理實例為代表，列示該專題小組成員在口頭發表時，所自行製作的投影片，其中有些表現的方式，或許有所爭議、不恰當與改善的空間，在此則以當初口頭發表的原貌方式呈現，藉以供專題小組成員製作簡報資料的參考。

明新科技大學 企業管理系
畢業專題研究報告

組　　別：第一組
題　　目：旅館業知識管理實務之研究－
　　　　　以新竹國賓及新竹老爺飯店為例
指導老師：楊政學　博士

學　　生：簡竹均　林依穎
　　　　　黃靖芳　陳怡婷
　　　　　郭嘉芳　曾靜芳

報告大綱

一、緒論

二、知識管理概念性架構

三、知識管理實務性架構

四、SWOT分析與個案命題驗證

五、知識管理實務運作之比較分析

六、結論與建議

 緒論

報告內容：

一、研究背景與動機

二、研究目的

三、研究流程架構

介紹同學：林依穎

研究背景、動機與目的

一、研究背景與動機
　　以知識管理為議題－知識經濟
　　以旅館業為研究對象－人本因素

二、研究目的
1. 探討知識管理的內涵與型態
2. 瞭解知識管理在旅館業的實務運作情形
3. 比較探討連鎖體系飯店知識管理之異同點
4. 提出旅館業知識管理發展特性與建議

研究流程架構

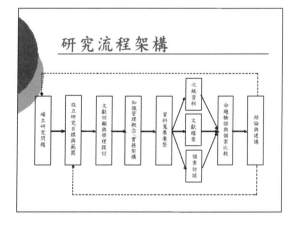

 知識管理概念性架構

報告內容：

一、知識管理的定義

二、知識管理概念架構

介紹同學：曾靜芳

知識管理的定義

本研究將知識管理定義為：

知識經由資訊系統的整合，
且融入文化生態的價值。

知識管理概念性架構

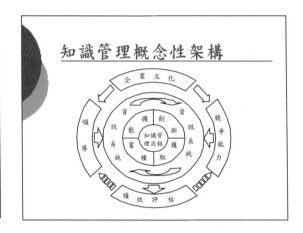

3 知識管理實務性架構

報告內容：

知識管理實務運作架構

介紹同學：陳怡婷

知識管理實務運作架構

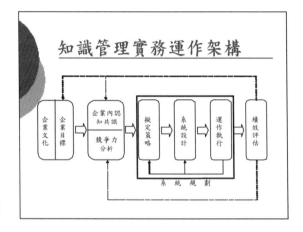

知識管理流程之組成

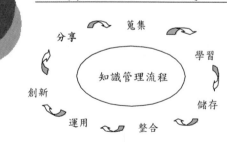

4 SWOT分析與命題驗證

報告內容：

一、新竹國賓與新竹老爺簡介

二、兩家飯店的SWOT分析

三、命題驗證

介紹同學：簡竹均

新竹國賓與新竹老爺簡介

	新竹國賓	新竹老爺
開幕時間	2001年5月10日	1999年元月15日
員工人數	340人	222人
房間數	254間	208間

旅館業之OT分析

機會(Opportunity)
(1)開放大陸人士來台觀光的利多
(2)台灣加入WTO後對旅館業的正面影響
(3)鄰近新竹科學園區
(4)政府週休二日政策的實施

威脅(Threat)
(1)主題遊樂園人次下降
(2)新竹凱悅大飯店加入戰局
(3)經濟不景氣的衝擊影響

新竹國賓與老爺之SW分析

	優勢(Strength)	劣勢(Weakness)
新竹國賓	(1)彈性的作業流程 (2)穩定的住房率 (3)良好顧客關係管理 (4)良好形象的維持	(1)資訊系統缺乏整合 (2)地理位置不利
新竹老爺	優勢(Strength) (1)彈性的價格策略 (2)交接日誌的應用改善飯店的服務品質 (3)完善的人員訓練 (4)交通便利性 (5)加入國際飯店組織	劣勢(Weakness) (1)資訊系統過於老舊 (2)基層員工的流動率很高

知識管理命題驗證結果(2)：企業內認知共識與競爭力分析

	命題	訪談個案 新竹國賓	訪談個案 新竹老爺
2-1	員工是否願意將自己的知識分享給其他部門，是企業執行知識管理時的挑戰。	○	□
2-2	適當凝聚員工的向心力，將有助於知識管理的推行。	○	○
2-3	推行知識管理的成敗與員工對知識管理的認知有影響。	○	○
2-4	企業經過競爭力分析的過程後，會有助於知識管系統的設計及運作。	□	□

知識管理命題驗證結果(4-1)：系統設計

	命題	訪談個案 新竹國賓	訪談個案 新竹老爺
4-1	組織能夠廣泛、有效且快速的蒐集知識，以提昇企業在執行策略時的效益。組織上下全體皆具有積極蒐集知識的熱誠，以活絡組織所推行的知識管理。	○	○
4-2	企業將核心知識系統化之後，能夠清楚的讓員工知道在何處可以找尋知識、哪些知識是重要的，且對企業有其價值意義。	□	□
4-3	記錄客戶資訊，掌握客戶需求，並確保作業執行之一致性與執行成果之品質。	○	○

5 知識管理實務運作之比較分析

報告內容：

知識管理實務運作之比較分析

介紹同學：郭嘉芳

知識管理實務運作之比較分析(1): 企業文化與目標

架構要素特性	相同性	差異性	
		新竹國賓	新竹老爺
企業文化與目標	同樣強調和氣生財的文化，且皆將自己定位為商務飯店並以園區為目標顧客群。	1.美式管理風格 2.目標由各分店之總經理自行訂定，再回報總管理部。	1.無明確管理風格 2.目標由分店各部門先行訂定，再交由總經理審核。

知識管理實務運作之比較分析(2): 企業內認知共識與競爭力分析

架構要素特性	相同性	差異性	
		新竹國賓	新竹老爺
企業內認知共識與競爭力分析	主要是藉由會議的方式凝聚員工共識，企業競爭力的分析都是由行銷業務部負責。	重視雙向溝通，鼓勵員工勇於表達自己的意見與看法。	著重上對下資訊傳遞，缺乏員工回饋的資訊。

知識管理實務運作之比較分析(3): 擬定策略

架構要素特性	相同性	差異性	
		新竹國賓	新竹老爺
擬定策略	由高層決定策略主體	會將員工對變革回饋的意見，視情況回報給管理高層。	僅將變革告知員工，並沒有鼓勵員工回饋意見。

知識管理實務運作之比較分析(4): 系統設計

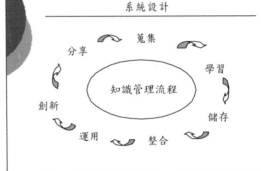

知識管理實務運作之比較分析(4-1): 系統設計

架構要素特性		相同性	差異性	
			新竹國賓	新竹老爺
系統設計	蒐集	外部知識來源：1.同業交流 2.顧客回饋 3.媒體交流 4.業務員蒐集 內部知識來源：1.教育訓練 2.資料庫 3.e-mail 4.文件移轉	外部知識來源：管理者以「老大、領導者」自居，對於外來的知識蒐集而定，顧客對象主要以團體。	外部知識來源：1.與同業交流頻繁且互動關係密切，以蒐集同同業與市場的資訊。 2.蒐集方式最為特殊的是定期指派業務員，至特定區域做挨家按戶拜訪及市調，顧客對象不分個人及團體。

知識管理實務運作之比較分析(4-2): 系統設計

架構要素特性		相同性	差異性	
			新竹國賓	新竹老爺
系統設計	學習	員工訓練 外派到國外做觀摩 師徒制	員工訓練：新進人員訓練透過師徒制方式進行。訓練課程：較著重於員工潛能激發的訓練發展課程，如名人開講。外派：短期專題式，外派地點有歐洲、日本、大陸等。學習面較廣。	員工訓練：有新進人員課程訓練及在職人員課程訓練。訓練課程：以專業化知識為主。如英文課程。外派：1.長期區域性，到相關企業做較長期的實習，其學習較具深度。2.內部部門工作說明書，列出工作事項大綱。3.以單位內部做工作輪。

知識管理實務運作之比較分析(4-3)：系統設計

架構要素特性		相同性	差異性	
			新竹國賓	新竹老爺
系統設計	儲存	資料庫 工作日誌 文件建檔	偏向於以文件方式以儲存知識	1.結合系統與文件方式以儲存知識。 2.建立會議記錄資料庫。 3.製作各部門工作說明書以儲存工作職位所執行的工作事項。

知識管理實務運作之比較分析(4-4)：系統設計

架構要素特性		相同性	差異性	
			新竹國賓	新竹老爺
系統設計	整合	客房作業系統 員工資料庫 顧客資料庫	缺乏系統性的整合。	1.以系統化方式做知識的整合。 2.會議記錄建檔。
	運用	經驗知識 線上訂房	員工知識的運用較為彈性。	員工知識的運用較為系統化。

知識管理實務運作之比較分析(4-5)：系統設計

架構要素特性		相同性	差異性	
			新竹國賓	新竹老爺
系統設計	創新	建立顧客滿意度	1.電腦語音系統式的客服專線。 2.對於顧客報怨的即時性反應時間較短。	1.專業客服人員的客服專線。 2.顧客抱怨流程制式化，即時性反應時間較長。

知識管理實務運作之比較分析(4-6)：系統設計

架構要素特性		相同性	差異性	
			新竹國賓	新竹老爺
系統設計	分享	會議 師徒制 茶水間文化	員工與公司間的互動關係較具彈性。	1.員工與公司的關係偏向制式化。 2.員工意見箱。

知識管理實務運作之比較分析(5)：運作執行

架構要素特性	相同性	差異性	
		新竹國賓	新竹老爺
運作執行	執行知識管理的運作	彈性化運行	系統性運行

知識管理實務運作之比較分析(6)：績效評估

架構要素特性	相同性	差異性	
		新竹國賓	新竹老爺
績效評估	彈性的評估方法	員工擁有部份評比的權限	員工個人之評比僅供主管參考

6 結論與建議

報告內容：

一、研究結論

二、研究建議

三、研究限制

四、未來研究方向

介紹同學：黃靖芳

研究結論

一、建立親切服務的人本文化，藉以提升組織經營績效。

二、組織管理風格的差異，影響企業目標訂定的方式。

三、善用員工對組織變革的回饋，可提高組織策略的周延性。

四、制式化作業流程，以提高知識創新速度。

五、資訊系統的完整性不足，將是企業推動知識管理的阻力。

六、彈性運用績效評估，可強化組織知識管理的推行。

研究建議

一、強化知識系統整合，並發展電子文件系統。

二、企業文化與組織制度的共享，提昇知識管理導入的執行效率。

三、兼顧人員的招募訓練與生涯發展，以降低員工的離職率。

未來研究方向

一、增加訪談樣本數使分析結果更具參考性。

二、改採定性與定量的雙軌研究方法，平衡研究的主觀判斷。

三、導入策略管理思考模式，深入剖析產業經營發展。

研究限制

一、樣本飯店取樣問題，可能影響推論結果的偏誤。

二、受訪人員的因素，可能導致推論結果不具周延性。

三、個案研究方式，易使研究結論與建議流於主觀。

15.5 報告撰寫倫理

　　實務專題製作的過程中，除了讓學生熟稔研究方法的技術外，如何強化其道德倫理的認知與價值，更是重要的議題。惟實務專題製作面對的道德問題，大多不是法律能解決的，法律與道德之間的關係一向不為人所知，學生往往不能區分法律責任與道德責任，不是法律管過了頭，就是道德要求太泛濫。

一、研究人員責任

　　若以較廣泛的角度而言，研究人員必須公平的面對不同的利害關係人。有兩種不同的觀點可以說明此困境，意即**結果論**(consequentialist)觀點，係將重點放在行動後的結果是好或是壞。另一觀點，則是**道義論**(deontological)觀點，係強調絕對的道德觀念，而個人的信念通常被隱藏。Ehrich(2000)主張，研究人員常必須面對下列三種相互抗衡的責任，即**專業責任**(professional accountability)、**公司責任**(corporate accountability)與**道德責任**(moral accoun tability)。

(一) 專業責任

　　專業責任係關注於專業水準維持，有些學者將此責任擴充到包括整體的**社會責任**(social accountability)。

(二) 公司責任

　　公司責任意指對贊助者與研究計畫的委託人負責，所謂責任係指對委託研究的組織，或是組織內管理者而言。

(三) 道德責任

　　道德責任意指研究者與被研究者之間的關係，意即研究人員對利害關係人有三個主要的責任，即社會責任、研究的贊助與研究計畫的委託人、研究對象。

專業責任
professional accountability
專業責任係關注於專業水準維持，有些學者將此責任擴充到包括整體的社會責任。

公司責任
corporate accountability
公司責任意指對贊助者與研究計畫的委託人負責，所謂責任係指對委託研究的組織，或是組織內管理者而言。

道德責任
moral accountability
道德責任意指研究者與被研究者之間的關係，亦即研究人員對利害關係人有三個主要的責任，即社會責任、研究的贊助與研究計畫的委託人、研究對象。

二、研究倫理議題

研究人員具有建立研究倫理標準的職責，這些倫理的標準特別著重在研究計畫的贊助者以及參與者。許多研究者受過專業的訓練，倡導**倫理**(ethics)的議題，即所謂**專業執行的慣例**(professional codes of conduct)。研究人員或者是專題小組成員在最低限度上，至少不可違背下列的幾點要項：

(一) 抄襲

所謂**抄襲**(plagiarism)係指引用其他作者的研究成果，但並沒有標明資料來源，或者宣稱是專題小組成員自己的東西，摘自其他作者的文獻，必須告知原作者。抄襲的問題，在學生製作實務專題上，是最常出現的問題；很多時候學生是不太有敏感性，甚至並不知道何謂抄襲？引用資料不註明出處有何不可？意即對所謂報告撰寫的倫理議題，是缺少正確認知的。

(二) 欺騙

欺騙(fraud)來自於偽裝，如使用研究經費來購買非研究所需的物品，並偽造所蒐集的資料。專題小組成員必須將所有的研究經費應用在研究上，而且資料蒐集與分析的流程，必須透明化且為讀者所瞭解。

(三) 迷惑

迷惑(deception)是指為了讓某人參與某個研究計畫、提供資料給某個研究計畫或期終報告時，而刻意告知不正確的資訊或遺漏某些資訊，以減少讀者的爭議。專題小組成員在蒐集資料時，不可誤導或刻意遺漏某些訊息，以求獲取實務專題製作所需的資料。

三、研究人員倫理

當專題小組成員在蒐集資料，或是最終報告撰寫時，均有些倫理問題要特別注意。諸如贊助者可要求從事組織有興趣的主題研究，而不要有私人偏好的立場；同時要注重由研究人員所獲資料的機密性，不能要求研究人員公開私人或群體的答覆內容；針對研究人員的報告，要以寬大的心胸來接受研究的結果與建議。研究的方法不一而

足，到底那一種方法最好，應視實際情況而定；研究技術並無好壞之分，只有合適或不合適之別。專題小組成員在研究報告中，應將研究方法做充分的說明，使閱讀者自行判斷此一研究的可靠程度。

專題小組成員在研究報告中，應將研究方法做充分的說明，使閱讀者自行判斷此一研究的可靠程度。

　　整體而言，專題小組成員應主動履行其工作信條，或道德準則中所規定的義務，如應主動去注意執行訪問學生的工作條件是否安全？研究工作的品質管制是否確實？受訪者的權力是否受到尊重？受訪者提供的資訊是否已做適當的保密？或者是研究的發現是否據實報導？關於進一步研究人員道德問題的討論，茲列示說明如下幾點要項：

1. 將受訪者所提供的資料應視為極機密文件，並且要保護受訪者隱私，這也是專題小組成員的責任之一。

2. 專題小組成員不應該對受訪或實驗對象，虛偽地陳述研究的本質，特別是在研究室的實驗，而一定要將研究的目的解釋給受訪或實驗對象聽。

3. 專題小組成員不該過度詢問太多個人資訊，或是過於具侵入性的資訊，如果這此資訊對於研究計畫而言是絕對必要的話，則這些資訊應該要從受訪者那裡慎選出，特定是具有敏感性的資訊。

4. 不論資料蒐集的方法為何，受訪人員或實驗對象的自尊心，都不應該被侵犯。

5. 沒有人應該要被迫對調查做出反應。因而如果某個人拒絕回答問題或不願參與研究，專題小組成員也要尊重其意願。受訪人員或實驗對象的同意合作，應該是專題小組成員的目標，而當藉由訪談錄音或是錄影等方法所獲得的資料，也要遵守這樣的規定。

6. 非參與其中的觀察學生要儘可能的不介入其中。在定性的研究上，專題小組成員的價值觀，很容易對資料產生誤差，故必須提出明確的假設，預期的結果以及誤差，如此方能提高決策的品質。

7. 在實驗室研究過程中，儘管參與該研究，也應該將實驗中所有的相關訊息，加以保密不對外公開。

8. 受訪人員或實驗對象不應該暴露於會有身體或心靈傷害的情況中，專題小組成員應該以個人的人格保證他們的安全。

9. 當專題小組成員在報告研究過程中，說明蒐集資料的方法時，不應該有不實的陳述或將事實刻意扭曲的現象。

10. 專題小組成員在解釋或者運用調查結果時，都必須非常謹慎，以免因為錯誤的解釋或者過度的推論，而造成錯誤的應用，甚至錯誤的建議。

1. 實務專題製作雖談不上是一種很專業性的論述，然而卻也具有一般學術性著作的程序，仍能讓學生從主題構思、題目選定、蒐集資料、實證分析、書面報告撰寫等步驟中，學習到撰寫書面報告的能力。

2. 實務專題製作書面報告之內容與出現的順序，大致包含有：主文前部分、主文及主文後部分三部分，而主文部分則是整個書面報告內容的論述菁華。

3. 成果報告之摘要的內容，含括有：(1)簡要陳述問題；(2)扼要說明製作專題時所用的研究方法；(3)解決問題的過程；(4)研究發現。

4. 實務專題製作的教育目的之一，在於培養報告撰述及口頭發表的能力，實務專題製作於書面報告完成之際，也需透過口頭發表向師長及同學們，說明專題製作過程、內容與成果。

5. 課堂上的報告是屬於較片段的、較局部的，較屬於整理式的報告；而實務專題的口頭發表，則有其架構性、有系統，且是創作後的成果報告。實務專題口頭發表具有：陳述自我成果訓練、給予學生進度與成果考核等雙重意涵。

6. 實務專題口頭發表具有：提升資料彙整能力、培養團隊合作精神、改善報告儀態與技巧等功能，這對學生日後進入工作職場前的面試有莫大助益。

7. 專題小組成員在進行簡報檔報告時，宜注意的要項：(1)每頁字體不宜太多，且用黑粗字體會較清楚；(2)若加框線，不宜太複雜；(3)標題及小標題，亦可透過陰影來呈現其重要性；(4)注意每頁框線不要太粗或向內擠到文字內容；(5)利用漸層不宜太複雜。

8. 實務專題製作的過程中，除了讓學生熟稔研究方法的技術外，如何強化其道德倫理的認知與價值，更是重要的議題，而學生往往是不能區分法律責任與道德責任。

9. 研究人員具有建立研究倫理標準的職責，這些倫理的標準特別著重在研究計畫的贊助者以及參與者；而專題小組成員不可違背：抄襲、欺騙與迷惑等三點要項。

10. 專題小組成員應主動履行其工作信條，或道德準則中所規定的義務，如應主動去注意執行訪問學生的工作條件是否安全？研究工作的品質管制是否確實？受訪者的權力是否受到尊重？受訪者提供的資訊是否已做適當的保密？或者是研究的發現是否據實報導？

問題與討論
PRACTICAL MONOGRAPH:
THE PRACTICE OF BUSINESS RESEARCH METHOD

1. 實務專題製作書面報告的撰寫，是希望讓學生由步驟流程中，學到那些的能力？試談談你個人的看法為何？

2. 實務專題製作書面報告內容，大致包含那些部分？其在內文中出現的順序為何？試研析之。

3. 實務專題製作的口頭發表與課堂上的報告有何差異？而實務專題的口頭發表具有那些意涵？試研析之。

4. 實務專題製作的口頭發表，具有那些功能？試研析之。

5. 專題小組成員在進行簡報檔報告時，宜注意那些要項？試研析之。

6. 實務專題製作的過程中，除了讓學生熟稔研究方法的技術外，更應該強化其道德倫理的認知與價值。你個人同意此觀點嗎？而專題小組成員應遵守那些倫理規範？

7. 專題小組成員應主動履行其工作信條，或道德準則中所規定的義務為何？試研析之。

章末題庫
PRACTICAL MONOGRAPH:
THE PRACTICE OF BUSINESS RESEARCH METHOD

是非題

1. (　　) 實務專題製作雖談不上是一種很專業性的論述，然而卻也具有一般學術性著作的程序，也能讓學生學習到撰寫書面報告的能力。

2. (　　) 實務專題製作於書面報告完成之際，無需再透過口頭發表向師長及同學們進行成果說明。

3. (　　) 課堂上的報告是屬於較片段的、較局部的，較屬於整理式的報告。

4. (　　) 實務專題的口頭發表，則有架構性、有系統，且是創作後的成果報告。

5. (　　) 實務專題製作除讓學生熟稔研究方法外，也需要強化其道德倫理的認知與價值。

6. (　　) 研究人員具有建立研究倫理標準的職責，這些標準特別著重在研究計畫的贊助者及參與者。

選擇題

1. (　　) 以下何者為實務專題製作書面報告之內容： (1)主文前部分 (2)主文 (3)主文後部分 (4)以上皆是。

2. (　　) 以下何者為實務專題製作的第一個步驟： (1)蒐集資料 (2)題目選定 (3)主題構思 (4)實證分析。

3. (　　) 以下何者為成果報告之摘要的內容： (1)簡要陳述問題 (2)扼要說明製作專題時所用的研究方法 (3)研究發現 (4)以上皆是。

4. (　　) 以下何者非為實務專題口頭發表的意涵： (1)展現簡報技巧與設備水準 (2)陳述自我成果訓練 (3)給予學生進度與成果考核 (4)以上皆非。

5. (　　) 以下何者為實務專題口頭發表的功能： (1)提升資料彙整能力 (2)培養團隊合作精神 (3)改善報告儀態與技巧 (4)以上皆是。

6. (　　) 以下何者非為專題成員在進行簡報檔報告時的注意要項： (1)每頁字數不宜太多，且用黑粗字體會較清楚 (2)若加框線，不宜太複雜 (3)標題及小標題，不宜透過陰影來呈現 (4)以上皆非。

7. （　　） 以下何者為專題小組成員不可違背的倫理議題：　(1)抄襲　(2)欺騙　(3)迷惑　(4)以上皆是。

8. （　　） 以下何者非為專題成員道德準則中所規定的義務：　(1)主動注意執行訪問學生的工作條件是否安全？　(2)受訪者的權力是否受到尊重？　(3)研究的發現是否據實報導？　(4)以上皆非。

9. （　　） 引用其他作者的研究成果，但並沒有標明資料來源，構成何項倫理議題：(1)抄襲　(2)欺騙　(3)迷惑　(4)以上皆是。

10. （　　） 為了讓某人參與某個研究計畫，而刻意遺漏某些資訊，以減少爭議的發生，構成何項倫理議題：　(1)抄襲　(2)欺騙　(3)迷惑　(4)以上皆是。

11. （　　） 使用研究經費來購買非研究所需的物品，或是偽造所蒐集的資料，構成何項倫理議題：　(1)抄襲　(2)欺騙　(3)迷惑　(4)以上皆是。

解答

1.(O)　　2.(X)　　3.(O)　　4.(O)　　5.(O)　　6.(O)

1.(4)　　2.(3)　　3.(4)　　4.(1)　　5.(4)　　6.(3)　　7.(4)　　8.(4)　　9.(1)　　10.(3)

11.(2)

計較的少，得到就多；越是計較，越是窮困。

外面計較少，裡面得到多。

──楊政學

無法貼近自己，自己都不在了，別人再覺得我們有多棒，
又有什麼意義呢？明白了，就不會向外討愛、要肯定，
就只是專注向內、修自己。

——楊政學

人的一生中，有一個角色永遠都在，就是學習者。

只要還願意學習，沒有學不會的事，

學習是讓自己蛻變的巨大力量。

——楊政學

國家圖書館出版品預行編目資料

實務專題製作：企業研究方法的實踐 /楊政學編
著.－六版.－ 新北市：新文京開發, 2019.05
　　面；　公分

ISBN　978-986-430-508-7（平裝）

1.企業管理　2.研究方法

494.031　　　　　　　　　　　　　　108006924

實務專題製作：
企業研究方法的實踐（第六版）　　　　（書號：H105e6）

編 著 者	楊政學
出 版 者	新文京開發出版股份有限公司
地　　址	新北市中和區中山路二段 362 號 9 樓
電　　話	(02) 2244-8188（代表號）
F A X	(02) 2244-8189
郵　　撥	1958730-2
第 四 版	西元 2009 年 08 月 10 日
第 五 版	西元 2015 年 08 月 01 日
第 六 版	西元 2019 年 06 月 01 日
六版二刷	西元 2023 年 02 月 15 日

New Wun Ching Developmental Publishing Co., Ltd.

New Age · New Choice · The Best Selected Educational Publications — NEW WCDP